U0163189

大飞机出版工程

总主编　顾诵芬

现代涡轮喷气
航空发动机简明手册

Handbook of
Modern Turbo-Jet Aero Engines

王光秋　杨晓宇　编著

上海交通大学 出版社
SHANGHAI JIAO TONG UNIVERSITY PRESS

内容提要

本手册主要介绍国外现代大、中型涡轮喷气式航空发动机产品的需求背景、基本结构、技术参数和应用机型,重点介绍国外著名制造商开发的涡扇发动机产品,包括新一代宽体客机和单通道客机选配的先进大涵道比涡扇发动机,也包括新构型发动机产品,如齿轮传动涡扇和桨扇发动机。此外,手册中也简要介绍了具有代表性的民用超声速发动机和军用变循环涡轮发动机的产品特点和基本技术参数。

手册所引用的技术参数主要是基于罗罗公司的 *Aero Data*、FAA / EASA 网站、发动机制造商宣传资料、航空刊物、其他网络公开资料以及编著者的经验性总结。本手册可供从事航空发动机相关工作的工程师、科研人员和大专院校师生参考使用。

图书在版编目(CIP)数据

现代涡轮喷气航空发动机简明手册/ 王光秋,杨晓宇编著. —上海:上海交通大学出版社,2020
大飞机出版工程
ISBN 978 - 7 - 313 - 23394 - 3

Ⅰ. ①现… Ⅱ. ①王… ②杨… Ⅲ. ①涡轮喷气发动机—手机 Ⅳ. ①V235.11 - 62

中国版本图书馆 CIP 数据核字(2020)第 105311 号

现代涡轮喷气航空发动机简明手册
XIANDAI WOLUN PENQI HANGKONG FADONGJI JIANMING SHOUCE

编 著 者:王光秋 杨晓宇
出版发行:上海交通大学出版社
邮政编码:200030
印   制:上海万卷印刷股份有限公司
开   本:710 mm×1000 mm 1/16
字   数:355 千字
版   次:2020 年 11 月第 1 版
书   号:ISBN 978 - 7 - 313 - 23394 - 3
定   价:158.00 元

地   址:上海市番禺路 951 号
电   话:021 - 64071208
经   销:全国新华书店
印   张:20.5
印   次:2020 年 11 月第 1 次印刷

大飞机出版工程

丛书编委会

总 序

　　国务院在 2007 年 2 月底批准了大型飞机研制重大科技专项正式立项,得到全国上下各方面的关注。"大型飞机"工程项目作为创新型国家的标志工程重新燃起我们国家和人民共同承载着"航空报国梦"的巨大热情。对于所有从事航空事业的工作者,这是历史赋予的使命和挑战。

　　1903 年 12 月 17 日,美国莱特兄弟制作的世界第一架有动力、可操纵、重于空气的载人飞行器试飞成功,标志着人类飞行的梦想变成了现实。飞机作为 20 世纪最重大的科技成果之一,是人类科技创新能力与工业化生产形式相结合的产物,也是现代科学技术的集大成者。军事和民生对飞机的需求促进了飞机迅速而不间断的发展,体现和应用了当代科学技术的最新成果;而航空领域的持续探索和不断创新为诸多学科的发展和相关技术的突破提供了强劲动力。航空工业已经成为知识密集、技术密集、高附加值、低消耗的产业。从大型飞机工程项目开始论证到确定为《国家中长期科学和技术发展规划纲要》的十六个重大专项之一,直至立项通过,不仅使全国上下重视起我国自主航空事业,而且使我们的人民、政府理解了我国航空事业半个世纪发展的艰辛和成绩。大型飞机重大专项正式立项和启动使我们的民用航空进入新纪元。经过 50 多年的风雨历程,当今中国的航空工业已经步入了科学、理性的发展轨道。大型客机项目其产业链长、辐射面宽、对国家综合实力带动性强,在国民经济发展和科学技术进步中发挥着重要作用,我国的航空工业迎来了新的发展机遇。

　　大型飞机的研制承载着中国几代航空人的梦想,在 2016 年造出与波音 737

和空客 A320 改进型一样先进的"国产大飞机"已经成为每个航空人心中奋斗的目标。然而,大型飞机覆盖了机械、电子、材料、冶金、仪器仪表、化工等几乎所有工业门类,集成了数学、空气动力学、材料学、人机工程学、自动控制学等多种学科,是一个复杂的科技创新系统。为了迎接新形势下理论、技术和工程等方面的严峻挑战,迫切需要引入、借鉴国外的优秀出版物和数据资料,总结和巩固我们的经验和成果,编著一套以"大飞机"为主题的丛书,借以推动服务"大型飞机"作为推动服务整个航空科学的切入点,同时对于促进我国航空事业的发展和加快航空紧缺人才的培养,具有十分重要的现实意义和深远的历史意义。

2008 年 5 月,中国商用飞机有限责任公司成立之初,上海交通大学出版社就开始酝酿"大飞机出版工程",这是一项非常适合"大飞机"研制工作时宜的事业。新中国第一位飞机设计宗师——徐舜寿同志在领导我们研制中国第一架喷气式歼击教练机——歼教 1 时,亲自撰写了《飞机性能捷算法》,及时编译了第一部《英汉航空工程名词字典》,翻译出版了《飞机构造学》和《飞机强度学》,从理论上保证了我们的飞机研制工作。我本人作为航空事业发展 50 年的见证人,欣然接受了上海交通大学出版社的邀请担任该丛书的主编,希望为我国的"大型飞机"研制发展出一份力。出版社同时也邀请了王礼恒院士、金德琨研究员、吴光辉总设计师、陈迎春总设计师等航空领域专家撰写专著、精选书目,承担翻译、审校等工作,以确保这套"大飞机"丛书具有高品质和重大的社会价值,为我国的大飞机研制以及学科发展提供参考和智力支持。

编著这套丛书,一是总结整理 50 多年来航空科学技术的重要成果及宝贵经验;二是优化航空专业技术教材体系,为飞机设计技术人员培养提供一套系统、全面的教科书,满足人才培养对教材的迫切需求;三是为大飞机研制提供有力的技术保障;四是将许多专家、教授、学者广博的学识见解和丰富的实践经验总结继承下来,旨在从系统性、完整性和实用性角度出发,把丰富的实践经验进一步理论化、科学化,形成具有我国特色的"大飞机"理论与实践相结合的知识体系。

"大飞机"丛书主要涵盖了总体气动、航空发动机、结构强度、航电、制造等专业方向,知识领域覆盖我国国产大飞机的关键技术。图书类别分为译著、专著、教材、工具书等几个模块;其内容既包括领域内专家最先进的理论方法和技术成果，也包括来自飞机设计第一线的理论和实践成果。如：2009 年出版的荷兰原福克飞机公司总师撰写的 *Aerodynamic Design of Transport Aircraft*（《运输类飞机的空气动力设计》）；由美国堪萨斯大学 2008 年出版的 *Aircraft Propulsion*（《飞机推进》）等国外最新科技的结晶；国内《民用飞机总体设计》等总体阐述之作和《涡量动力学》《民用飞机气动设计》等专业细分的著作；也有《民机设计 1000 问》《英汉航空双向词典》等工具类图书。

　　该套图书得到国家出版基金资助，体现了国家对"大型飞机项目"以及"大飞机出版工程"这套丛书的高度重视。这套丛书承担着记载与弘扬科技成就、积累和传播科技知识的使命，凝结了国内外航空领域专业人士的智慧和成果，具有较强的系统性、完整性、实用性和技术前瞻性，既可作为实际工作指导用书，亦可作为相关专业人员的学习参考用书。期望这套丛书能够有益于航空领域里人才的培养，有益于航空工业的发展，有益于大飞机的成功研制。同时，希望能为大飞机工程吸引更多的读者来关心航空、支持航空和热爱航空，并投身于中国航空事业做出一点贡献。

2009 年 12 月 15 日

序

自从 1952 年世界第一款涡轮喷气航空发动机，英国罗罗公司研制的幽灵(Ghost)，作为英国彗星(Comet)喷气式客机的动力装置进入航线服役以来，航空涡轮喷气发动机的性能、可靠性、环保性、安全性等都有了显著提高。在过去七十年中，新技术的不断发展和应用使得航空发动机燃油效率平均每年提高接近 1%，氮氧化物排放平均每年降低 1.5%左右，民航飞机累计噪声指标平均每年降低 1.5 dB(分贝)左右。在传统构型涡扇发动机产品中，美国通用电气公司的 GE9X 和英国罗罗公司的 Trent XWB 分别代表了民用双转子和三转子涡扇发动机当今的最高技术水平，而美国普惠公司研制的 F135 发动机则代表了目前世界最高水平的在役军用涡扇发动机。

相对于信息通信、材料科学、人工智能等专业领域，航空发动机仍然属于比较保守的技术领域。近年来，尽管新材料技术的发展和应用促进了涡扇发动机性能进一步提升，但传统涡扇发动机的技术发展似乎已经达到顶峰，很难有突破性的改善。民用超声速发动机自 2003 年随着"协和号"退役以来，各航空强国在该领域的新产品开发中没有取得实质性进展。然而，近年来美国普惠公司成功开发了齿轮传动涡扇发动机 PW1000 系列，并已作为干/支线客机推进系统进入服役。该发动机被业界认为是航发产业中的一次革命性技术变革。同时，在军用航空发动机领域，美国通用电气公司等正在联合研制的自适应变循环发动机，很可能成为军用发动机技术发展中一个至关重要的里程碑。

本手册力求反映上述航空发动机的发展趋势，重点介绍国外著名制造商开发的典型涡轮喷气式发动机产品的技术特点和性能参数，包括新一代宽体客机和单通道客机选配的先进大涵道比涡扇发动机,也包括新构型发动机产品,如齿轮传动涡扇发动机和桨扇发动机。此外,手册中也简要介绍了具有代表性的民用超声速和军用变循环涡轮发动机的技术特点和基本参数。为了便于科研人员参考,本手册还简要介绍了部分国内外较受关注的在研先进发动机的参考数据。小型涡轮航空发动机不在本手册的讨论范围之内。

本手册在前期编写过程中得到英国罗罗公司,特别是时任罗罗东北亚公司总裁马德克先生的支持和帮助;罗罗中国公司秋凡女士帮助整理和录入部分数据,编者对以上组织和个人表示衷心感谢!

本手册主要基于罗罗公司内部手册 *Aero Data*(2006 版)、海内外航空期刊、FAA/EASA 等网站和发动机生产商所发表的数据资料所编写,部分型号的参数如发动机油耗等无法完整收集,则由编者根据经验估算。手册中的缺点和错误在所难免,敬请读者不吝指正。

王光秋　　杨晓宇

作 者 简 介

王光秋：国家特聘专家，西北工业大学民航学院教授。本科毕业于北京航空航天大学五系航空固体力学专业，在德国柏林工业大学获得航空宇航工程专业硕士和博士学位；曾在罗罗公司、中国商用飞机有限责任公司、北京天骄航空产业投资有限公司等航空企业任职。

杨晓宇：高极工程师。本科毕业于北京航空航天大学四系航空发动机专业，在美国斯坦福大学获得航空宇航专业理学硕士，在英国剑桥大学获得航空发动机专业博士学位；曾在中国商用飞机有限责任公司、北京天骄航空产业投资有限公司等航空企业任职。

目　　录

第1章 民用涡扇发动机

民用喷气推进动力系统依据热力循环或构型方案主要分为涡轮喷气式和涡轮风扇式发动机两类。经过近70年的发展演变,在以高亚声速巡航为主的大型民用客机领域,涡喷发动机已基本淘汰。目前,民用喷气式飞行的主流动力系统为高涵道比涡扇发动机。

涡轮喷气式发动机发明于二战中后期,民用涡喷和涡扇发动机的历史可追溯至20世纪50年代。当时第一代涡喷发动机技术已逐步成熟,总增压比可达10:1以上,表征布雷顿循环(Brayton cycle)最大做功能力的涡轮前燃气温度 T_3^* 也已达到900℃。1952年,英国罗尔斯-罗伊斯公司(Rolls-Royce,缩写为RR,简称罗罗公司)为英国彗星(Comet)喷气式客机研制的单转子涡喷发动机幽灵(Ghost)成了世界上首款进入航线运营的喷气式动力系统。1955年,该公司基于单转子涡喷发动机埃汶(Avon)改进研制出世界上首台双转子涡扇发动机康威(Conway)并进入航线服役,用于英国原维克斯-阿姆斯特朗VC10喷气式客机。尽管当时康威发动机的涵道比仅有0.25:1左右,但仍开启了涡扇发动机时代。类似地,美国普拉特-惠特尼公司(Pratt-Whitney,缩写为PW,简称普惠公司)于1960年推出了基于其先前涡喷产品J57改进的双转子涡扇发动机JT3D,并逐步开发出此后主导民用喷气式推进领域多年的JT8D和JT9D系列涡扇发动机。一方面,用于美国波音公司(Boeing)波音727、波音737和原道格拉斯公司(Douglas)DC9等早期喷气式客机的JT8D型是当时业界推力最大的涡扇发动机,单台推力可达15 000 lbf(66.7 kN)。另一方面,罗罗公司全新研制的RB211系列大型三转子涡扇发动机于20世纪70年代问世,并成功应用于美国洛克希德公司(Lockheed)L1011三星(TriStar)客机和波音747双层客机。此后,涡扇发动机全面替代民航领域的涡喷动力系统。

第二代涡扇发动机开始广泛采用高涵道比构型(约5.5:1),其总增压比也显著提高(21:1~34:1),风扇叶型设计由原二维叶型转入准三维气动设计,并逐步应用于压气机和涡轮等部件。随着铸造高温合金定向结晶技术、单晶成型技术和粉末冶金涡轮盘技术的发展和逐步成熟,此时的高压涡轮已可承受很高的涡轮前温度,同时耐久性和可靠性显著提高。此外,基于可维护性考量的模块化概念开始萌芽,这一阶段的发动机开始采用单元体这一现代设计特征。更重要的是全权限数字电子发动机控制系统的引入使得传统的机械液压控制系统成为备份。这一时期的典型发动机包括普惠公司 JT9D 的后期型号、美国通用电气公司(General Electric,缩写 GE,简称通用电气公司)的 TF39 和 CF6 系列、罗罗公司的泰(Tay)系列等。

20 世纪 90 年代,民用涡扇发动机进入蓬勃发展阶段。这一阶段开启的第三代动力系统具有高涵道比(6∶1～10∶1)、高总压比(35∶1～40∶1)和高涡轮前温度(1 700～1 800 K)的突出特征。其次,普遍采用的宽弦风扇叶片由全三维黏性气动设计,具有复合弯掠的典型特征;在实现高涵道比的同时,超塑成形扩散连接钛合金风扇叶片或复材风扇叶片制造工艺的成熟使得风扇单元体减重成为可能。同时,核心机叶片也开始采用三维有黏气动设计,在提高单级工作效率的同时降低了流动分离损失。此外,全权限数字电子控制系统也得到全面升级,可有效保障发动机稳定运行,使空中停车率和中断起飞率等发动机可靠性指标得到极大改善。目前,仍在航线上广泛使用的 GE90 系列、CFM56 - 7 系列和遄达(Trent)800/900 系列以及 PW4000 系列发动机即这一阶段的典型代表。

世纪交替,民用涡扇发动机进入了一个崭新的阶段,第四代动力系统逐步投入航线运营。自前期概念宣传贯彻和市场推广到服役使用,这一阶段大推力动力系统的典型代表主要包括 GE 和罗罗公司分别为波音 787 双通道宽体客机专门开发的 GEnx 和遄达 1000;而美法合资企业 CFM 国际公司(CFM International,简称 CFM 公司)研制的 LEAP 系列和普惠公司的 PW1000 系列齿轮传动涡扇(geared turbo fan,GTF)发动机则是中等推力的典型代表。在此基础上结合航发设计与制造技术的最新科技成果,罗罗公司为欧洲空中客车公司(Airbus,简称空客公司)A350 长航程宽体客机专门研制的动力系统遄达 XWB 以及 GE 公司专门为波音 777X 开发的 GE9X 发动机可定义为新一代大推力高涵道比涡扇发动机。这些发动机普遍大量采用已经验证的军用或民用先进技术,在原有宽弦弯掠钛合金空心叶片或复材叶片风扇制造技术、第三代涡轮单晶叶片生成技术、贫油分级燃烧室设计技术等的基础上,进一步融合了陶瓷基复合材料涡轮导向叶片、铝化钛低压涡轮、新一代低排放燃烧室和高压涡轮冷却系统、大功率行星系齿轮传动系统、新一代复材风扇、锯齿形后缘尾喷管等尖端成果,将双转子或三转子涡扇发动机构型可实现的性能发挥到了极致。同时,发动机的噪声和污染物排放也得到了明显改善,以满足日趋严苛的民航环保要求。

新技术的应用所带来的运营维护成本、技术安全裕度等方面的风险尚需时日以待验证。根据目前的航发前沿技术进展,在未来相当长的一段时间内,现有构型的发动机还将继续为航线服务并将得到持续的改善和提高。

1.1　罗罗公司民用涡扇发动机

罗罗英国公司

1.1.1　Trent XWB

遄达(Trent)XWB 是罗罗公司为空客公司全新研制的空客 A350 - XWB (extra wide body)系列先进宽体客机设计的专用发动机,也是迄今为止空客 A350 系列客机的唯一候选动力系统。为满足航线运营商对新型宽体客机的动力需求,罗罗公司联合飞机研制方反复迭代设计过程,最终获得成功。XWB 是遄达家族第六代发动机,得益于遄达系列发动机超过 7 500 万小时的运行经验,其设定的推力范围覆盖 75 000～97 000 lbf(330～430 kN),将保证运营商可在空客 A350 - XWB 系列的飞机上使用同一款发动机,使得运营维护和维修保障成本大幅降低,进而获得最大商业效益。

遄达 XWB 系列发动机项目于 2006 年 12 月 1 日正式启动,并于 2013 年 6 月 14 日首飞;其中 XWB - 75/- 79/- 79B/- 84 型分别于 2013 年 2 月 7 日和 2013 年 10 月 3 日先后获得欧洲航空安全局(European-Union Aviation Safety Agency,EASA)和美国联邦航空管理局(USA Federal Aviation Administration, FAA)的适航许可证,而最新型号- 97 型则分别于 2017 年 8 月 31 日和 2017 年 11 月 20 日先后获得该两项适航认证。遄达 XWB 发动机整机三维结构纵剖图及其应用机型空客 A350 - XWB 宽体客机如图 1.1.1 所示。

遄达 XWB 系列为三转子高涵道比涡扇发动机,风扇直径约为 3.00 m (118 in),采用 22 片风扇叶片;其高、中、低压压气机分别由独立的涡轮驱动,基本构型如下:

(1) 1 级风扇、8 级中压压气机、6 级高压压气机。

(2) 环形燃烧室、20 个预混燃油喷嘴。

(3) 1 级高压涡轮、2 级中压涡轮、6 级低压涡轮。

(4) 双通道全权限数字电子控制系统。

图 1.1.1 遄达 XWB 发动机结构纵剖图及其应用机型空客 A350 - XWB 宽体客机

左图引自：https://www.rolls-royce.com/products-and-services/civil-aerospace/airlines/trent-xwb.aspx

右图引自：https://www.airbus.com/aircraft/passenger-aircraft/a350xwb-family.html

从发动机排气端向前观测，低压转子和中压转子沿逆时针方向旋转，高压转子沿顺时针方向旋转。在 100% 转速条件下，高、中、低压转子转速分别为 12 600 r/min、8 200 r/min、2 700 r/min。遄达 XWB 发动机的技术参数如表 1.1.1 所示。

表 1.1.1 遄达 XWB 发动机技术参数

风扇直径/mm	3 000	巡航耗油率/[kg/(kgf·h)]	~0.48
涵道比	9.6	基础发动机干重/kg	7 277
总压比	50	长度*/mm	4 483
质量流量/(kg/s)	~1 450	最大半径/mm	2 001

＊ 从风扇机匣前端安装法兰端面至内涵道尾部排气端安装法兰端面的距离。

XWB 采用遄达家族三转子构型并基于该家族发动机的大量技术数据，在继承已经服役验证的成熟部件的基础上，通过等比例缩放可使每个转子部件以其最优的转速条件工作，实现整机设计方案最优化。同时，发动机设计与飞行性能要求一体化，以达到最佳匹配，可使油耗进一步降低。该发动机采用的双通道全权限数字电子控制器(dual-channel FADEC)通过数字总线接口与飞控系统交换数据；同时，发动机监测系统(EMU)将发动机振动信号等数据回传给飞机。

遄达 XWB 系列还将引入最新的售后服务技术，配合其在航空公司机队服役。罗罗公司通过"远景"(Vision)技术项目开发了一系列的高性能、低风险并具突出环保特性的创新跟踪维护技术。遄达系列发动机的设计综合了成功的使用经验、最新的技术和世界级的服务保障体系，以确保遄达 XWB 成为集性能、可靠性和价值于一身的最佳高效动力装置。其推力设置、应用机型和关键节点时间如表 1.1.2 所示。

表 1.1.2　遄达 XWB 发动机的推力设置、应用机型及关键节点日期

型　号	起飞推力 /lbf(kN)	平直推力 设置/℃	应用机型	首次试车 日期	取证日期	服役日期
遄达 XWB	-75	74 200 (330.0)	ISA+15	空客 A350-800	2010 年 7 月	2013 年 2 月	
	-79	78 900 (351.0)	ISA+15	空客 A350-800	2010 年 7 月	2013 年 2 月	
	-79B	78 900 (351.0)	ISA+ 21.6	空客 A350-800	2010 年 7 月	2013 年 2 月	
	-84	84 200 (374.5)	ISA+15	空客 A350-900		2013 年 2 月	2015 年 1 月
	-97	97 000 (431.5)	ISA+15	空客 A350-1000	2014 年 7 月	2017 年 8 月	2018 年 2 月

注：在翼状态的净推力，海平面静止状态标准大气条件，无功率提取。

1.1.2　Trent XWB-97

遄达 XWB 系列是罗罗公司研制的遄达家族第六代高涵道比涡扇发动机，于 2006 年 7 月被空客公司指定为空客 A350-XWB 新一代长航程宽体客机的唯一动力系统。XWB 系列继承了遄达家族独特的三转子构型，风扇直径约为 3 m(118 in)，额定起飞推力范围覆盖为 84 200～97 000 lbf(375～431 kN)，涵道比为 9.6∶1，总增压比为 50∶1，其他详细技术参数见 1.1.1 节。

额定起飞推力为 84 200 lbf(374.5 kN)的 XWB-84 首台发动机于 2010 年 6 月 14 日首次运转，2013 年初获得适航许可，随后于当年 6 月 14 日配装空客 A350 客机首飞，并于 2014 年随卡塔尔航空公司接收的空客 A350-XWB 客机进入航线服役。

额定起飞推力为 97 000 lbf(431.5 kN)的 XWB-97 型首台样机于 2014 年 7 月 15 日首次运转，主要用于配装空客 A350-1000 型客机以实现 8 000 n mile (约 14 816 km)以上的超长航程。截至目前，XWB-97 是罗罗公司获得适航认证的推力最大的发动机，其运行温度和冷却系统也是该公司设计的民用发动机中最高和最先进的。

在早期 XWB 型号的基础上，XWB-97 型引入了更新的技术，可产生更大

的推力,并针对空客 A350-1000 型客机优化了性能,进一步扩大了有效载荷和航程,可实现直飞超远距离航线,如从上海至波士顿或从巴黎到圣地亚哥等。相对于配装空客 A350-XWB 系列较短航程机型的发动机,这意味着 XWB-97 型发动机在航线服役中将以巡航状态运行更长的时间,并在翻修间隔期内经历较少的起飞和降落循环。罗罗公司据此进行了针对性的优化设计。

首先,XWB-97 型保留了与 XWB 系列其他姊妹型号一致的风扇直径,并采用了相同的风扇叶片数,为获得更大的空气流量和推力,其风扇转速必须提高约 6%;为此,其中压和高压转子也必须适当地成比例放大;其燃烧室和涡轮的运行温度也比 XWB-84 型的更高。其次,XWB-97 型的中、高压压气机采用了更多级的整体叶盘,以获得更好的气动效率并降低重量。该型号的中压压气机第一级采用的是罗罗公司民用型号中尺寸最大的整体叶盘。最后,XWB-97 型的高压涡轮采用了新的材料和涂层技术,并配备了冷气流量动态可调的智能冷却系统,在维持更高的涡轮前温度的同时,可有效控制引气量以改善热工循环效率。

另外,罗罗公司在 XWB-97 型早期试验样机中使用了通过增材制造的 1.5 m 直径的前轴承座,但在初期的量产型中并未采用。

在 XWB-97 型的研制过程中,罗罗公司共试制了 5 台试验样机。首台样机主要用于推力验证,并进一步完成了如鸟撞等台架试验。第二台样机在加拿大室外车台进行寒冷天气和结冰试验。第三台在位于英格兰德比市的罗罗公司总部的车台上进行持久试车,并进行 X 光检测。第四台主要用于性能测试。在此基础上,第五台样机配装于空客 A380 测试平台进行飞行试验。值得注意的是,在此型发动机的研制过程中,罗罗公司并未进行高空台试验,而是直接通过飞行试验来完成高度测试科目,这更有利于后期配装于空客 A350-1000 客机进入飞行试验(见图 1.1.2)。

XWB-97 高涵道比涡扇发动机的基本构型、技术参数和推力设置等见 1.1.1 节。

1.1.3　Trent 7000

罗罗公司的遄达(Trent)7000 系列是成功的遄达三转子涡扇发动机家族的第七代成员,起飞推力范围可覆盖 68 000~72 000 lbf(302.5~320.3 kN),是空客公司新一代宽体客机空客 A330neo 系列的唯一指定动力系统。遄达 7000 发动机项目于 2014 年 7 月范堡罗航展期间启动;2015 年 11 月,首台验证机运转;2017 年 6 月,首台发动机交付位于法国图卢兹的空客公司总装厂;2018 年 7 月

图 1.1.2　遄达 XWB‑97 发动机结构纵剖图及其应用机型空客
A350‑1000 远程宽体客机

左图引自：https：//www.rolls‑royce.com/products‑and‑services/civil‑aerospace/airlines/
trent‑xwb.aspx

右图引自：https：//airlinerwatch.com/airbus‑gets‑approval‑from‑easa‑to‑increase‑seat‑
count‑of‑the‑a350‑1000/

20 日，获得 EASA 适航许可；2018 年 11 月 6 日，配装该系列发动机的空客
A330‑800neo 客机首飞成功；另外，2018 年 11 月 26 日，遄达 7000 系列发动机
随空客 A330‑900neo 客机交付葡萄牙航空公司（TAP Air Portugal），首次进入
航线服役。

　　遄达 7000 发动机融合了原空客 A330 系列客机的已有动力系统——遄达
700 发动机的成功使用经验以及用于波音 787 梦幻客机的第五代遄达发动机的
最新型号——遄达 1000‑TEN 发动机的先进构型和用于空客 A350‑XWB 的
业界领先的高效大推力民用涡扇发动机——第六代遄达 XWB 发动机的最新技
术；其涵道比是原遄达 700 发动机的 2 倍，燃油消耗率降低了 10%，同时噪声和
污染物排放显著降低。

　　作为空客 A330neo 新一代 250～300 座级双通道宽体客机系列的唯一动力
系统，遄达 7000 发动机为其燃油消耗较上一代机型降低 12%～14% 的设定目
标进行了针对性的优化，采用了遄达 1000 和 XWB 已经验证的大量先进技术，
改善了性能指标，实现了更低的噪声和污染物排放。例如，其空气压缩系统的总
增压比为 50∶1，这相当于将一个电话亭体积大小的空气团压缩到一个鞋盒的
空间；其高压涡轮叶片采用先进单晶材料和陶瓷基热障涂层，工作温度约为
1 700℃（接近 2 000 K），这相当于接近太阳表面温度的 1/2，此时必须使用约
700℃的冷空气，通过叶片表面的细微气膜孔进行冷却；该发动机搭载的先进健
康监测系统可 24 小时不间断地将发动机关键性能参数回传给罗罗公司运行监

控中心,进行实时的数据分析并安排维护计划,以有效提高发动机的在翼时间。

每台遄达 7000 发动机由超过 20 000 个零部件组成,其风扇进口直径接近 3 m,比协和号超声速客机的机身直径还宽。在起飞状态,其前置风扇每秒钟吸入 1.3 t 空气,其中 90.9% 的空气通过外涵道向下游排射,产生发动机 75% 的推力,推动飞机向前飞行。同时风扇叶片的叶尖以高于声音的速度(超过 400 m/s)掠过风扇机匣内侧的声衬表面,而两者的间距不到 1 mm;此时,每片风扇叶片承受的离心载荷接近 90 tf(吨力),这相当于 9 辆伦敦观光巴士的重量。此外,内涵道压缩至原有 1/50 体积的高压空气在燃烧室中与燃油掺混燃烧,将燃料巨大的化学能释放以推动各级涡轮做功,进而驱动前置风扇和各级压气机工作,最后高温尾气以近 450 m/s 的速度从内涵道尾喷口喷射,产生约 25% 的推力。在这一过程中,每片高压涡轮叶片的输出功率约为 800 hp(约为 600 kW),这相当于一台 F1 方程式赛车的功率;而此时旋转的高压涡轮叶片叶尖的切线速度约为 540 m/s,接近 2 倍声速(见图 1.1.3)。

图 1.1.3　遄达 7000 发动机及其应用机型空客 A330 - 800neo 新一代宽体客机

左图引自：https://www.rolls-royce.com/products-and-services/civil-aerospace/airlines/trent-7000.aspx

右图引自：https://www.airbus.com/newsroom/press-releases/en/2018/11/first-a330-800-successfully-completes-maiden-flight.html

遄达 7000 三转子涡扇发动机的基本构型如下：

(1) 1 级风扇(20 片超塑成形扩散连接钛合金空心宽弦弯掠叶片)、8 级中压压气机、6 级高压压气机。

(2) 短环形先进低排放燃烧室。

(3) 1 级高压涡轮、1 级中压涡轮、6 级低压涡轮。

(4) 双通道全权限数字电子控制系统。

该发动机的技术参数、推力设置、应用机型及关键节点日期如表 1.1.3 和表 1.1.4 所示。

表 1.1.3　遄达 7000 发动机技术参数

风扇直径/mm(in)	2 844.8(112)	长度*/mm(in)	4 775(188)
涵道比	10	最大半径/mm(in)	1 837(72.3)
总压比	50	高压转子转速(100%)/(r/min)	13 391
质量流量(起飞状态)/(kg/s)	～1 300	中压转子转速(100%)/(r/min)	8 937
巡航耗油率/[kg/(kgf·h)]	～0.50	低压转子转速(100%)/(r/min)	2 683
基础发动机最大干质量/kg	6 445		

表 1.1.4　遄达 7000 发动机的推力设置、应用机型及关键节点日期

型　号		起飞推力/lbf(kN)	平直推力设置/℃	应用机型	首次试车日期	取证日期	服役日期
遄达7000	-72	72 834(324)	N/A	空客 A330-800neo	2015 年11 月 27 日	2018 年7 月 20 日	N/A
	-72C	72 834(324)	N/A	空客 A330-900neo	N/A	2018 年7 月 20 日	2018 年11 月 26 日

注：海平面静止状态，国际标准大气条件，无功率提取。

1.1.4　Trent 1000

遄达 1000 系列是罗罗公司专门为波音 787 梦幻客机开发的高涵道比涡扇发动机，也是该客机最先投入航线运营的动力系统，其推力范围覆盖 62 264～81 028 lbf(277～360 kN)，主要与通用电气公司新研的 GEnx 发动机竞争双发宽体客机动力系统市场。遄达 1000 系列是遄达家族第五代发动机，秉承了该家族的传统三转子构型，风扇直径为 2.85 m，涵道比约为 10∶1。遄达 1000 发动机于 2006 年 2 月 14 日首次运转，于 2007 年 6 月 18 日搭载飞行试验平台首飞，于 2007 年 8 月 7 日获得 EASA 和 FAA 联合认证，并于 2011 年 10 月 26 日搭载波音 787-8 型客机进入航线服役，而配装此系列发动机的波音 787-9 型客机则于 2014 年进入服役。

此后，罗罗公司为遄达 1000 系列发动机进行了两次技术升级，其中首次技术升级包(Package B)主要为已进入航线服役的发动机改善油耗特性，而第二次技术升级包(Package C)主要是为即将配装波音 787-9 型客机的发动机增大推力，并进一步改善油耗。截至 2018 年初，波音 787 全系列客机的 1 277 份订单中，有 681 份订单选用了 GEnx 发动机(约 53.3%)，有 420 份选用了遄达 1000 发动机(约 32.9%)，另有 176 份待定(约 13.8%)。

遄达 1000 配有在遄达 900 基础上等比例缩放而来的核心机和全新研制的

低速后掠风扇,其采用的其他新技术包括新一代涡轮叶片冷却系统、中压动力提取、先进材料和涂层等。在遄达1000系列发动机的研制过程中,"致力于全寿命周期成本最小化"的核心设计理念贯穿始终;通过为波音787系列的每一个子型号提供专属的发动机零部件材料使用清单,可实现该系列客机的基本型、长程型及增程型等每一款飞机运营经济性最大化。由于采用罗罗公司独特的三转子技术,遄达1000比其他等同推力竞争发动机重量更轻;同时具有更便捷的运输性,通过可拆分的风扇单元体设计,在运输过程中可将整机拆分成两个部分,装载到波音747F货运飞机内(见图1.1.4)。

图1.1.4　遄达1000发动机结构纵剖图及其应用机型波音787"梦幻客机"

左图引自:https://www. rolls-royce. com/products-and-services/civil-aerospace/airlines/trent-1000. aspx

右图引自:http://www. boeing. com/commercial/787/

遄达1000高涵道比涡扇发动机采用遄达家族成功的三转子构型,风扇(低压压气机)、中压和高压压气机分别由独立的涡轮驱动,其基本构型如下:

(1) 1级风扇、8级中压压气机、6级高压压气机。

(2) 环形燃烧室、18个预混燃油喷嘴。

(3) 1级高压涡轮、1级中压涡轮、6级低压涡轮。

(4) 双通道全权限数字电子控制系统。

其风扇直径为2.85 m,风扇叶片及外涵道出口导向叶片采用复合弯掠气动造型。从排气端向前观测,低压和中压转子沿逆时针方向旋转,高压转子沿顺时针方向旋转。高、中、低压转子的100%转速分别为13 391 r/min、8 937 r/min、2 683 r/min。该发动机采用全权限数字电子控制系统,配有与飞控系统交换数据的数字总线接口;同时,发动机监测系统实时将发动机振动信号等数据回传给飞机。其技术参数、推力设置、应用机型及关键节点日期如表1.1.5和表1.1.6所示。

表 1.1.5 遄达 1000 发动机的技术参数

风扇直径/mm	2 844.8	巡航耗油率/[kg/(kgf·h)]	0.494
涵道比	10~11	基础发动机最大干质量/kg	5 413
总压比	50	长度/mm	4 064
质量流量/(kg/s)	1 090~1 212	最大半径/mm	1 899

表 1.1.6 遄达 1000 发动机的推力设置、应用机型及关键节点日期

型 号	起飞推力/lbf(kN)	平直推力设置/℃	应用机型	首次试车日期	取证日期	服役日期
-A	69 194 (307.8)	ISA+15	波音 787-8	2006 年 2 月	2007 年 7 月	2008 年 5 月
-C	74 511 (331.4)	ISA+15	波音 787-8/9	2006 年 2 月		2008 年 5 月
-D	74 511 (331.4)	ISA+20	波音 787-8/9	2006 年 2 月		2008 年 5 月
-E	59 631 (265.3)	ISA+15	波音 787-3	2006 年 2 月		2010 年 7 月
-G	72 066 (320.6)	ISA+15	波音 787-8/9	2006 年 2 月		2008 年 5 月
-H	63 897 (284.2)	ISA+15	波音 787-3/8	2006 年 2 月		2008 年 5 月
遄达 1000 -J	78 129 (347.5)	ISA+15	波音 787-9	2006 年 2 月		2010 年 Q3
-K/K2/K3	78 129 (347.5)	ISA+15/18/18	波音 787-9	2006 年 2 月		2010 年 Q3
-L/L2/L3	74 511 (331.4)	ISA+15/20/24				
-M/N	79 728 (354.6)	ISA+15				
-P/P3	74 511 (331.4)	ISA+15/26.7				
-Q/Q3	78 129 (347.5)	ISA+15/20.6				
-R/R3	81 028 (360.4)	ISA+15/10				

注：1. 在翼状态净推力，海平面静止状态标准大气条件，无功率提取。

2. 此表格参考了 EASA 适航认证文件中的相关数据。

遄达 1000 发动机的项目合作伙伴包括卡尔顿锻造公司、古德里奇、汉胜公司、西班牙涡轮发动机工业公司、川崎重工、三菱重工等。

1.1.5　Trent 1000 - TEN

遄达 1000 - TEN 为遄达 1000 系列最新改进型发动机，TEN 代表推力（thrust）、效率（efficiency）和新技术（new technology）；也可以解释为 - 10（ten）、- 8（eight）和 - 9（nine），说明遄达 1000 - TEN 是在原遄达 1000 的基础上引入了新技术并提高了推力和效率，可用于波音 787 - 8/9/10 全系列"梦幻客机"。

遄达 1000 - TEN 在原升级包（Package C）的基础上对近 75% 的零部件进行了重新设计，广泛吸收了源于罗罗公司遄达 XWB 和 Advance - 3 的最新技术更新，旨在显著地增大推力并将油耗进一步降低 3%，可满足波音 787 - 10 长航程型双发宽体客机的动力需求。其低压系统基本保持不变，采用的主要技术升级包括经等比例收缩的 XWB - 84 的中、高压压气机和源自 XWB - 97 的高压涡轮先进构型以及 Advance - 3 的先进核心机技术。改进设计的中压压气机以更高的转速运行。另外，改进设计尽可能地采用了更多的复合材料零部件，配备了新的传动齿轮箱和内置了最新一代处理器的发动机全权限数字电子控制系统。

此外，遄达 1000 - TEN 型发动机采用了流量可调节的二次空气系统，针对不同工作状态调节所需的二次流冷却空气流量，以降低引气量、改善油耗。传统的二次空气系统设计思路是必须满足整个飞行循环中引气量最大的工作点，即起飞状态下所需的空气流量。这也意味着在整个飞行过程中的其他工况条件下，实际冷却空气供给明显高于所需空气流量。为此引入的流量调节系统可根据慢车、巡航等工况条件下的实际需求，通过创新性的自适应旋流阀调节二次空气流量，节省不必要的引气以改善油耗。

此最新改进型发动机于 2014 年年中首次运转，于 2016 年 12 月 7 日首次搭载波音 787 - 8 型客机进入飞行测试，于 2017 年 8 月获得 EASA 适航认证，并于 2017 年 11 月 23 日服役。由此成为罗罗公司为波音 787 全系列客机提供的新可选动力系统（见图 1.1.5）。

遄达 1000 - TEN 高涵道比涡扇发动机秉承了遄达家族成功的三转子设计，其基本构型如下：

（1）1 级风扇、8 级中压压气机、6 级高压压气机。

（2）环形燃烧室、18 个预混燃油喷嘴。

图 1.1.5　遄达 1000 - TEN 发动机结构纵剖图及其应用机型
波音 787 - 10 长程宽体客机

左图引自：https://www.rolls-royce.com/products-and-services/civil-aerospace/airlines/trent-1000.aspx
右图引自：http://www.boeing.com/commercial/787/

（3）1 级高压涡轮、1 级中压涡轮、6 级低压涡轮。

（4）双通道全权限数字电子控制系统。

遄达 1000 系列发动机的项目合作伙伴见 1.1.4 节。

1.1.6　Trent 900

遄达 900 是空客 A380 所选配的两款动力系统之一，也是遄达家族第四代发动机的代表。该发动机由遄达 500 等比例缩放衍生而来，采用后掠风扇叶片，压气机和涡轮全部部件均采用三维气动设计，高压转子转动方向与低压和中压转子相反。该发动机也采用了当时最新标准的健康监测软件，能够实时监测飞行过程中发动机的健康状态。

遄达 900 发动机于 2004 年 10 月按计划获得适航证，最初以 70 000 lbf(约 311 kN)的最大推力用于空客 A380 - 800 客机(见图 1.1.6)；并以 76 500 lbf(约 340 kN)的推力用于空客 A380 - 800F 货运飞机；该发动机的取证推力为 80 000 lbf(约 356 kN)，不更换零部件就可满足后期空客 A380 增长型客机的推力需求。该发动机不仅是空客 A380 系列飞机上最轻的发动机，也是最安静和最清洁的发动机，可完全满足当时所有的环保标准要求。

遄达 900 三转子发动机基本构型如下：

（1）1 级风扇、8 级中压压气机、6 级高压压气机。

（2）环形燃烧室、20 个燃油喷嘴。

（3）1 级高压涡轮、1 级中压涡轮、5 级低压涡轮。

（4）双通道全权限数字电子控制系统。

图 1.1.6   遄达 900 发动机及其应用机型空客 A380 - 800 超大型双层宽体客机

左图引自：https://www.rolls-royce.com/products-and-services/civil-aerospace/airlines/trent-900.aspx

右图引自：https://www.airbus.com/aircraft/passenger-aircraft/a380.html

该发动机的技术参数、推力设置、应用机型及关键节点日期如表 1.1.7 和表 1.1.8 所示。

表 1.1.7   遄达 900 发动机的技术参数

风扇直径/mm	2 946.4	巡航耗油率/[kg/(kgf·h)]	0.518
涵道比	7.7~8.5	基础发动机最大干质量/kg	6 442
总压比	36.5~39	长度/mm	4 547
质量流量/(kg/s)	1 205~1 246		

表 1.1.8   遄达 900 发动机的推力设置、应用机型及关键节点日期

型 号	起飞推力/lbf(kN)	平直推力设置/℃	应用机型	首次试车日期	取证日期	服役日期
遄达 900	970	70 000 (311.4)	ISA+15	空客 A380 - 800	2003 年 3 月	2004 年 10 月	2007 年 10 月
	972	72 000 (320.3)	ISA+15	空客 A380 - 800	2003 年 3 月	2004 年 10 月	2007 年 10 月
	977	76 500 (340.3)	ISA+15	空客 A380 - 800F	2003 年 3 月	2004 年 10 月	

注：海平面静止状态，国际标准大气条件，无功率提取。

遄达 900 发动机的主要项目合作伙伴包括意大利艾维欧航空航天动力集团、古德里奇、汉胜公司、霍尼韦尔公司、西班牙涡轮发动机工业公司、沃尔沃航空航天公司、石川岛播磨、川崎重工、三星特克温公司等。

1.1.7　Trent 800

遄达 800 发动机专为波音 777 飞机而开发,它是当时遄达发动机家族中推力最大的型号。该发动机从遄达 700 等比例放大衍生而来,引入了罗罗公司当时最先进的发动机技术并吸取了遄达 700 的开发经验。其最重要的设计变化是增加了 1 级低压涡轮以帮助驱动增大至 110 in(2 794 mm)直径的风扇。遄达 800 不仅建立了已经验证的服役可靠性记录,而且也证明了其性能。通过更换一个简单的数据输入插头和产品标牌,仅用一种标准发动机即可满足从 75 000~95 000 lbf(334~423 kN)的全部推力需求。与其他竞争发动机相比,采用紧凑的三转子设计的遄达 800 动力系统使每架波音 777 飞机减重达 8 000 lb(约 3 629 kg),这将为一些航线增加更多的有效载荷。遄达 800 发动机及其典型应用机型波音 777 客机如图 1.1.7 所示。

图 1.1.7　遄达 800 发动机及其应用机型波音 777 客机

左图引自: https://www.rolls-royce.com/products-and-services/civil-aerospace/airlines/trent-800.aspx
右图引自: http://www.boeing.com/commercial/777/

遄达 800 发动机基本构型如下:
(1) 1 级风扇、8 级中压压气机、6 级高压压气机。
(2) 环形燃烧室、24 个燃油喷嘴。
(3) 1 级高压涡轮、1 级中压涡轮、5 级低压涡轮。
(4) 全权限数字电子控制系统。
其技术参数、推力设置、应用机型及关键节点日期如表 1.1.9 和表 1.1.10 所示。
遄达 800 发动机的项目合作伙伴包括古德里奇公司、日本石川岛播磨重工、西班牙涡轮发动机工业公司、川崎重工、丸红公司、透博梅卡非洲公司。

表 1.1.9 遄达 800 发动机的技术参数

风扇直径/mm	2 794	巡航耗油率/[kg/(kgf·h)]	0.559
涵道比	5.7~6.2	基础发动机最大干质量/kg	5 947.4
总压比	34.5~41.9	长度/mm	4 368.8
质量流量/(kg/s)	1 079.61~1 179.04		

表 1.1.10 遄达 800 发动机的推力设置、应用机型及关键节点日期

型 号		起飞推力/lbf(kN)	平直推力设置/℃	应用机型	首次试车日期	取证日期	服役日期
遄达 800	875	74 600 (331.8)	ISA+15	波音 777-200	1993 年 9 月	1995 年 1 月	1996 年 4 月
	877	77 200 (343.4)	ISA+15	波音 777-200/200ER	1993 年 9 月	1995 年 1 月	1996 年 4 月
	884	84 950 (377.9)	ISA+15	波音 777-200/200ER	1993 年 9 月	1995 年 1 月	1996 年 4 月
	892	91 600 (407.5)	ISA+15	波音 777-200ER/300	1993 年 9 月	1995 年 1 月	1996 年 4 月
	892B	91 600 (407.5)	ISA+15	波音 777-200ER/300	1993 年 9 月	1997 年 4 月	1997 年 4 月
	895	95 000 (422.6)	ISA+10	波音 777-200ER/300	1993 年 9 月	1999 年 6 月	2000 年 1 月

注：海平面静止状态，国际标准大气条件，无功率提取。

1.1.8 Trent 700

遄达 700 发动机是罗罗公司专门为空客 A330 飞机全新设计的，而不是在已有发动机的基础上衍生开发的，可保证飞发匹配的最佳性能。作为进入航线服役的第一型遄达系列发动机，遄达 700 融合了当时的前沿技术，如扩散连接超塑性成型宽弦风扇叶片、低排放燃烧室和内外涵混合排气短舱等。遄达 700 发动机具有优秀的起飞性能，其 772B 型发动机在所有状态下可提供高水平推力，可提高空客 A330 运营商创收的潜能。该系列发动机为空客 A330 后继机型增重而设计了性能增长方案，如果需要可增加推力至 75 000 lbf(约 334 kN)。遄达 700 发动机结构纵剖图及其应用机型空客 A330-200 宽体客机如图 1.1.8 所示。

遄达 700 发动机基本构型如下：

(1) 1 级风扇、8 级中压压气机、6 级高压压气机。

(2) 环形燃烧室、24 个燃油喷嘴。

图 1.1.8　遄达 700 发动机结构纵剖图及其应用机型空客 A330 - 200 宽体客机

左图引自：https：//www. rolls-royce. com/products-and-services/civil-aerospace/airlines/trent-700. aspx

右图引自：https：//www. airbus. com/aircraft/passenger-aircraft/a330-family. html

（3）1 级高压涡轮、1 级中压涡轮、4 级低压涡轮。

（4）全权限数字电子控制系统。

该发动机的技术参数、推力设置、应用机型及关键节点日期如表 1.1.11 和表 1.1.12 所示。

表 1.1.11　遄达 700 发动机的技术参数

风扇直径/mm	2 474	巡航耗油率/[kg/(kgf·h)]	0.562
涵道比	5	基础发动机最大干质量/kg	4 767
总压比	33.7~35.5	长度/mm	3 911.6
质量流量/(kg/s)	899.37~920.26		

表 1.1.12　遄达 700 发动机的推力设置、应用机型及关键节点日期

型号		起飞推力/lbf(kN)	平直推力设置/℃	应用机型	首次试车日期	取证日期	服役日期
遄达700	768	67 500 (300.3)	ISA+15	空客 A330-300	1992 年 7 月	1994 年 1 月	1995 年 3 月
	772	71 100 (316.3)	ISA+15	空客 A330-300	1992 年 7 月	1994 年 1 月	1995 年 3 月
	772B	71 100 (316.3)	ISA+15	空客 A330-200/200F/300	1992 年 7 月	1998 年 12 月	1999 年 2 月

注：海平面静止状态，国际标准大气条件，无功率提取。

遄达 700 发动机的项目合作伙伴包括古德里奇公司、石川岛播磨重工、西班牙涡轮发动机工业公司、川崎重工、丸红公司、透博梅卡非洲公司。

1.1.9 Trent 500

空客公司在 1997 年将遄达 500 发动机选为空客 A340 - 500/600 超长航程型飞机的唯一发动机。该项目在当年年底启动时已有超过 100 架飞机的订单——这大概是现代航空史上最有价值的民机启动项目之一。遄达 500 发动机的核心机由遄达 800 发动机等比例缩小 20%,并引用了经遄达 8104 发动机验证的三维气动设计技术。该发动机具有与遄达 700 发动机同样尺寸的风扇,略小的核心机和更高的涵道比,这使得四发长航程的空客 A340 客机耗油率和噪声指标降至最低。遄达 500 发动机的压气机和涡轮级数与遄达 800 发动机的设置相同,为了改善可维护性,引入了浮壁燃烧室。该发动机适航认证获准提供 60 000 lbf(约 267 kN)起飞推力,但减推至 53 000~56 000 lbf(236~249 kN)运行,因此具有卓越的在翼裕度。2004 年,性能得到提高的遄达 500 - A2 发动机燃料燃烧效率提高了 1%,并可与基本型发动机互换使用(见图 1.1.9)。

图 1.1.9 遄达 500 发动机及其应用机型空客 A340 - 500 长程宽体客机

左图引自:https://www. rolls-royce. com/products-and-services/civil-aerospace/airlines/trent-500. aspx

右图引自:https://www. airbus. com/aircraft/previous-generation-aircraft/a340-family/a340-500. html

遄达 500 发动机的基本构型如下:

(1) 1 级风扇、8 级中压压气机、6 级高压压气机。

(2) 环形浮壁式燃烧室、20 个火焰筒。

(3) 1 级高压涡轮、1 级中压涡轮、5 级低压涡轮。

(4) 全权限数字电子控制系统。

该发动机的技术参数、推力设置、应用机型及关键节点日期如表 1.1.13 和表 1.1.14 所示。

表 1.1.13　遄达 500 发动机的技术参数

风扇直径/mm	2 473.96	巡航耗油率/[kg/(kgf·h)]	0.533
涵道比	7.7～7.6	基础发动机最大干质量/kg	4 995.36
总压比	34.8～36.3	长度/mm	3 937
质量流量/(kg/s)	860.47～879.52		

表 1.1.14　遄达 500 发动机的推力设置、应用机型及关键节点日期

型　号		起飞推力/lbf(kN)	平直推力设置/℃	应用机型	首次试车日期	取证日期	服役日期
遄达500	553	53 000 (235.8)	ISA+15	空客 A340-500	1999 年 5 月	2000 年 12 月	2003 年 3 月
	556	56 000 (249.1)	ISA+15	空客 A340-600	1999 年 5 月	2000 年 12 月	2002 年 8 月

注：海平面静止状态，国际标准大气条件，无功率提取。

遄达 500 发动机项目的合作伙伴包括艾维欧航空技术公司、福克-埃尔莫公司、古德里奇公司、汉胜公司、石川岛播磨重工、西班牙涡轮发动机工业公司、川崎重工、丸红公司、泰捷航空叶片公司、透博梅卡非洲公司。

1.1.10　RB211-22B

RB211-22B 是罗罗公司的首台高涵道比涡扇发动机，1972 年装配于洛克希德 L1011 三星客机进入服役，如图 1.1.10 所示。当时，该发动机设计大胆超前，其推力几乎是过去最大民用涡扇发动机推力的 2 倍，巡航耗油率降低 20%～25%，并大幅降低噪声。与竞争者相比，该发动机采用三转子总体方案，使发动机的级数更少，结构更短，刚度更强，从而增强了性能保持；各个转子在其最佳转速运行，不再需要压气机可调导向叶片。由于采用模块化结构设计，该发动机的拆解维修维护既简单又快捷。

RB211-22B 发动机基本构型如下：

(1) 1 级风扇、7 级中压压气机、6 级高压压气机。

(2) 环形燃烧室、18 个燃油喷嘴。

(3) 1 级高压涡轮、1 级中压涡轮、3 级低压涡轮。

该发动机的技术参数、推力设置、应用机型及关键节点日期如表 1.1.15 和表 1.1.16 所示。

图 1.1.10　RB211 - 22B 发动机及其应用机型洛克希德 L1011 三星客机

左图引自：https://airandspace. si. edu/collection-objects/rolls-royce-rb211-22-turbofan-engine-cutaway

右图引自：https://fineartamerica. com/featured/2-trans-world-airlines-l-1011-tristar-erik-simonsen. html

表 1.1.15　RB211 - 22B 发动机的技术参数

风扇直径/mm	2 153.92	巡航耗油率/[kg/(kgf • h)]	0.655
涵道比	4.8	基础发动机最大干质量/kg	4 174.53
总压比	24.5	长度/mm	3 032.76
质量流量/(kg/s)	626.52		

表 1.1.16　RB211 - 22B 发动机的推力设置、应用机型及关键节点日期

型　号	起飞推力/lbf(kN)	平直推力设置/℃	应用机型	首次试车日期	取证日期	服役日期
RB211 - 22B	42 000(186.8)	ISA+14	L1011 - 1/100	1969 年 7 月	1972 年 2 月	1972 年 4 月

注：海平面静止状态，国际标准大气条件，无功率提取。

1.1.11　RB211 - 524B/C/D

罗罗公司 RB211 系列中的- 524 型发动机投产的目的是为洛克希德长航程型 L1011 三星客机和波音 747 飞机提供更大的推力。为了达到所需推力目标，在保持原风扇直径的基础上，增大了风扇和压气机的空气流量，并引入了重新设计的高压涡轮。这些变化并不影响发动机的整机外观尺寸，这使该型发动机与- 22B 型保持了至关重要的通用性。RB211 - 524 发动机后期的衍生型，如 B4/D4 以及它们的改进/升级型使用了质量较轻的材料，并且引入了效率更高的气动设计，以降低耗油率和污染物排放。RB211 发动机结构纵剖图及其典型应用机型波音 747 客机如图 1.1.11 所示。

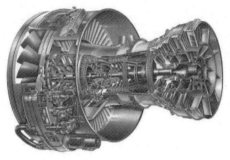 

图 1.1.11　RB211 发动机结构纵剖图及其典型应用机型波音 747 客机

左图引自：https：//en. wikipedia. org/wiki/Rolls-Royce_RB211

右图引自：https：//www. planephotos. net/photo/17400/Boeing-747-400/

RB211-524 发动机基本构型如下：

（1）1 级风扇、7 级中压压气机、6 级高压压气机。

（2）环形燃烧室、18 个燃油喷嘴。

（3）1 级高压涡轮、1 级中压涡轮、3 级低压涡轮。

该发动机的技术参数、推力设置、应用机型及关键节点日期如表 1.1.17 和表 1.1.18 所示。

表 1.1.17　RB211-524 发动机的技术参数

风扇直径/mm	2 153.92～2 179.32	巡航耗油率/[kg/(kgf·h)]	0.657
涵道比	4.4～4.5	基础发动机最大干质量/kg	4 455.56～4 482.80
总压比	28.4～29.6	长度/mm	3 032.76～3 106.42
质量流量/(kg/s)	686.90～702.79		

表 1.1.18　RB211-524 发动机的推力设置、应用机型及关键节点日期

型　号		起飞推力/lbf(kN)	平直推力设置/℃	应用机型	首次试车日期	取证日期	服役日期
RB211-524	B/B2	50 000 (222.4)	ISA+14	L1011-200/500，波音 747-200，波音 747SP	1973 年 10 月	1975 年 12 月	1977 年 10 月
	B4-D/B4	50 000 (222.4)	ISA+14	L1011-500	1979 年 4 月	1980 年 7 月	1981 年 4 月

（续表）

型　号	起飞推力/lbf(kN)	平直推力设置/℃	应用机型	首次试车日期	取证日期	服役日期
～改进型	50 000 (222.4)	ISA+14	L1011-250		1986年12月	1987年2月
C2			L1011-500			
RB211-524　　D4	51 500 (229.1)	ISA+14	波音747-200,波音747SP	1979年2月	1979年12月	1980年3月
D4-B/D4	53 000 (235.8)	ISA+15	波音747-200,波音747SP	1979年9月	1981年3月	1981年12月
～增推型	53 000 (235.8)	ISA+15	波音747-200/300,波音747SP	1983年7月	1984年9月	1984年10月

注：海平面静止状态，国际标准大气条件，无功率提取。

RB211-524型发动机的项目合作伙伴包括日本石川岛播磨重工和川崎重工。

1.1.12　RB211-524G/H

用于波音747-400飞机上的RB211-524G和H型发动机保持了与前期RB211-524系列发动机一致的设计方案，但其新的技术特点包括略微增大直径的宽弦风扇、带有强制排气混合器的长涵道短舱、压气机防扩散叶型以及发动机全权限数字电子控制系统等。这些新特性改善了发动机的推力、耗油率、噪声及操控灵活性。使用完全相同硬件的发动机也已取证用于波音767-300飞机，如图1.1.12所示。

图1.1.12　RB211-524G/H发动机及其典型应用机型波音767-300飞机

左图引自：https://www.rolls-royce.com/products-and-services/civil-aerospace/airlines/rb211-524gh-and-t.aspx
右图引自：http://www.boeing.com/commercial/767/

RB211‐524G/H 发动机的基本构型如下：

（1）1 级风扇、7 级中压压气机、6 级高压压气机。

（2）环形燃烧室、18 个燃油喷嘴。

（3）1 级高压涡轮、1 级中压涡轮、3 级低压涡轮。

该发动机的技术参数、推力设置、应用机型及关键节点日期如表 1.1.19 和表 1.1.20 所示。

表 1.1.19　RB211‐524G/H 发动机的技术参数

风扇直径/mm	2 192.02	巡航耗油率/[kg/(kgf·h)]	0.582
涵道比	4.1～4.3	基础发动机最大干质量/kg	4 390.18
总压比	32.9～34.5	长度/mm	3 175
质量流量/(kg/s)	728.67～739.11		

表 1.1.20　RB211‐524G/H 发动机的推力设置、应用机型及关键节点日期

型　号		起飞推力/lbf(kN)	平直推力设置/℃	应用机型	首次试车日期	取证日期	服役日期
RB211‐524	G	58 000 (258.0)	ISA+15	波音 747‐400	1987 年 7 月	1988 年 3 月	1989 年 6 月
	H	60 600 (269.6)	ISA+15	波音 747‐400，波音 767‐300	1988 年 8 月	1989 年 6 月	1990 年 2 月

注：海平面静止状态，国际标准大气条件，无功率提取。

RB211‐524G/H 发动机的项目合作伙伴包括日本石川岛播磨重工和川崎重工。

1.1.13　RB211‐524G/H‐T

1998 年，罗罗公司使用遄达系列更先进的高压系统，将 RB211‐524G/H 型发动机升级，从而产生了标号"‐T"的新型号。这一更高效的核心机通过降低涡轮前温度延长了部件使用寿命和发动机在翼时长。其新硬件特点如下：在新的涡轮和压气机中引入了当时最先进的气动设计，高压涡轮叶片使用第三代单晶材料，各种盘的制造采用更好的高温合金材料，并使用先进的低排放燃烧室。这些技术更新使得发动机减重超过了 200 lb（约 90 kg），油耗降低超过 2%，氮氧化物排放降低达 40%。作为发动机改进升级的一揽子计划，此"‐T"高压系统更新已被绝大多数 RB211‐524G/H 机队认购（见图 1.1.13）。

RB211‐524G/H‐T 发动机基本构型如下：

图 1.1.13　RB211 - 524G/H - T 发动机结构纵剖图及其典型
应用机型波音 747 - 400 客机

左图引自：https：//www. rolls-royce. com/products-and-services/civil-aerospace/airlines/
rb211-524gh-and-t. aspx

右图引自：https：//commons. wikimedia. org/wiki/File：Boeing _ 747-400 _ Dreamliner _
livery. jpg

(1) 1 级风扇、7 级中压压气机、6 级高压压气机。

(2) 环形低排放燃烧室、24 个燃油喷嘴。

(3) 1 级高压涡轮、1 级中压涡轮、3 级低压涡轮。

该发动机的技术参数、推力设置、应用机型及关键节点日期如表 1.1.21 和
表 1.1.22 所示。

表 1.1.21　RB211 - 524G/H - T 发动机的技术参数

风扇直径/mm	2 192.02	巡航耗油率/[kg/(kgf · h)]	0.573
涵道比	4.1~4.3	基础发动机最大干质量/kg	4 299.38
总压比	32.9~34.5	长度/mm	3 175
质量流量/(kg/s)	728.67~739.11		

表 1.1.22　RB211 - 524G/H - T 发动机的推力设置、应用机型及关键节点日期

型　号		起飞推力/lbf(kN)	平直推力设置/℃	应用机型	首次试车日期	取证日期	服役日期
RB211 - 524	G - T	58 000 (258.0)	ISA+15	波音 747 - 400	1996 年 8 月	1997 年 5 月	1998 年 4 月
	H - T	60 600 (269.6)	ISA+15	波音 747 - 400，波音 767 - 300	1996 年 8 月	1997 年 5 月	1998 年 4 月

注：海平面静止状态，国际标准大气条件，无功率提取。

RB211 – 524G/H – T 发动机的项目合作伙伴包括日本石川岛播磨重工和川崎重工。

1.1.14　RB211 – 535C

RB211 – 535C 发动机于 1982 年 2 月配装波音 757 原型机首飞,也是该系列客机——波音公司当时最大的单通道窄体客机的初始动力系统。这是波音民用客机上投入使用的第一台非美国制造的发动机。其主要技术特点如下:自 RB211 – 524 型发动机风扇等比例缩小而衍生的有 33 片钛合金叶片的单级风扇、6 级中压压气机、引自 RB211 – 22B 发动机的高压系统、压气机无可调导向叶片、采用 3 级低压涡轮驱动风扇。首台 RB211 – 535C 发动机于 1983 年 1 月进入航线服役,并展现出高可靠性和低维护成本等良好的使用特性,之后的市场反馈显示约 80% 的波音 757 用户选择了此型发动机作为其动力系统。据罗罗公司统计,全球总计有超过 50 个航空公司的 1 200 台 RB211 – 535 系列发动机为波音 757 飞行提供动力,累计服役时间超过 3 000 万飞行小时。RB211 – 535C 发动机及其应用机型波音 757 – 200 客机如图 1.1.14 所示。

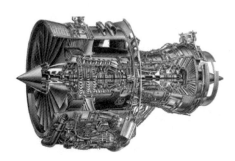 

图 1.1.14　RB211 – 535C 发动机及其应用机型波音 757 – 200 客机

左图引自:https://www.pinterest.com/pin/292593307016599675/

右图引自:http://theflight.info/boeing-757-200-delta-airlines-photos-and-description-of-the-plane/

RB211 – 535C 发动机基本构型如下:

(1) 1 级风扇、6 级中压压气机、6 级高压压气机。

(2) 环形燃烧室、18 个燃油喷嘴。

(3) 1 级高压涡轮、1 级中压涡轮、3 级低压涡轮。

该发动机的技术参数、推力设置、应用机型及关键节点日期如表 1.1.23 和表 1.1.24 所示。

表 1. 1. 23 RB211‒535C 发动机的技术参数

风扇直径/mm	1 859.28	巡航耗油率/[kg/(kgf·h)]	0.663
涵道比	4.4	基础发动机最大干质量/kg	3 311.48
总压比	21.1	长度/mm	3 009.9
质量流量/(kg/s)	517.56		

表 1. 1. 24 RB211‒535C 发动机的推力设置、应用机型及关键节点日期

型　号	起飞推力 /lbf(kN)	平直推力设置/℃	应用机型	首次试车日期	取证日期	服役日期
RB211‒535C	37 400（166.4）	ISA+14	波音 757‒200/200SF	1979 年 4 月	1981 年 9 月	1983 年 1 月

注：海平面静止状态，国际标准大气条件，无功率提取。

1.1.15 RB211‒535E4

RB211‒535E4 是一种全模块化设计的高涵道比三转子涡扇发动机，它配有 22 个宽弦叶片的单级风扇、6 级中压压气机、6 级高压压气机、压气机无可调导向叶片、第五代低排放燃烧室、单级高压和中压涡轮、3 级低压涡轮。这也是世界上第一台使用空心宽弦风扇叶片的发动机。高压压气机叶片采用"端部弯曲"气动设计，可有效抑制叶尖泄漏造成的气动损失，降低损耗、提高效率。同时，采用混合排气尾喷管以保证内外涵道冷热气流的充分混合，有效降低排气噪声。2000 年 3 月，该发动机创造了连续在翼 40 531 小时的世界纪录。该型发动机也是国际首台取证用于俄罗斯图波列夫 Tu204‒120 客机的西方发动机，于 1992 年随该客机进入航线服役。另外，1996 年波音公司曾选此型发动机为 B52 战略轰炸机换发，计划以 4 台新的‒535E4 型涡扇发动机替代原有的 8 台 TF33s 发动机。RB211‒535E4 发动机及其典型应用机型波音 757‒300 单通道窄体客机如图 1.1.15 所示。

RB211‒535E4 发动机的基本构型如下：

(1) 1 级风扇、6 级中压压气机、6 级高压压气机。

(2) 环形燃烧室、24 个燃油喷嘴。

(3) 1 级高压涡轮、1 级中压涡轮、3 级低压涡轮。

该发动机的技术参数、推力设置、应用机型及关键节点日期如表 1.1.25 和表 1.1.26 所示。

图 1.1.15　RB211-535E4 发动机及其应用机型波音 757-300 客机

左图引自：https://www.rolls-royce.com/products-and-services/civil-aerospace/airlines/
rb211-535e4.aspx

右图引自：https://commons.wikimedia.org/wiki/File:Delta_Boeing_757-300_N583NW_
(6405374251).jpg

表 1.1.25　RB211-535E4 发动机的技术参数

风扇直径/mm	1 882.14	巡航耗油率/[kg/(kgf·h)]	0.617
涵道比	4.3	基础发动机最大干质量/kg	3 297.86
总压比	25.8~28.0	长度/mm	2 994.66
质量流量/(kg/s)	522.55~534.36		

表 1.1.26　RB211-535E4 发动机的推力设置、应用机型及关键节点日期

型　号		起飞推力/lbf(kN)	平直推力设置/℃	应用机型	首次试车日期	取证日期	服役日期
RB211-535	E4	40 100 (178.4)	ISA+14	波音 757-200/300	1982 年 5 月	1983 年 11 月	1984 年 10 月
	E4B	43 100 (191.7)	ISA+10	波音 757-200/300，Tu204		1989 年 1 月	1989 年 1 月

注：海平面静止状态，国际标准大气条件，无功率提取。

1.1.16　Tay(611/620)

泰(Tay)RB183 系列发动机在其同类产品中工作最安静,且排放水平也低于当时规划的未来标准规定。在短途运营中,泰发动机极佳的可靠性和耐久性已经验证。用于湾流(Gulfstream)Ⅳ型公务机的泰 611-8 发动机以其卓越的可靠性闻名于世;其经改进的后继型发动机当时也被选作下一代湾流公务机的动力系统。泰发动机是双转子高涵道比涡扇发动机,配有一个直径为 44 in (1 117.6 mm)的宽弦风扇,其外涵道主要由碳纤维复合材料制成,外涵道冷空气和内涵道排出的热空气通过尾部强制排气混合器充分掺混,可有效提高推进效率并降低排气噪声。

泰系列涡扇发动机的核心机源自斯贝系列中 RB183 Mk 555 小涵道比涡扇发动机,并采用了由 RB211 - 535E4 直接缩比得到的风扇,形成约 3.1∶1 或略高的涵道比;其低压转子的压气机增压级和低压涡轮基于 RB211 项目的技术基础研制。泰 650 型发动机采用了基于经 RB211 - 535E4 项目验证的先进技术研制的新高压涡轮,并使用了新的燃烧室以提高耐久性,详见 1.1.17 节。泰系列发动机用于诸多支线客机和大中型公务机,如湾流 Ⅳ 系列公务机及福克 (Fokker)70 和 100 型支线客机,其较新版本用于波音 727 - 100s 型支线客机换发。该系列最新型号泰 611 - 8C 发动机及其应用机型湾流 G450 公务机如图 1.1.16 所示。

图 1.1.16　泰 611 - 8C 发动机及其应用机型湾流 G450 公务机

泰 611/620 发动机的基本构型如下:

(1) 1 级风扇、3 级增压级、12 级高压压气机。

(2) 10 个管状火焰筒。

(3) 2 级高压涡轮、3 级低压涡轮。

该发动机的技术参数、推力设置、应用机型及关键节点日期如表 1.1.27 和表 1.1.28 所示。

表 1.1.27　Tay 611/620 发动机的技术参数

风扇直径/mm	1 117.6	巡航耗油率/[kg/(kgf·h)]	0.692
涵道比	3.04	基本动力系统重量/kg	1 339.75~1 445.99
总压比	15.8	长度/mm	2 405.38
质量流量/(kg/s)	186.14		

表 1.1.28　Tay 611/620 发动机的推力设置、应用机型及关键节点日期

型　号		起飞推力/lbf(kN)	平直推力设置/℃	应用机型	首次试车日期	取证日期	服役日期
Tay	611 - 8	13 850 (61.6)	ISA+15	湾流 Ⅳ	1984 年 8 月	1986 年 6 月	1987 年 6 月
	620 - 15	13 850 (61.6)	ISA+15	福克 70/100	1984 年 8 月	1986 年 6 月	1988 年 4 月

注：海平面静止状态，国际标准大气条件，无功率提取。

　　泰系列发动机的项目合作伙伴包括意大利艾维欧公司（原菲亚特艾维欧公司）、瑞典沃尔沃航空、古德里奇公司（原美国天合公司）。

1.1.17　Tay(650/651)

　　如 1.1.16 节所述，泰 650 型发动机略微增加了风扇直径并引入了更先进的高压涡轮，使起飞额定推力增加了 9%，同时爬升、最大连续和巡航额定推力增加了 15% 以上。泰 650 型发动机用于福克 100 型飞机，泰 651 型发动机用于换发的波音 727 - 100 飞机，如图 1.1.17 所示。

图 1.1.17　Tay 651 发动机及其应用机型波音 727 - 100 支线客机

左图引自：https://www. rolls-royce. com/products-and-services/defence/aerospace/transport-tanker-patrol-and-tactical/tay. aspx

右图引自：https://simple. wikipedia. org/wiki/Boeing_727

Tay 650/651 发动机的基本构型如下：

（1）1 级风扇、3 级增压级、12 级高压压气机。

（2）10 个管状火焰筒。

（3）2 级高压涡轮、3 级低压涡轮。

该发动机的技术参数、推力设置、应用机型及关键节点日期如表 1.1.29 和表 1.1.30 所示。

表 1.1.29　Tay 650/651 发动机的技术参数

风扇直径/mm	1 143	巡航耗油率/[kg/(kgf·h)]	0.692
涵道比	3.06～3.07	基本动力系统重量/kg	1 516.36～1 534.52
总压比	16.2～16.6	长度/mm	2 407.92
质量流量/(kg/s)	189.71～193.40		

表 1.1.30　Tay 650/651 发动机的推力设置、应用机型及关键节点日期

型　号		起飞推力/lbf(kN)	平直推力设置/℃	应用机型	首次试车日期	取证日期	服役日期
Tay	650-15	15 100 (67.2)	ISA+15	福克 100	1986 年 12 月	1988 年 12 月	1989 年 10 月
	651	15 400 (68.5)	ISA+15	波音 727-100（换发）	1991 年 5 月	1992 年 3 月	1992 年 12 月

注：海平面静止状态，国际标准大气条件，无功率提取。

泰系列发动机的项目合作伙伴见 1.1.16 节内容。

1.1.18　Spey(RB163)

斯贝（Spey）系列小涵道比涡扇发动机于 20 世纪 60 年代末首次进入服役，原由罗罗公司研制，包括 RB163、RB168 及后期简化版等（见 1.1.19 节）。罗罗公司与艾利逊燃气涡轮引擎公司（Allison Gas Turbine）联合研制的版本为 TF41。斯贝系列发动机采用双转子涡扇构型，配有 5 级低压压气机和 12 级高压压气机，分别由双级低压涡轮和双级高压涡轮驱动。

在 20 世纪 50 年代末研制初期，斯贝发动机主要针对民航动力需求，后期逐步发展出多个军用型号以及舰用涡轴发动机（Marine Spey），是后来泰系列民用涡扇发动机的研制基础（见 1.1.16 和 1.1.17 两节）。全球诸多军民用户都曾使用此系列发动机。斯贝发动机曾为湾流 Ⅱ 和 Ⅲ 型公务机提供动力，但已停产；该发动机曾在 BAC-Ⅱ 型和福克 F28 型飞机上运行。民用斯贝系列发动机累积了超过 5 000 万飞行小时。斯贝 512 发动机及其典型应用机型豪客-西德利 (Hawker Siddeley)三叉戟(Trident)客机如图 1.1.18 所示。

图 1.1.18　斯贝 512 型发动机及其应用机型豪客-西德利三叉戟客机

左图引自：https://en. wikipedia. org/wiki/Rolls-Royce_Spey
右图引自：https://en. wikipedia. org/wiki/Hawker_Siddeley_Trident

另外，20 世纪 70 年代末，我国引进了 RB168 Mk 202 型军用斯贝发动机，配装了"飞豹"系列歼击轰炸机，其国产代号为 WS9 秦岭发动机。

斯贝发动机的基本构型如下：

(1) 5 级低压压气机、12 级高压压气机。

(2) 10 个管状火焰筒。

(3) 2 级高压涡轮、2 级低压涡轮。

该发动机的技术参数、推力设置、应用机型及关键节点日期如表 1.1.31 和表 1.1.32 所示。

表 1.1.31　Spey 发动机的技术参数

风扇直径/mm	825.5	巡航耗油率/[kg/(kgf·h)]	0.8
涵道比	0.64~0.71	基本动力系统重量/kg	1 127.28~1 184.49
总压比	18.4~21	长度/mm	2 783.84
质量流量/(kg/s)	89.44~94.43		

表 1.1.32　Spey 发动机的推力设置、应用机型及关键节点日期

型　号		起飞推力/lbf(kN)	平直推力设置/℃	应用机型	首次试车日期	取证日期	服役日期
Spey	511-8	11 400 (50.7)	ISA+8.5	湾流Ⅱ/Ⅲ	1965 年	1967 年	1968 年

（续表）

型　号		起飞推力/lbf(kN)	平直推力设置/℃	应用机型	首次试车日期	取证日期	服役日期
Spey	512-5W	12 550 (55.8)	ISA+10	三叉戟 2E/3B	1966 年	1968 年	1969 年
	512-14DW			BAC-11 475/500			

注：海平面静止状态，国际标准大气条件，无功率提取。

1.1.19　Spey Mk 555

斯贝 Mk 555 型是为匹配福克 F28 客机而研制的简化版斯贝发动机，如图 1.1.19 所示。它配备了 4 级低压压气机和有 10 个波瓣的内外涵强制排气混合器。

图 1.1.19　斯贝 Mk 555 发动机及其应用机型福克 F28 客机
左图引自：https://en.wikipedia.org/wiki/Rolls-Royce_Spey
右图引自：https://en.wikipedia.org/wiki/Fokker_F28_Fellowship

斯贝 Mk 555 发动机的基本构型如下：

（1）4 级低压压气机、12 级高压压气机。

（2）10 个管状火焰筒。

（3）2 级高压涡轮、2 级低压涡轮。

该发动机的技术参数、推力设置、应用机型及关键节点日期如表 1.1.33 和表 1.1.34 所示。

表 1.1.33　斯贝 Mk 555-15 发动机的技术参数

风扇直径/mm	825.5	巡航耗油率/[kg/(kgf·h)]	0.8
涵道比	1	基本动力系统重量/kg	1 024.68
总压比	15.4	长度/mm	2 456.18
质量流量/(kg/s)	90.35		

表 1.1.34　斯贝 Mk 555‑15 发动机的推力设置、应用机型及关键节点日期

型　号	起飞推力/lbf(kN)	平直推力设置/℃	应用机型	首次试车日期	取证日期	服役日期
斯贝 Mk 555‑15	9 900(44)	ISA+14.7	福克 F28 Mk 1000/2000/3000/4000	1965 年	1968 年	1969 年

注：海平面静止状态，国际标准大气条件，无功率提取。

罗罗德国公司

1.1.20　Pearl 15

珍珠（Pearl）15 双转子涡扇发动机融合了罗罗公司 Advance‑2 验证项目的创新技术和 BR700 系列已经验证的先进设计特征，是目前业界领先的超长航程公务机用动力系统，其典型应用机型包括加拿大庞巴迪公司（Bombardier）的环球快车（Global Express）5500 和 6500 等公务机，如图 1.1.20 所示。

图 1.1.20　珍珠 15 发动机及其典型应用机型庞巴迪环球快车 6500 公务机
左图引自：https://www.rolls-royce.com/products-and-services/civil-aerospace/business-aviation/pearl-15.aspx
右图引自：https://sites.businessaircraft.bombardier.com/zh-hans/aircraft/global-6500

珍珠 15 发动机具备的领先技术和突出性能将超长航程公务机动力系统标准提到了新的高度，可帮助实现更远程、更迅捷、更安静的商务飞行（巡航马赫数约为 $Ma=0.9$）。此型发动机起飞推力可达 15 250 lbf(67.8 kN)，较 BR700 系列同类发动机起飞推力提高了 9%，并具有更高效的核心机，燃油消耗率降低 7%，同时更安静、更环保。目前该发动机已通过系统全面的试验验证，于 2018 年 2 月和 2019 年 12 月分别取得 EASA 和 FAA 的适航证，目前正在由庞巴迪公司进行飞行试验，预计于 2020 年下半年进入服役。

珍珠 15 发动机的基本构型如下：

（1）1 级风扇、10 级高压压气机。

（2）环形低排放燃烧室。

（3）2 级高压涡轮、3 级低压涡轮。

（4）全权限数字电子控制系统。

该发动机的技术参数、推力设置、应用机型及关键节点日期如表 1.1.35 和表 1.1.36 所示。

表 1.1.35　珍珠 15 发动机的技术参数

风扇直径/mm	1 230	发动机干质量/kg	1 828.8
涵道比	4.8	长度*/mm	4 809
总压比	43	高压转子转速(100%)/(r/min)	19 000
质量流量/(kg/s)	195~200(估计)	低压转子转速(100%)/(r/min)	7 431
巡航耗油率/[kg/(kgf·h)]	0.59(估计)		

* 进气锥尖端至反推力装置后缘的距离。

此表格参考了 EASA 适航认证文件及罗罗公司官网数据。

表 1.1.36　珍珠 15 发动机的推力设置、应用机型及关键节点日期

型　号		起飞推力/lbf(kN)	平直推力设置/℃	应用机型	首次试车日期	取证日期	服役日期
珍珠 15	(BR700-710-D5-21)	15 125 (67.3)	ISA+15	庞巴迪环球快车 5500	2015 年	2018 年 2 月 28 日	预计 2020 年下半年
		15 250 (67.8)	ISA+13	庞巴迪环球快车 6500			

注：海平面静止状态、国际标准大气条件、无功率提取。

1.1.21　BR700-725

BR700-725 发动机是 BR700-710 的衍生机型，也是 BR700 系列的最新成员，为湾流 G650 公务机提供动力，如图 1.1.21 所示。首台发动机于 2008 年初首次运转，2009 年 6 月 23 日获得 EASA 适航认证；配装-725 型发动机的首架湾流 G650 公务机于 2009 年 11 月 25 日完成首飞，并于 2011 年 12 月交付，随后进入航线服役。

BR700-725 发动机起飞推力为 75.2 kN(16 900 lbf)；为提高推力水平，此型发动机采用了比 BR710 直径大 2 in(50.8 mm)的宽弦弯掠风扇［直径为 50 in(1 270 mm)］。为实现更高的效率，10 级轴流式高压压气机采用了先进的三维气动设计；前 5 级高压压气机采用了整体叶盘结构以降低重量。同时，源于 BR700-715 的燃烧室设计可实现更长的使用寿命和更低的污染物排放；其烟气

图 1.1.21　BR700 - 725 发动机及其应用机型湾流 G650 公务机

左图引自：https：//www. rolls-royce. com/products-and-services/civil-aerospace/business-aviation/br725. aspx

右图引自：https：//www. gulfstream. com/aircraft/gulfstream-g650

和未充分燃烧的碳氧化合物排放降低了 80%，氮氧化合物排放较 CAEP - 6 标准具有 35% 的裕度。两级高压涡轮采用叶尖间隙主动控制技术实现了更高的效率，并通过先进的三维气动设计有效地降低了冷却空气流量。低压系统采用了类似于 BR700 - 715 的 3 级低压涡轮，以输出更大的功率驱动直径增大的风扇，产生较 BR700 - 710 更高的推力。与 BR700 - 710 相比，BR700 - 725 发动机噪声降低了 4 dB，燃烧效率提高了 4%，氮氧化物排放降低了 21%。

BR700 - 725 系列双转子涡扇发动机的基本构型如下：

（1）1 级风扇（24 片钛合金弯掠叶片）、10 级高压压气机（前 5 级采用整体叶盘）。

（2）环形燃烧室，配有 20 个气动雾化喷嘴。

（3）2 级高压涡轮、3 级低压涡轮。

该发动机的技术参数、推力设置、应用机型及关键节点日期如表 1.1.37 和表 1.1.38 所示。

表 1.1.37　BR700 - 725 发动机的技术参数

风扇直径/mm	1 270	发动机干质量/kg	1 635.2
涵道比	4.3	长度*/mm	3 297
总压比	26	高压转子转速(100%)/(r/min)	15 898
质量流量(起飞状态)/(kg/s)	224.5	低压转子转速(100%)/(r/min)	7 000
巡航耗油率/[kg/(kgf·h)]	0.615		

注：此表格参考了 EASA 适航文件中的数据。

* 进气锥尖端至排气锥尾端的距离。

表 1.1.38　BR700 - 725 发动机的推力设置、应用机型及关键节点日期

型号	起飞推力 /lbf(kN)	平直推力 设置/℃	应用机型	首次试车 日期	取证日期	服役日期
BR700 - 725	A1 - 12	16 905 (75.2)	湾流 G650	2008 年	2009 年 6 月 23 日	2011 年 12 月

注：海平面静止状态，国际标准大气条件，无功率提取。

1.1.22　BR700 - 715

作为采用 BR700 系列高效核心机的双转子涡扇发动机的一员，相较于 BR700 - 710 采用的双低压涡轮构型，BR700 - 715 使用了三级低压涡轮来提高低压级功率输出，驱动直径更大的风扇[58 in(1 473.2 mm)]和两级增压级，以产生更大的推力。其起飞推力提高到 20 000 lbf(89 kN)左右。因具有高性能、低排放、高可靠性和低购置成本，BR700 - 715 发动机被选做波音 717 飞机的动力系统。在服役过程中，实际使用数据显示该发动机的燃油消耗指标低于预估值（见图 1.1.22）。

图 1.1.22　BR700 - 715 发动机及其应用机型波音 717 支线客机

左图和右图引自：https://www.rolls-royce.com/products-and-services/civil-aerospace/airlines/br715.aspx

BR700 - 715 双转子涡扇发动机的基本构型如下：

(1) 1 级风扇、2 级增压级、10 级高压压气机。

(2) 环形燃烧室、20 个燃油喷嘴。

(3) 2 级高压涡轮、3 级低压涡轮（其中，2 级高压涡轮均采用单晶代冠叶片）。

该发动机的技术参数、推力设置、应用机型及关键节点日期如表 1.1.39 和表 1.1.40 所示。

表 1.1.39　BR700 - 715 发动机的技术参数

风扇直径/mm	1 473.2	发动机干质量/kg	2 087.04
涵道比	4.55~4.68	长度/mm	3 733.8
总压比	29~32	高压转子转速(100%)/(r/min)	15 898
质量流量/(kg/s)	268.31~283.75	低压转子转速(100%)/(r/min)	6 195
巡航耗油率/[kg/(kgf·h)]	0.622		

此表格参考了 EASA 适航文件中的数据。

表 1.1.40　BR700 - 715 发动机的推力设置、应用机型及关键节点日期

型　号	起飞推力 /lbf(kN)	平直推力 设置/℃	应用机型	首次试车 日期	取证日期	服役日期
BR700 - 715	A1 - 30	18 500 (82.3)	ISA+15	波音 717 - 200	1997 年 4 月	1998 年 9 月	1999 年 10 月
	B1 - 30	20 000 (89.0)	ISA+15	波音 717 - 200		1998 年 9 月	1999 年 10 月
	C1 - 30	21 000 (93.4)	ISA+15	波音 717 - 200		1998 年 9 月	1999 年 10 月

注：海平面静止状态，国际标准大气条件，无功率提取。

1.1.23　BR700 - 710

BR700 系列发动机可满足 80~130 座级支线飞机和超长航程公务机的动力需求。该系列的 710、725 和 715 三个型号都采用了适合提供 14 000~23 000 lbf (62~102 kN)推力的 BR700 高效核心机。该核心机由一个 10 级高压压气机、一个配有 20 个燃油喷嘴的环形低排放燃烧室和一个双级高压涡轮组成。同时，采用差异化设计的低压涡轮可获得不同的功率输出，以驱动相应的低压压缩系统和风扇，进而产生不同的推力。BR700 - 710 发动机的低压系统通过双级低压涡轮驱动一个直径为 1 219.2 mm(48 in)的风扇，可获得 15 000 lbf(66.7 kN)左右的起飞推力。其风扇采用钛合金实心叶片，风扇机匣包容层使用凯芙拉 (Kevlar)增强纤维材料，外涵道为复合材料结构，中介机匣为镁合金铸造。此型发动机的结构纵剖图及其典型应用机型如图 1.1.23 所示。

BR700 - 710 系列双转子涡扇发动机的基本构型如下：

(1) 1 级风扇、10 级高压压气机。

(2) 环形低排放燃烧室、20 个燃油喷嘴。

(3) 2 级高压涡轮、2 级低压涡轮。

图 1.1.23　BR700‑710 发动机及其典型应用机型湾流 G550 公务机

左图引自：https://www.rolls-royce.com/products-and-services/civil-aerospace/business-aviation/br710.aspx

右图引自：https://www.gulfstream.com/aircraft/gulfstream-g550

该发动机的技术参数、推力设置、应用机型及关键节点日期如表 1.1.41 和表 1.1.42 所示。

表 1.1.41　BR700‑710 发动机的技术参数

风扇直径/mm	1 219.2	发动机干质量/kg	1 851
涵道比	4.2	长度/mm	3 403.6
总压比	24	高压转子转速(100%)/(r/min)	15 898
质量流量/(kg/s)	196.13	低压转子转速(100%)/(r/min)	7 431
巡航耗油率/[kg/(kgf・h)]	0.637		

注：此表格参考了 EASA 适航文件中的数据。

表 1.1.42　BR700‑710 发动机的推力设置、应用机型及关键节点日期

型　号	起飞推力/lbf(kN)	平直推力设置/℃	应用机型	首次试车日期	取证日期	服役日期
BR700‑710 A1‑10	14 750 (65.6)	ISA+20	湾流 V	1995 年	1996 年 8 月	1997 年 5 月
A2‑20	14 750 (65.6)	ISA+20	庞巴迪环球快车		1997 年 1 月	1998 年 5 月
A2‑20	14 750 (65.6)	ISA+20	庞巴迪环球快车 5000		1997 年 1 月	2004 年
B3‑40	15 577 (69.3)	ISA+20	猎迷 MRA4		2000 年 3 月	2004/2005 年
C4‑11	15 385 (68.4)	ISA+20	湾流 V‑SP		2002 年 12 月	2003 年

注：在翼状态净推力，海平面静止状态标准大气条件，无功率提取。

另外,罗罗公司于 1999 年 10 月启动了公务机包修业务(total care),按每飞行小时的固定价格为配装湾流 V 系列公务机的 A1-10 型和配装环球快车公务机的 A2-20 型 BR700-710 发动机进行维护和大修。

罗罗北美公司

1.1.24　AE 3007

原美国艾利逊引擎公司(Allison Engine)AE 系列发动机最初针对防务应用需求开发,随着其高效核心机的持续发展和演进,逐渐衍生出多款可民用的高可靠性涡扇发动机。在此基础上,AE3007 发动机(美国军用型号为 F137)是罗罗北美公司为支线飞机和大中型公务机开发的高涵道比双转子涡扇发动机。其中,AE3007-C 系列发动机为赛斯纳(Cessna)奖状(Citation)X 和 X+公务机提供动力,如图 1.1.24 所示;AE3007-A 系列发动机则是巴西航空工业公司(Embraer)的支线客机以及莱格赛(Legacy)600 和 650 等公务机的动力系统。

图 1.1.24　AE 3007 发动机结构纵剖图及其典型应用机型
塞斯纳奖状 X 和 X+公务机

左图引自：https://www.rolls-royce.com/products-and-services/civil-aerospace/business-aviation/ae-3007.aspx
右图引自：https://www.ainonline.com/sites/default/files/uploads/2018/06/x1.jpg

AE3007 系列首台民用发动机于 1991 年 7 月试车,与赛斯纳奖状 Ⅶ 原型机一起于 1992 年 8 月进行了首飞。该发动机的核心机衍生自 AE1107(罗罗 T406)涡轴发动机和 AE2100 涡桨发动机,其设计特点包括单级宽弦风扇、14 级轴流高压压气机、环形燃烧室、2 级高压涡轮、3 级低压涡轮、全权限发动机数字控制系统以及驱动辅助装置的附件齿轮箱和空气系统。该空气系统用于飞机机舱压力保持及发动机启动和交叉放气阀。

另外,AE3007-H 还被诺斯罗普-格鲁曼集团(Northrop-Grumman Corporation)的特里达因-瑞安(Teledyne-Ryan)公司选为 RQ4 全球鹰高空长航时无人侦察机的动力系统,见 2.1.10 节。目前该系列发动机共交付 3 400 余台;截至 2014 年,共有 2 976 台民用发动机投入使用;截至 2017 年,该系列发动机随巴西航空工业公司 ERJ 系列支线客机累计飞行超过 5 300 万小时/4 400 万飞行循环。

AE 3007 发动机的基本构型如下:

(1) 1 级宽弦风扇、14 级高压压气机。

(2) 环形燃烧室、16 个燃油喷嘴。

(3) 2 级高压涡轮、3 级低压涡轮。

该发动机的技术参数、推力设置、应用机型及关键节点日期如表 1.1.43 和表 1.1.44 所示。

表 1.1.43　AE3007 发动机的技术参数

风扇直径/mm	977.9	巡航耗油率/[kg/(kgf·h)]	0.626
涵道比	4.8	基础发动机最大干质量/kg	742.29
总压比	18~20	长度/mm	2 705.1
质量流量/(kg/s)	108.96~127.12		

表 1.1.44　AE3007 发动机的推力设置、应用机型及关键节点日期

型　号		起飞推力 /lbf(kN)	平直推力 设置/℃	应用机型	首次试车 日期	取证日期	服役日期
AE3007	C	6 495 (28.9)	ISA+15	赛斯纳奖状 X	1991 年	1995 年	1995 年
	A & A1/1	7 580 (33.7)*	ISA+15	ERJ145ER	1991 年	1996 年	1996 年
	A1	7 580 (33.7)	ISA+30	ERJ145ER/LR	1997 年	1998 年	1998 年
	A1P	7 580 (33.7)	ISA+19	ERJ145LR/ AEW&C/RS/MP	1999 年	1999 年	1999 年
	A3	8 201 (36.5)	ISA+15	ERJ135ER	1999 年	1999 年	1999 年
	A1/3	7 201 (32.0)	ISA+30	ERJ135ER/LR, ERJ140LR	1999 年	1999 年	1999 年
	A1E	8 110 (36.1)**	ISA+22	ERJ145XR	2001 年	2002 年	2002 年
	C1	6 764 (30.1)	ISA+15	赛斯纳奖状 X & X+	2001 年	2001 年	2002 年

注: 海平面静止状态,国际标准大气条件,无功率提取。
* 一台发动机不能工作时,最大应急推力为 8 338 lbf(37.1 kN)。
** 一台发动机不能工作时,最大应急推力为 8 917 lbf(39.7 kN)。

1.2　通用电气公司民用涡扇发动机

1.2.1　GE9X

美国通用电气公司 GE9X 系列是在已经验证的 GE90 和 GEnx 系列发动机的构型和先进技术的基础上,正在研制的新一代大推力涡扇发动机。它也是目前世界上推力最大的航空发动机,曾在 2017 年 11 月 10 日地面试车过程中创造了 134 300 lbf(597.4 kN)推力的吉尼斯世界纪录。该发动机起飞状态额定推力设定为 105 000 lbf(467.1 kN),将用于波音公司新一代波音 777X 系列的波音 777 - 8X 和波音 777 - 9X 型双发远程双通道宽体客机(见图 1.2.1),计划随该客机于 2020 年前后进入航线服役。

图 1.2.1　GE9X 发动机结构纵剖图及其应用机型波音 777 - 9X
新一代双发远程宽体客机

左图引自：https：//www. geaviation. com/commercial/engines/ge9x-commercial-aircraft-
engine
右图引自：http：//www. boeing. com/commercial/777x

GE9X 发动机引入了目前已经成熟的部分业界最先进的设计技术和材料工艺,在进一步降低发动机重量的同时还将创造燃油消耗率的世界纪录。该发动机涵道比约为 10：1,总增压比达到 60：1,将成为 GE 公司研制的单位推力油耗最低的涡扇发动机;相对于为目前的波音 777 - 200LR 和 300ER 长程宽体客机提供动力的 GE90 - 115B 型发动机,其燃油消耗率进一步降低了 10% 左右,二氧化碳和氮氧化物等污染物的排放进一步降低,在满足国际民用航空组织(International Civil Aviation Organization, ICAO)中民用航空环境保护委员会(Committee on Aviation Environmental Protection,CAEP)规定的 CAEP - 8 标准的基础上具备了 30% 的裕度;同时,噪声指标在满足 ICAO Annex. 16 Vol. 1(Chap. 14)的民航噪声标准要求的同时,还将满足 FAA 于 2017 年 11 月 3 日开始实施的第五阶段(Stage-Ⅴ)新约束要求规定的民用飞机噪声指标要求(裕度约为 8 dB)。

GE9X 发动机项目于 2012 年启动,2016 年 4 月首台样机开始地面试车,2017 年 5 月 16 日第二台改进样机首次试车,2018 年 3 月 13 日搭载 GE 公司新的波音 747-400 飞行测试平台首飞,2018 年 5 月另外四台用于取证的测试样机开始地面试车,计划于 2019 年底完成适航认证后为波音公司波音 777-9X 客机首飞提供动力。目前,该型客机已于 2020 年 1 月 25 日在美国西雅图完成首飞。

相对于现役 GE90 系列发动机(见 1.2.3 节和 1.2.4 节),为进一步提高效率并降低约 10% 的单位推力油耗,GE9X 发动机采用了更大的风扇直径(约为 3.4 m)和更高的涵道比(约 10∶1),进而有效地提高了推进效率。同时,GE9X 风扇采用了更少的 16 片宽弦弯掠复合材料叶片(GE90 为 22 片,GEnx 为 18 片);在减轻重量的同时,这一项技术方案可以使风扇和低压增压级以较高的转速运行,以匹配低压涡轮在优化点工作。此复合材料风扇叶片采用金属前缘和玻璃纤维后缘来提高抗鸟撞冲击的能力,同时叶身采用第四代碳纤维复合材料,使得叶片更轻、更薄、更强且更高效。同时,低压增压级出口处引入了类似于 GEnx 发动机的可调外涵道排气活门;内涵道空气在进入高压压气机之前通过旋流效应可自然地将沙尘、冰雹等异物抛出,以有效地保护核心机。

为进一步改善效率,GE9X 采用了 11 级高压压气机,将核心机压比由原 GE90 的 19∶1 提高到 27∶1,以实现超过 60∶1 的总增压比,并引入了第三代双环预混(TAPS-Ⅲ)先进低排放燃烧室,其在实现更高效率的同时氮氧化物等排放相对于 ICAO CAEP-8 标准具备 30% 的裕度。此外,第一级高压涡轮机匣内部的轮缘一侧、第一级和第二级高压涡轮导向器、火焰筒均采用了陶瓷基复合材料(ceramic matrix composite,CMC),其使用温度比镍基高温合金高 260℃ 左右,可减少此部分约 20% 的冷却空气引气量,这有助于进一步提高涡轮前温度和整机效率,同时降低耗油率。另外,CMC 的强度是金属基材料的 2 倍,但重量只有约 1/3。再次,压气机和涡轮叶片采用全三维黏性空气动力学叶型设计;高压压气机前 5 级采用整体叶盘结构;高压压气机后 6 级盘和高压涡轮盘采用粉末高温合金制造;低压涡轮叶片采用铝化钛材料,相对于传统镍基高温合金,其具有高强、轻质、耐久等突出特性,重量可降低 50% 左右。最后,GE9X 发动机的燃油喷嘴等零部件通过 3D 打印增材制造,而此类零件若采用传统制造工艺则难以加工成型或可以达到设计要求的传统工艺成本过高。

GE9X 高涵道比双转子涡扇发动机的基本构型如下:

(1) 1 级风扇(16 片宽弦弯掠复合材料风扇叶片)。

（2）3 级低压增压级、11 级高压压气机。

（3）第三代双环预混（TAPS-Ⅲ）低排放燃烧室。

（4）2 级高压涡轮、6 级低压涡轮。

（5）新一代双通道全权限数字电子控制系统。

该发动机的技术参数、推力设置、应用机型及关键节点日期如表 1.2.1 和表 1.2.2 所示。

表 1.2.1　GE9X 发动机的技术参数

风扇直径/mm(in)	3 403.6(134)	巡航耗油率/[kg/(kgf·h)]	0.46～0.48(估计)
涵道比	10	发动机干质量/kg	7 500(估计)
总压比	60	长度/mm	7 000(估计)
质量流量/(kg/s)	1 600(估计)		

表 1.2.2　GE9X 发动机的推力设置、应用机型及关键节点日期

型　号		起飞推力/lbf(kN)	平直推力设置/℃	应用机型	首次试车日期	取证日期	服役日期
	TBD	93 000 (410)	N/A	波音 777-8X	N/A	N/A	预计 2022 年
GE9X	TBD	102 000 (450)	N/A	波音 777-8LX	N/A	N/A	N/A
	105B1A	105 000 (470)	N/A	波音 777-9X	2016 年 4 月	预计 2020 年下半年	预计 2021 年

注：在翼状态净推力，海平面静止状态，国际标准大气条件，无功率提取。

作为 GE9X 项目入股合作伙伴，德国摩天宇航空发动机公司（MTU）将负责具有较高工程技术难度的涡轮中间支撑的设计、研制与批量生产工作，首件样件已于 2016 年 1 月交付 GE 公司，用于测试样机总装。MTU 公司具有此类零部件的多年研制经验，其配套研制的部件用于为空客 A380 提供动力的 GP7000 发动机和为波音 787 及波音 747-8 提供动力的 GEnx 发动机。

1.2.2　GEnx

GEnx 系列发动机是 GE 公司用于替代 CF6 的新一代高涵道比涡扇发动机，是迄今为止该公司研制的最安静的商用发动机之一，适用于长航程中大推力需求等级的民航飞机。较 CF6 等同类发动机，其耗油率降低了约 15%，在翼时间增长 20%，但零件数减少了 30%，显著降低了运营和维护成本。同时，其噪声可在 ICAO 第 4 阶段的标准下有 10 dB 的裕度,氮氧化物排放较现行适航标准裕度最高可达 30%(相对于 CAEP - 8 标准),无须升级即可满足可预见的未来适航要求。这些成就得益于 GE 公司已经验证的先进技术和不断革新的研发投入,例如轻质耐久的复合材料制备与成型技术,面向严苛应用环境的专业化涂层技术,革新性的清洁燃烧室和高低压转子对转架构,以及几乎无须维护的风扇模块等。目前,该系列发动机已获得 75 000 lbf(333.6 kN)推力认证。

GEnx 核心机源自 GE90 发动机,流量缩比为 67%,并融入了最新的重要技术革新,包括 18 个加强复合材料风扇叶片、坚固的交叉结构复合材料风扇包容机匣、压气机和涡轮叶片引入了最新的三维气动设计、高压压气机整体叶盘结构、新概念贫油单环腔燃烧室(SAC)和双环预混旋流器(TAPS)、新涡轮材料和涂层。该系列中 GEnx - 1B 型发动机,采用直径约为 111 in(2 819.4 mm)的风扇,应用于无客舱引气的波音 787 多电宽体客机,避免了高压压气机引气导致的推力损失。而 GEnx - 1A 型发动机采用全新设计的引气方案,曾计划应用于空客 A350 - XWB 宽体客机上。两者仅有很小的安装差异。另外,用于波音公司重新设计的波音 747 - 8 双层宽体客机的 GEnx - 2B 型发动机配有直径约为 105 in(2 667 mm)的风扇、3 级低压增压级和 6 级低压涡轮。通用电气 GEnx 发动机结构纵剖图及其典型应用机型波音 787 宽体客机如图 1.2.2 所示。

图 1.2.2 通用电气 GEnx 发动机结构纵剖图及其典型应用机型波音 787 宽体客机
左图引自:https://www.geaviation.com/commercial/engines/genx-engine
右图引自:http://www.boeing.com/commercial/787

GEnx 系列发动机为高涵道比双转子涡扇发动机,其基本构型如下:

(1) 1 级风扇、4 级低压增压级、10 级高压压气机(GEnx - 2B 采用 3 级增压级)。

(2) 单环腔燃烧室、双环预混旋流器。

(3) 2 级高压涡轮、7 级低压涡轮(GEnx - 2B 采用 6 级低压涡轮)。

　　该发动机配有全权限数字电子控制系统(FADEC-Ⅲ),具备与飞控系统交换数据的数字总线接口,同时发动机监测系统(EMC)向飞机实时提供发动机振动等数据信号。

　　该发动机的技术参数、推力设置、应用机型及关键节点日期如表 1.2.3 和表 1.2.4 所示。

表 1.2.3　GEnx 发动机的技术参数

型　号	GEnx-1B70	GEnx-1B74/75	GEnx-1B76	GEnx-2B67
风扇直径/mm	2 821.94	2 821.94	2 821.94	2 659.38
涵道比(起飞/爬升)	9.3/8.8	9.1/8.6	9.1/7.9	8.0/7.4
总压比(起飞/爬升)	43.8/53.3	46.3/55.4	47.4/58.1	44.7/52.4
质量流量(起飞)/(kg/s)	1 160.74	1 190.23	1 205.65	1 041.9
巡航耗油率/[kg/(kgf·h)]	0.492(估计)	0.492(估计)	0.492(估计)	0.492(估计)
发动机干质量/kg	6 147.1	6 147.1	6 147.1	5 613.2
基础发动机长度/mm	4 691.38	4 691.38	4 691.38	4 310.38
高压转子转速(100%)/(r/min)	11 377	11 377	11 377	11 377
低压转子转速(100%)/(r/min)	2 560	2 560	2 560	2 835

此表参考了 FAA 和 EASA 适航文件及通用电气公司官方介绍资料中的数据。

表 1.2.4　GEnx 发动机的推力设置、应用机型及关键节点日期

型　号		起飞推力/lbf(kN)	平直推力设置/℃	应用机型	首次试车日期	取证日期	服役日期
GEnx	-1B54	53 200 (236.6)	ISA+15	波音 787-3		2008 年 3 月 31 日	
	-1B64	63 800 (283.8)	ISA+15	波音 787-8		2008 年 3 月 31 日	2008 年 6 月
	-1B70	69 800 (310.5)	ISA+15	波音 787-8		2008 年 3 月 31 日	
	-1B74/75	74 100 (329.6)	ISA+16.7	波音 787-9		2012 年 6 月 14 日	
	-1B76	76 100 (338.5)	ISA+15	波音 787-10		2016 年 6 月 20 日	
	-2B67	66 500 (295.8)	ISA+15	波音 747-8		2010 年 7 月 22 日	
	-1A72	72 000 (320.3)		空客 A350-800(曾计划)			

　　注:1. 海平面静止状态,国际标准大气条件,无功率提取。
　　　　2. 此表参考了 FAA 适航文件中的数据。

　　GEnx 发动机的项目合作伙伴包括美国 GE 公司、日本石川岛播磨重工和三菱重工、意大利艾维欧公司、瑞典沃尔沃公司、比利时技术空间航空技术公司。

1.2.3　GE90

　　GE90 是通用电气公司在美国航空宇航局 E3 计划的基础上,专门针对波音 777 长航程双发宽体客机而研发的大推力高涵道比双转子涡扇发动机,于 1995 年配装英国航空公司的波音 777 客机首飞。该系列发动机采用 22 片复合材料宽弦风扇叶片、3 级低压增压压气机、双环腔先进低排放燃烧室及高载荷气动叶形设计的高压涡轮。其早期型号的起飞推力范围涵盖 74 000～94 000 lbf(329～418 kN)。服役后又经多次升级,增加推力并延长在翼时间。最新升级型- 94B 发动机的技术升级主要包括改善了高压压气机气动特性,降低了燃油消耗并提高了性能。由于采用模块化结构设计的突出优势,此升级任务通过部件改进即可实现。截至目前,GE90 系列仍是世界上已经进入航线服役的推力最大的商用涡扇发动机。

　　GE90 发动机性能突破中最核心的技术革新是其采用了复合材料风扇叶片,它比传统的钛合金叶片的耐久性和可靠性更高,且重量更轻;通过先进空气动力学设计的宽弦风扇叶片,在风扇吸入大量空气产生巨大推力的同时,显著改善了气动损失,有效降低了油耗,并且更安静。该风扇叶片长度超过 1.2 m,质量约为 23 kg,仅相当于一件民航托运行李的重量;叶身部分由增韧环氧树脂基体和碳纤维制成,其强度是钛合金叶片的 2 倍,重量只有其 1/3。2007 年,一片 GE90 - 115B 型发动机(见 1.2.4 节)的风扇叶片作为顶尖的工程、设计与美学结合的代表作被纽约现代艺术博物馆收藏。另外,在 20 世纪末进入航线服役时,该系列发动机是当时唯一采用复合材料风扇叶片进入商业运行的高涵道比大推力涡扇发动机。自世纪之交波音公司推出波音 777 长航程宽体客机以来,GE90 发动机一直是该系列飞机最畅销的动力系统;截至 2011 年,已有 400 余台各型 GE90 发动机进入航线服役。GE90 发动机和短舱结构纵剖图及其应用机型波音 777 - 200ER 宽体客机如图 1.2.3 所示。

　　GE90 系列发动机的基本构型如下:

　　(1) 1 级宽弦复合材料风扇、3 级低压增压级、10 级高压压气机。

　　(2) 双环腔低排放燃烧室。

　　(3) 2 级高压涡轮、6 级低压涡轮。

图 1.2.3　GE90 发动机和短舱结构纵剖图及其应用机型波音 777 - 200ER 宽体客机

　　左图引自：https://mdao.grc.nasa.gov/reengine/images/ge90.gif

　　右图引自：http://www.boeing.com/commercial/777

　　该发动机的技术参数、推力设置、应用机型及关键节点日期如表 1.2.5 和表 1.2.6 所示。

表 1.2.5　GE90 发动机的技术参数

风扇直径/mm	3 124.2	巡航耗油率/[kg/(kgf·h)]	0.54
涵道比(起飞/爬升)	8.36~8.6	发动机干质量/kg	7 565.46
总压比(起飞/爬升)	39.3~45.5	长度/mm	5 181.6
质量流量(起飞)/(kg/s)	1 362~1 484.13		

表 1.2.6　GE90 发动机的推力设置、应用机型及关键节点日期

型　号		起飞推力/lbf(kN)	平直推力设置/℃	应用机型	首次试车日期	取证日期	服役日期
GE90	-75B	76 000(338.1)	ISA+15	波音 777 - 200		1994 年 11 月	
	-76B	76 000(338.1)	ISA+15	波音 777 - 200		1995 年 2 月	
	-85B	85 000(378.1)	ISA+15	波音 777 - 200/200ER		1995 年 2 月	1995 年 11 月
	-90B	90 000(400.3)	ISA+15	波音 777 - 200/200ER		1996 年 7 月	1997 年 2 月
	-92B	92 000(409.2)	ISA+15	波音 777 - 200/200ER		1996 年 5 月	1997 年 2 月
	-94B	94 000(418.1)	ISA+15	波音 777 - 200ER		1999 年 6 月	2000 年 11 月

注：海平面静止状态，国际标准大气条件，无功率提取。

　　GE90 发动机的项目合作伙伴包括美国通用电气公司、法国斯奈克玛公司、意大利菲亚特艾维欧公司和日本石川岛播磨重工。

1.2.4 GE90‑110B/115B

GE90 系列发动机专为满足波音 777 系列长航程宽体客机的动力需求而设计,其中,GE90‑115B 发动机是目前全球已商用的推力最大的涡扇发动机,此型发动机也是波音 777‑200LR 和波音 777‑300ER 双发长航程宽体客机唯一的动力装置。此型发动机于 2004 年 5 月随法国航空公司的波音 777 客机进入航线服役。

当时业界领先的 GE90 系列发动机是基于已经验证的架构和技术而研制的,并融汇了通用电气公司遍布全球的研发中心的革新性成果;相较于基本型发动机,GE90‑110B/115B 型具有更大、更坚固的复合材料风扇,风扇轴材料和强度得到升级,低压增压压气机级数增加,同时第十级高压压气机被取消,三维高升力气动叶形被引入涡轮设计。

GE90‑115B 发动机在 2001 年进行初始地面测试过程中就创造了 123 000 lbf(547.1 kN)稳态持续推力的吉尼斯世界纪录,成为当时公认的世界上动力最强劲的商用航空发动机;2002 年末,在适航取证过程中,该发动机再次以 127 900 lbf(568.9 kN)持续推力打破之前的纪录[注:此纪录目前已被 GE9X 发动机于 2017 年 11 月 10 日在地面测试中创造的 134 300 lbf(597.4 kN)持续推力所打破,见 1.2.1 节]。

图 1.2.4 GE90‑115B 发动机结构纵剖图及其应用机型波音 777‑300ER
双发长程宽体客机

左图引自:https://www.geaviation.com/commercial/engines/ge90-engine
右图引自:http://www.boeing.com/commercial/777

GE90‑110B/115B 发动机的基本构型如下:

(1) 1 级宽弦复合材料风扇、4 级低压压气机、9 级高压压气机。

（2）双环腔低排放燃烧室。

（3）2 级高压涡轮、6 级低压涡轮。

该发动机的技术参数、推力设置、应用机型及关键节点日期如表 1.2.7 和表 1.2.8 所示。

表 1.2.7　GE90 发动机的技术参数

风扇直径/mm	3 256.28	巡航耗油率/[kg/(kgf·h)]	0.529
涵道比（起飞/爬升）	8.9	发动机干质量/kg	8 290.04
总压比（起飞/爬升）	42	长度/mm	7 289.8
质量流量（起飞）/(kg/s)	1 642.12		

表 1.2.8　GE90 发动机的推力设置、应用机型及关键节点日期

型　号		起飞推力/lbf(kN)	平直推力设置/℃	应用机型	首次试车日期	取证日期	服役日期
GE90	-110B	110 000 (489.3)	ISA+15	波音 777-200LR			
	-110B1	110 000 (489.3)	ISA+18	波音 777-200LR		2003 年 7 月	
	-115B	115 000 (511.5)	ISA+15	波音 777-200LR/300ER		2003 年 7 月	2004 年 4 月

注：海平面静止状态，国际标准大气条件，无功率提取。

GE90-110B/115B 发动机的项目合作伙伴 1.2.3 节。

1.2.5　CF6-6

通用电气 CF6-6 发动机于 20 世纪 60 年代后期为道格拉斯和洛克希德公司研制的大型宽体飞机而开发，最终被选为道格拉斯 DC10 客机的动力装置，见图 1.2.5。该发动机主要设计特点包括一个由 38 片带减振凸肩叶片组成的单级风扇和单级增压压气机（含有向外涵道排气的调节活门），带有可调导向叶片的 16 级高压压气机，环形燃烧室，双级带气冷叶片的高压涡轮，5 级低压涡轮，利用内外涵道尾喷气流工作的反推力装置及机械液压控制装置。

CF6-6 双转子涡扇发动机的基本构型如下：

（1）1 级风扇、1 级低压增压级、16 级高压压气机。

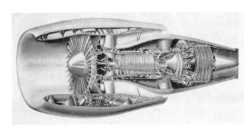

图 1.2.5　通用电气 CF6 - 6 涡扇发动机和短舱结构纵剖图及其
　　　　应用机型 DC10 - 10 客机

左图引自：https：//picryl. com/media/jt-9d-propulsion-package-general-electric-ge-cf6-6-
high-bypass-turbofan-engine-6e9e8a

右图引自：http：//users. vermontel. net/～ tomh/images/AIRCRAFT/AIRLINERS/
TYPES/DC10/DC10_Brief/

（2）环形燃烧室。

（3）2 级高压涡轮、5 级低压涡轮。

（4）机械液压控制系统。

该发动机的技术参数、推力设置、应用机型及关键节点日期如表 1.2.9 和
表 1.2.10 所示。

表 1.2.9　CF6 - 6 发动机的技术参数

风扇直径/mm	2 194.56	巡航耗油率/[kg/(kgf·h)]	0.651
涵道比	5.9	发动机干质量/kg	3 682.39
总压比	24.3～24.9	长度/mm	4 775.2
质量流量/(kg/s)	593.38～600.64		

表 1.2.10　CF6 - 6 发动机的推力设置、应用机型及关键节点日期

型　号		起飞推力/lbf(kN)	平直推力设置/℃	应用机型	首次试车日期	取证日期	服役日期
CF6	- 6D	40 000 (177.9)	ISA+10	DC10 - 10		1970 年 9 月	1971 年 8 月
	- 6D1	41 000 (182.4)	ISA+10	DC10 - 10		1978 年 8 月	1979 年 8 月
	- 6K	41 500 (184.6)	ISA+10	DC10 - 10			

注：海平面静止状态，国际标准大气条件，无功率提取。

1.2.6 CF6 - 50C

通用电气公司在其原有的 CF6 - 6 型发动机的基础上，通过增加核心机流量达到增加推力的目的，由此衍生出 CF6 - 50C 型发动机。此型发动机主要的改进设计特点包括采用了 3 级增压压气机，它的空气流量可通过低压增压级和高压压气机之间向外涵道排气的调节活门来控制；使用了更好的涡轮冷却技术，提高了涡轮工作温度；通过这些改进，成功实现了更高的推力。CF6 - 50C 发动机的 C2/E2 型具有更低的耗油率，涡轮前燃气温度裕度更宽，并使用了更坚固的风扇叶片。CF6 - 50C 发动机及其典型应用机型如图 1.2.6 所示。

图 1.2.6　CF6 - 50C 发动机及其应用机型麦道 DC10 - 30F 货运飞机

左图引自：https：//www.geaviation.com/commercial/engines/cf6-engine

右图引自：https://cdn.airplane-pictures.net/images/uploaded-images

CF6 - 50C 发动机基本构型如下：

（1）1 级风扇、3 级低压增压级、14 高压压气机。

（2）环形燃烧室。

（3）2 级高压涡轮、4 级低压涡轮。

（4）机械液压控制系统。

该发动机的技术参数、推力设置、应用机型及关键节点日期如表 1.2.11 和表 1.2.12 所示。

表 1.2.11　CF6 - 50C 发动机的技术参数

风扇直径/mm	2 194.56	巡航耗油率/[kg/(kgf·h)]	0.635
涵道比	4.4	发动机干质量/kg	3 959.33
总压比	29.5～30.3	长度/mm	4 648.2
质量流量/(kg/s)	665.11～673.74		

表 1. 2. 12　CF6‐50C 发动机的推力设置、应用机型及关键节点日期

型　号	起飞推力 /lbf(kN)	平直推力 设置/℃	应用机型	首次试车 日期	取证日期	服役日期
‐50C	51 000 (226.9)	ISA+10	DC10‐30, 空客 A300B2/4		1973 年 11 月	
‐50E	52 500 (233.5)	ISA+10	波音 747‐200, 波音 747F, USAF E‐4A		1973 年 11 月	
‐50C1/E1	52 500 (233.5)	ISA+10	DC10‐30, 空客 A300B2/4, 波音 747‐200		1976 年 7 月	
‐50C2/E2	52 500 (233.5)	ISA+15	DC10‐10, 空客 A300B2/4, 波音 747‐200		1978 年 8 月	
‐50C2B/E2	54 000 (240.2)	ISA+15	DC10‐30, 波音 747‐200		1978 年 8 月	
‐45A2	46 500 (206.8)	ISA+15	波音 747‐SR		1978 年 12 月	
‐50C2‐F	52 500 (233.5)		波音 747‐SP/ SR,空客 A310‐200, DC10‐15			

（型号左侧整体标注：CF6）

注：海平面静止状态，国际标准大气条件，无功率提取。

1.2.7　CF6‐80A

　　20 世纪 70 年代末,GE 公司决定进一步改善 CF6‐50 发动机的性能,以期增加市场竞争力,此改进型为 CF6‐80A 系列发动机。其主要设计更新涉及将高压涡轮、高压压气机和燃烧室缩短,进而缩短发动机总长度,同时减轻发动机重量。此外,还引入了全权限数字电子控制系统和喘振控制技术。此系列发动机不同衍生型号之间仅存在微小的差别,主要区别在于额定推力的提高。CF6‐80A 发动机及其应用机型如图 1.2.7 所示。

图 1.2.7　CF6‐80A 发动机及其典型应用机型空客 A310‐200 客机

左图引自：https://www.geaviation.com/commercial/engines/cf6-engine
右图引自：https://upload.wikimedia.org/wikipedia/commons/4/4c/Airbus_A310-203

CF6－80A 发动机的基本构型如下：

（1）1 级风扇、3 级低压压气机、14 级高压压气机。

（2）环形燃烧室。

（3）2 级高压涡轮、4 级低压涡轮。

（4）机械液压控制系统。

该发动机的技术参数、推力设置、应用机型及关键节点日期如表 1.2.13 和表 1.2.14 所示。

表 1.2.13　CF6－80A 发动机的技术参数

风扇直径/mm	2 194.56	巡航耗油率/[kg/(kgf · h)]	0.628
涵道比	4.6	发动机干质量/kg	3 857.18
总压比	28.4	长度/mm	3 997.96
质量流量/(kg/s)	650.58~662.84		

表 1.2.14　CF6－80A 发动机的推力设置、应用机型及关键节点日期

型　号		起飞推力/lbf(kN)	平直推力设置/℃	应用机型	首次试车日期	取证日期	服役日期
CF6	－80A	48 000 (213.5)	ISA+10	波音 767－200，空客 A310－200		1981 年 10 月	1982 年 9 月
	－80A1	48 000 (213.5)	ISA+10	波音 767－200，空客 A310－200		1981 年 10 月	1982 年 9 月
	－80A2	50 000 (222.4)	ISA+10	波音 767－200，空客 A310－200		1981 年 10 月	1982 年 9 月
	－80A3	50 000 (222.4)	ISA+10	波音 767－200，空客 A310－200		1981 年 10 月	1982 年 9 月

注：海平面静止状态，国际标准大气条件，无功率提取。

CF6－80A 发动机的项目合作伙伴包括美国通用电气公司和瑞典沃尔沃航空发动机公司（仅占 9% 的股份）。

1.2.8　CF6－80C2

GE 公司为了增大 CF6－80C2 发动机的推力并降低耗油率，改变了 CF6 系列发动机很多主要结构设计。相应的主要改进设计包括增加了风扇直径[采用 38 片直径达 2 362.2 mm（93 in）的钛合金叶片]，风扇后增加了一级低压增压压气机（共 4 级增压级），14 级高压压气机的前 6 级导向叶片可调，2 级高压涡轮，增加一级低压涡轮变为 5 级以改善流场。该型发动机上配有全权限发动机数字电子控制

系统和喘振控制系统。在用于空客、波音和麦道飞机的不同型号发动机之间，大部分发动机部件可互换。CF6 - 80C2 发动机及其应用机型如图 1.2.8 所示。

图 1.2.8　CF6 - 80C2 发动机及其典型应用机型波音 767 - 300ER 客机

左图引自：https://www.geaviation.com/commercial/engines/cf6-engine
右图引自：https://upload.wikimedia.org/wikipedia/commons/thumb/4/43/Delta_Air_Lines_B767-332_N130DL.jpg

CF6 - 80C2 发动机的基本构型如下：

（1）1 级风扇、4 级低压压气机、14 级高压压气机。

（2）环形燃烧室。

（3）2 级高压涡轮、5 级低压涡轮。

（4）全权限数字电子控制系统。

该发动机的技术参数、推力设置、应用机型及关键节点日期如表 1.2.15 和表 1.2.16 所示。

表 1.2.15　CF6 - 80C2 发动机的技术参数

风扇直径/mm	2 362.2	巡航耗油率/[kg/(kgf·h)]	0.581
涵道比	4.98～5.06	发动机干质量/kg	4 143.61～4 355.44
总压比	27.1～31.8	长度/mm	4 267.2
质量流量/(kg/s)	795.61～825.55		

表 1.2.16　CF6 - 80C2 发动机的推力设置、应用机型及关键节点日期

型　号		起飞推力/lbf(kN)	平直推力设置/℃	应用机型	首次试车日期	取证日期	服役日期
CF6 - 80C2	- A1	59 000 (262.4)	ISA+15	空客 A300 - 600		1985 年 6 月	1985 年 10 月
	- A2	53 500 (238.0)	ISA+15	空客 A310 - 200 Adv, 空客 A310 - 300		1985 年 6 月	1986 年 4 月

（续表）

型　号	起飞推力/lbf(kN)	平直推力设置/℃	应用机型	首次试车日期	取证日期	服役日期
– A3	58 950 (262.2)	ISA+15	空客 A300 – 600，MD – 11		1986 年 9 月	
– A4	61 500 (273.6)	ISA+15	空客 A300 – 600R		1987 年 9 月	1988 年 4 月
– A5	61 500 (273.6)	ISA+15	空客 A300 – 600R		1987 年 9 月	1988 年 4 月
– A5F	61 500 (273.6)	ISA+15	空客 A300 – 600F		1987 年 9 月	1994 年 4 月
– A8	59 000 (262.4)	ISA+20	空客 A310 – 300，空客 A300 – 600ST		1986 年 4 月	1986 年 4 月
– B1	57 900 (257.6)	ISA+15	波音 747 – 200/300		1985 年 6 月	
– B1F	57 900 (257.6)	ISA+17.2	波音 747 – 400			1989 年
– B1F1	61 500 (273.6)	ISA+15	波音 747 – 400			1989 年
– B1F2	61 500 (273.6)	ISA+15	波音 747 – 400			1989 年
– B2	52 500 (233.5)	ISA+17.2	波音 767 – 200/200ER		1986 年 9 月	
– B2F	52 500 (233.5)	ISA+17.2	波音 767 – 300ER		1986 年 9 月	1988 年 2 月
– B3F	52 500 (233.5)	ISA+17.2	波音 747 – 400D		1986 年 9 月	
– B4	57 900 (257.6)	ISA+17.2	波音 767 – 300/300ER		1987 年 8 月	1988 年 2 月
– B4F	57 900 (257.6)	ISA+17.2	波音 767 – 300/300ER		1987 年 8 月	1988 年 2 月
– B5F	60 800 (270.5)	ISA+15	波音 747 – 400		1987 年 9 月	
– B6	60 800 (270.5)	ISA+15	波音 767 – 300ER		1987 年 9 月	
– B6F	60 800 (270.5)	ISA+15	波音 767 – 300ER			

（型号列左侧标注：CF6 – 80C2）

（续表）

型　号	起飞推力 /lbf(kN)	平直推力 设置/℃	应用机型	首次试车 日期	取证日期	服役日期
CF6 - 80C2 －B6FA	60 800 (270.5)	ISA＋15	波音 767 - AWACS		1992 年 6 月	1998 年 3 月
－B7F	60 800 (270.5)	ISA＋15	波音 767 - 300ER/300F			1995 年
－B8F	60 800 (270.5)	ISA＋15	波音 767 - 400ER		1999 年 3 月	2000 年 5 月
－D1F	61 500 (273.6)	ISA＋15	麦道 MD - 11			1990 年

注：海平面静止状态,国际标准大气条件,无功率提取。

CF6 - 80C2 发动机的项目合作伙伴包括美国通用电气公司、法国斯奈克玛公司、德国摩天宇航空发动机公司、瑞典沃尔沃公司和意大利菲亚特艾维欧公司。

1.2.9　CF6 - 80E1

为进一步增加推力,GE 公司对 CF6 - 80E1 型发动机做出了重大设计更改。在 CF6 - 80C2 的基础上主要设计更改包括:增大带凸肩钛合金叶片的风扇直径到 96.18 in(2 442.97 mm),重新设计了增大流量和压比的增压压气机,改善了三维气动特性,高压涡轮使用新材料并增加冷却空气,低压涡轮使用新材料,加固了承力框架和机匣,引入了第二代全权限发动机数字电子控制系统。该型发动机与 CF6 - 80C2 共用的部件包括高压压气机盘、转子和叶片、高压涡轮导向器及燃烧室。CF6 - 80E1A3 型发动机的高压涡轮盘采用广泛用于 GE 航空发动机产品的 Rene 88 镍基粉末高温合金材料。CF6 - 80E1 发动机及其应用机型如图 1.2.9 所示。

图 1.2.9　CF6 - 80E1 发动机及其应用机型空客 A330 - 200 宽体客机

左图引自：https://www.geaviation.com/commercial/engines/cf6-engine

右图引自：https://www.airbus.com/aircraft/passenger-aircraft/a330-family/a330-200.html

CF6－80E1 发动机的基本构型如下：

（1）1 级风扇、3 级低压压气机、14 级高压压气机。

（2）环形燃烧室。

（3）2 级高压涡轮、5 级低压涡轮。

（4）全权限数字电子控制系统。

该发动机的技术参数、推力设置、应用机型及关键节点日期如表 1.2.17 和表 1.2.18 所示。

表 1.2.17　CF6－80E1 发动机的技术参数

风扇直径/mm	2 438.4	巡航耗油率/[kg/(kgf·h)]	0.567
涵道比	5.3	发动机干质量/kg	5 096.15
总压比	32.4～34.8	长度/mm	4 406.9
质量流量/(kg/s)	874.4		

表 1.2.18　CF6－80E1 发动机的推力设置、应用机型及关键节点日期

型　号		起飞推力/lbf(kN)	平直推力设置/℃	应用机型	首次试车日期	取证日期	服役日期
CF6－80E1	－A1	63 300 (281.6)	ISA＋15	空客 A330-300		1993 年 5 月	1994 年 1 月
	－A2	67 500 (300.3)	ISA＋15	空客 A330-300/200		1993 年 8 月	
	－A3	72 000 (320.3)	ISA＋15	空客 A330-200		2001 年 12 月	2002 年 1 月
	－A4	70 000 (311.4)	ISA＋15	空客 A330-200		1997 年 8 月	1998 年 4 月

注：海平面静止状态，国际标准大气条件，无功率提取。

CF6－80E1 发动机的项目合作伙伴包括美国通用电气公司（61％）、法国斯奈克玛公司（20％）、德国摩天宇航空发动机公司（9.1％）、瑞典沃尔沃公司、意大利菲亚特艾维欧公司及阿尔法-罗密欧民用航空发动机公司。

1.2.10　GE Passport 20

Passport 20 系列是通用电气公司研制的中等推力双转子涡扇发动机，主要针对机身尺寸较大的远程和超远程公务机及部分通用航空或支线客机动力需求而开发，其推力范围可覆盖 14 000～20 000 lbf（约 62～89 kN）。该系列发动机于 2010 年被庞巴迪公司选为该公司新开发的"环球快车"系列 7000 和 8000 超

远程公务机配套动力系统,见图 1.2.10。采用此新型发动机后,燃油经济性预期目标是单位推力油耗较湾流 G650 型公务机使用的 BR700 - 725 型发动机降低 8%,较 BR700 - 710 型降低 10%以上。

图 1.2.10　Passport 20 发动机及短舱结构纵剖图及其应用
机型环球快车 8000 公务机

左图引自：https://aviationweek.com/business-aviation/ge-passport-engine-makes-debut
右图引自：https://sites.businessaircraft.bombardier.com/zh-hans/aircraft/global-8000

该系列发动机初始设计工作开始于 2009 年,2010 年开始核心机测试;首台验证机于 2013 年 6 月 24 日首次整机试车运转,并于 2015 年搭载 GE 公司的波音 747 - 100 飞行测试平台首飞;于 2016 年 4 月 29 日获得 FAA 适航许可,并于当年 11 月 4 日配装庞巴迪环球快车 7000 原型机首飞。

首先,Passport 20 系列发动机的核心机源自 GE 公司为公务机、支线客机和窄体干线客机用涡扇发动机提供通用构型的 eCore 研究计划;该计划成功孵化出 Leap - X 原型机。在此基础上,通过等比例收缩而来的 Passport 20 核心机,高压压气机前 5 级采用钛合金整体叶盘结构以减轻重量,后 5 级采用镍基高温合金常规叶盘结构,以适应较高的使用温度;具有气膜冷却的高压涡轮叶片使用了源自 eCore 研究成果的先进单晶叶片,并配备了叶尖间隙主动控制技术,可通过调节封闭气路的冷却空气来控制高压涡轮机匣的温度变化,在不同的飞行包线姿态下实现不同的收缩或扩张率,进而实现对叶尖间隙的控制。

其次,具有 1.3 m(52 in)直径的风扇采用了整体叶盘结构,18 片具有复合弯掠构型的钛合金宽弦风扇叶片通过线性摩擦焊与风扇轮毂连接成为一体,简化了常规构型所需的连接结构、减少了零件数并减轻了重量(减重约 1/3),同时可有效降低风扇振动和噪声,减小了叶尖泄漏,提高了风扇效率和性能。这是整体叶盘技术首次应用于类似尺寸的发动机的风扇结构中;在此之前,该技术主要用于直径较小的风扇,例如通用电气与本田公司合作研制的 HF120 发动机以及威廉姆斯国际(Williams International)公司研制的小推力涡扇发动机,而 Passport 20 的风扇直径比 GE90 发动机压气机第一级整体叶盘的直径还要大。另外,风扇可作为外场更换单元直接进行更换。

再次,该发动机的核心机整流罩、内外涵强制排气混合器及排气锥采用了无机耐高温树脂与陶瓷氧化物合成的复合材料,可在承受 1 000℃ 的高温尾气条件下无变形。该材料的应用在减轻重量的同时,可一次铸造成形为复杂曲面。风扇机匣内部的叶片包容层则采用高强度碳纤维复合材料,以确保脱落的风扇叶片无法击穿。

Passport 20 轴流式高涵道比双转子涡扇发动机的基本构型如下:

(1) 1 级风扇(采用线性摩擦焊整体叶盘结构、18 片钛合金复合弯掠宽弦叶片)。

(2) 3 级低压增压级。

(3) 10 级高压压气机(前 5 级采用钛合金整体叶盘结构、后 5 级采用镍基高温合金常规叶盘结构,增压比为 23∶1)。

(4) 先进低排放燃烧室(燃烧室机匣后部集成有出口导向叶栅扩压器以简化结构降低重量)。

(5) 2 级高压涡轮,4 级低压涡轮。

(6) 附件传动系统由高压转子驱动。

(7) 新一代双通道全权限数字电子控制系统,具备发动机状态监控及故障诊断功能,并具备增强的故障隔离能力。

最后,该发动机的技术参数、推力设置、应用机型及关键节点日期如表 1.2.19 和表 1.2.20 所示。

Passport 20 发动机的项目合作伙伴包括美国 GE 公司、日本石川岛播磨重工和比利时技术空间航空技术公司(法国赛峰集团子公司)。其中,石川岛播磨重工负责约 30% 的设计和制造任务,主要包括风扇出口导向叶栅、低压涡轮和附件传动系统等部件。而技术空间公司主要负责短舱及反推装置等零部件的研制。

表 1.2.19　Passport 20 发动机的技术参数

风扇直径/mm	1 300	巡航耗油率/[kg/(kgf·h)]	0.57(估计)
涵道比	5.6	发动机干质量/kg	2 065.7
总压比	45	长度/mm	3 366
高压压气机压比	23	核心机转速(100%)/(r/min)	19 680.1
质量流量(起飞)/(kg/s)	205~275(估计)	低压转子转速(100%)/(r/min)	6 032.4

此表参考了 FAA 和 EASA 适航文件及其他公开数据。

表 1. 2. 20 Passport 20 发动机的推力设置、应用机型及关键节点日期

型 号		起飞推力/lbf(kN)	平直推力设置/℃	应用机型	首次试车日期	取证日期	服役日期
Passport 20	17BB1A	17 745 (78.93)	ISA+20	环球快车 7000	2013 年 6 月 24 日	2016 年 4 月 29 日	原计划于 2018 年底
	18BB1A	18 435 (82.00)	ISA+20	环球快车 7500	N/A	2016 年 4 月 29 日	2018 年 12 月 21 日
	19BB1A	18 920 (84.16)	ISA+15	环球快车 8000	N/A	2016 年 4 月 29 日	N/A

注: 1. 海平面静止状态,国际标准大气条件,无功率提取。
　　2. 此表参考了 FAA 和 EASA 适航文件中的数据。

1.2.11　CF34‑1

通用电气公司军用型 TF34 双转子涡扇发动机原是按照美国海军航空兵系统司令部定制合同而重新设计研制的。该发动机于 1974 年随 S3A 维京反潜机进入美国海军服役,之后用于美国空军的 A10 雷电攻击机,见 2.3.17 节和 2.3.18 节。首台商用 CF34 涡扇发动机由军用型 TF34 衍生,于 1982 年 8 月取得适航证。其后,生产了多种型号的该系列发动机,用于配装不同的飞机。其中,CF34‑1A 型主要的设计特点包括使用了长寿命材料、新的点火系统、采用蛇管冷却的第一级高压涡轮等。该发动机配有 29 片无凸肩风扇叶片、14 级高压压气机、2 级带冷却高压涡轮及 4 级叶片带冠的低压涡轮。CF34‑1 型发动机及其应用机型如图 1.2.11 所示。

图 1.2.11　CF34‑1 型发动机及其应用机型庞巴迪挑战者 CL601 公务机
左图引自:https://www.geaviation.com/commercial/engines/cf34-engine
右图引自:http://buyaircrafts.com/wp-content/uploads/2014/02/1985-bombardier-cl-601-1.jpg

CF34‑1 双转子涡扇发动机的基本构型包括:

(1) 1 级风扇、14 级高压压气机。

(2) 环形燃烧室。

（3）2 级高压涡轮、4 级低压涡轮。

该发动机的技术参数、推力设置、应用机型及关键节点日期如表 1.2.21 和表 1.2.22 所示。

表 1. 2. 21　CF34 发动机的技术参数

风扇直径/mm	1 117.6	巡航耗油率/[kg/(kgf·h)]	0.67
涵道比	6.2	发动机干质量/kg	717.32
总压比	21	长度/mm	2 616.2
质量流量/(kg/s)	150.73		

表 1. 2. 22　CF34 发动机的推力设置、应用机型及关键节点日期

型　号	起飞推力/lbf(kN)	平直推力设置/℃	应用机型	首次试车日期	取证日期	服役日期
CF34 - 1A	8 650 (38.5)	ISA	庞巴迪 CL601 - 1A		1982 年 8 月	1983 年 11 月

注：海平面静止状态，国际标准大气条件，无功率提取。

1.2.12　CF34 - 3B

该款发动机主要改善了热天的性能及冷却效率，增加了压气机的流量并降低了巡航耗油率。CF34 - 3B 发动机及其应用机型如图 1.2.12 所示。

图 1.2.12　CF34 - 3B 发动机及其应用机型庞巴迪 CRJ200 SF 支线飞机

左图引自：https://www.geaviation.com/commercial/engines/cf34-engine

右图引自：http://www.transponder1200.com/wp-content/uploads/2017/02/AVMAX-CRJ-200-SF.jpg

CF34 - 3B 双转子涡扇发动机的基本构型如下：

（1）1 级风扇、14 级高压压气机。

（2）环形燃烧室。

（3）2 级高压涡轮、4 级低压涡轮。

该发动机的技术参数、推力设置、应用机型及关键节点日期如表 1.2.23 和表 1.2.24 所示。

表 1.2.23　CF34 - 3B 发动机的技术参数

风扇直径/mm	1 117.6	巡航耗油率/[kg/(kgf·h)]	0.65
涵道比	6.2	发动机干质量/kg	758.18
总压比	21	长度/mm	2 616.2
质量流量/(kg/s)	150.73		

表 1.2.24　CF34 - 3B 发动机的推力设置、应用机型及关键节点日期

型　号		起飞推力/lbf(kN)	平直推力设置/℃	应用机型	首次试车日期	取证日期	服役日期
CF34	- 3A	8 729 (38.8)	ISA+6.1	庞巴迪 CL601 - 3A		1986 年 9 月	
	- 3A1	8 729 (38.8)	ISA+6.1	庞巴迪 CL601 - 3A，CRJ100		1991 年 7 月	1992 年 10 月
	- 3B	8 729 (38.8)	ISA+15	庞巴迪 CL604		1995 年 5 月	1996 年 4 月
	- 3B1	8 729 (38.8)	ISA+15	Tu - 324，庞巴迪 CRJ200		1995 年 5 月	1996 年 4 月

注：海平面静止状态，国际标准大气条件，无功率提取。

1.2.13　CF34 - 8

CF34 - 8 为通用电气公司 CF34 系列的首台显著增推型发动机，其设计变化主要包括：增大了宽弦风扇的直径，改善了高压涡轮的材料和冷却系统，引入了双裕度全权限发动机数字电子控制系统。在其不同衍生型发动机之间，大量部件可通用互换。CF34 - 8C1 型具有 10 级高压压气机，其中部分级数的转静子是由 F414 发动机高压压气机等比例放大而来；前三级高压压气机采用整体叶盘。CF34 - 8 发动机及其典型应用机型如图 1.2.13 所示。

CF34 - 8 双转子涡扇发动机的基本构型如下：

（1）1 级风扇、10 级高压压气机。

（2）环形燃烧室。

（3）2 级高压涡轮、4 级低压涡轮。

该发动机的技术参数、推力设置、应用机型及关键节点日期如表 1.2.25 和表 1.2.26 所示。

图 1.2.13　CF34-8C1 发动机及其应用机型庞巴迪 CRJ700 客机

左图引自：https：//www. geaviation. com/commercial/engines/cf34-engine

右图引自：https：//commercialaircraft-bca. com/zh-hans/cn-fleet-solutions/crj-series

表 1.2.25　CF34-8 发动机的技术参数

风扇直径/mm	1 181.1	巡航耗油率/[kg/(kgf·h)]	0.635
涵道比	5.1	发动机干质量/kg	1 121.38
总压比	28	长度/mm	3 263.9
质量流量/(kg/s)	200.17		

表 1.2.26　CF34-8 发动机的推力设置、应用机型及关键节点日期

型　　号		起飞推力/lbf(kN)	平直推力设置/℃	应用机型	首次试车日期	取证日期	服役日期
CF34	-8	14 200 (63.2)					
	-8C1	13 790 (61.3)	ISA+15	庞巴迪 CRJ700		1999 年 11 月	2001 年 1 月
	-8C5	14 500 (64.5)	ISA+15	庞巴迪 CRJ900		2002 年 4 月	2003 年初
	-8D3	14 500 (64.5)	ISA+15	仙童多尼尔 728JET			
	-8E	14 500 (64.5)		巴西航空工业 ERJ170		2002 年 4 月	2004 年 3 月

注：海平面静止状态，国际标准大气条件，无功率提取。

CF34-8 发动机的项目合作伙伴包括美国通用电气公司、日本石川岛播磨重工以及宇亥尔-杜博公司(CF34-8D3)。

1.2.14　CF34-10

CF34-10 双转子涡扇发动机是美国 GE 公司 CF34 系列的最新改进型，

在其前置机型的基础上,主要的设计改进包括:自 GE90 风扇等比例缩小而衍生的全新宽弦钛合金弯掠风扇,并增大了风扇直径,外涵道出口采用复合材料弯掠倾斜导向器,引入了 3 级增压压气机。高压压气机、燃烧室和高压涡轮是通过 CFM56 - 7 发动机的核心机等比例缩小而衍生的。同时,高压涡轮采用了先进的三维有粘空气动力学设计技术,并引入了主动间隙控制技术,以降低油耗。CF34 - 10A 发动机及其应用机型 ARJ21 支线客机如图 1.2.14 所示。

图 1.2.14　CF34 - 10A 发动机及其应用机型中国商飞 ARJ21 支线客机

左图引自:https://www.geaviation.com/commercial/engines/cf34-engine

右图引自:http://airlinerwatch.com/content/images/2018/08/Comac-ARJ21.jpg

CF34 - 10 双转子涡扇发动机的基本构型如下:

(1) 1 级风扇、3 级低压增压级、9 级高压压气机。

(2) 环形燃烧室。

(3) 1 级高压涡轮、4 级低压涡轮。

该发动机的技术参数、推力设置、应用机型及关键节点日期如表 1.2.27 和表 1.2.28 所示。

CF34 - 10 系列发动机的项目合作伙伴包括美国通用电气公司、日本石川岛播磨重工和比利时技术空间航空技术公司。

表 1.2.27　CF34 - 10 发动机的技术参数

风扇直径/mm	1 346.2	巡航耗油率/[kg/(kgf · h)]	0.63
涵道比	5.3	发动机干质量/kg	1 121.38
总压比	29	长度/mm	3 263.9
质量流量/(kg/s)	N/A		

表 1.2.28　CF34 - 10 发动机的推力设置、应用机型及关键节点日期

型　号		起飞推力 /lbf(kN)	平直推力 设置/℃	应用机型	首次试车 日期	取证日期	服役日期
CF34	- 10D	18 500 (82.3)		仙童多尼尔 928JET			
	- 10E	18 500 (82.3)	ISA+15	巴西航空工业 EJ190		2004 年 3 月	2005 年 11 月
	- 10A	18 000 (82.1)		中国商飞 ARJ21	2006 年	2010 年 7 月 22 日	2015 年 11 月 29 日

注：1. 海平面静止状态，国际标准大气条件，无功率提取。
　　2. 此表参考了 FAA 适航认证文件中的数据。

1.3　普惠公司民用涡扇发动机

普惠美国公司

1.3.1　PW1000 系列 GTF 发动机

普惠公司 PW1000 系列洁净动力(Pure Power)齿轮传动涡扇发动机(GTF)是针对下一代先进窄体客机应用需求研制的新一代动力系统，其燃油消耗、运营维护成本、噪声与污染物排放等方面都实现了两位数字百分比的改善，将该领域的行业标准提到了更高的水平。PW1000 的成功开发也被业界认为是民用涡扇发动机领域中的一次技术革命。

此系列 GTF 发动机脱胎于普惠公司在 GTF 发动机方向的早期尝试，其齿轮驱动系统的设计思想继承了服役 20 多年的 PT6 系列发动机的齿轮系统。在 1993 年夏天启动的 ADP 技术验证项目中，采用传动比约 4∶1 的行星式齿轮系统成功传递了约 40 000 hp(约 30 MW)的功率，以驱动直径为 3 m 的 18 片反浆距叶片风扇，可在涵道比约为 15∶1 的条件下，产生 53 000 lbf(240 kN)的起飞推力。而目前的 PW1000 系列的齿轮传动风扇技术源自普惠公司先进技术风扇集成计划(ATFI)，采用 PW308 核心机，并配备了新的齿轮传动系统和单级风扇；首台技术验证机于 2001 年 3 月 16 日首次运转。在此基础上，进一步联合德国摩天宇航空发动机公司开发了高效核心机，即此前的 GTF 项目；2008 年 7 月正式命名为 PW1000G 系列清洁动力系统。

PW1000 系列通过齿轮传动系统驱动风扇的技术方案，将传统方式的风扇模块和低压转子的刚性连接解耦。该传动系统采用了单级行星式减速构型，减速比为 3.062 5∶1；低压涡轮动力通过低压转子前输出轴传递给位于减速器中

图 1.3.1　普惠 PW1000G 系列发动机采用的齿轮传动系统

上图引自：https://www.pw.utc.com/products-and-services/products/commercial-engines/pratt-and-whitney-gtf

心的太阳轮，并通过 5 个固定的行星轮（自转但不公转）降速后，将动力通过减速器外环输出，以驱动风扇旋转，如图 1.3.1 所示。采用过类似的齿轮传动系统的燃气涡轮发动机还有国际航空发动机公司（International Aero Engines，IAE）的 V2500 SuperFan 技术验证机、霍尼韦尔公司 TFE731 和 LF507（原莱康明 ALF502 系列）中小推力涡扇发动机、罗罗公司"苔茵"（Tyne）系列和加拿大普惠公司 PT6A 系列涡桨发动机以及罗罗公司 GEM 系列涡轴发动机，但在大中型涡扇发动机中的成功应用，普惠 PW1000 实属首次。

GTF 这一设计使得风扇可在较低的转速下工作（约 3 265 r/min），同时低压压气机和低压涡轮可以以较高的转速运行（约 10 000 r/min）。因风扇转速相对更低，在跨声速叶尖切线速度约束条件下，可以实现更高的涵道比从而提高推进效率，并可有效规避激波及附面层干涉产生的巨大湍流脉动噪声。同时，各气动部件可以以其自身最优的转速运行（其高效洁净动力核心机 100% 转速约为 22 000 r/min），极大地提高了整机效率，显著地降低了燃油消耗率，并且更清洁、更安静。PW1100G 型 GTF 发动机与常规构型涡扇发动机基本特征参数对比如表 1.3.1 所示。

表 1.3.1　PW1100G 与 LEAP‐1A 技术参数对比

发 动 机 型 号	PW1100G	LEAP‐1A
发动机类型	GTF	传统构型
基本构型	1+G+3+8+C+2+3	1+3+10+C+2+7
推力范围/lbf(kN)	24 000(106.8)～ 33 000(146.8)	23 000(102.3)～ 33 000(146.8)
风扇直径/mm	2 057	1 981
涵道比	12	11
总压比	47	40
发动机干质量/kg	2 858	2 990～3 008
长度*/mm	3 284	3 328
高压转子最大转速/(r/min)	22 300	19 391(116.5%)
低压转子最大转速/(r/min)	10 047	3 894(101%)

（续表）

发动机型号	PW1100G	LEAP-1A
风扇最大转速/(r/min)	3 280	3 894
传动齿轮减速比	3.062 5	N/A

　　＊从风扇机匣前法兰端面至涡轮后支撑尾部法兰端面的距离。

　　此表参考了 FAA/EASA 适航许可文件、IHI Engineering Review vol. 47 No. 1, 2014 及普惠和 CFMI 公司官方产品介绍中的数据。

　　采用 GTF 构型的另一突出优势是推进系统整机重量更轻,级数更少,叶片轮盘等零件数明显减少。因低压转子以相对较高的最优转速工作,在低压压气机级数相同的条件下,GTF 发动机低压级增压比更高,所以只需要较少的高压压气机级数即可实现相同的总增压比;同样,在高压涡轮级数相同的条件下,低压涡轮只需要较少的级数即可实现相同的膨胀比和功率输出。例如,图 1.3.2 示意了 PW1100G 发动机与传统涡扇发动机的气动构型对比,可以注意到,同样采用 3 级低压压气机时,GTF 构型的低压级总增压比相当于传统构型 4 级的增压效果。特别是,当涵道比高于 10 时,GTF 发动机的上述技术优势更加明显。

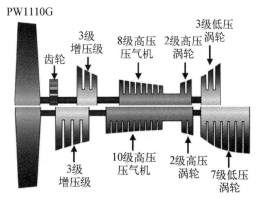

图 1.3.2　采用齿轮传动的 GTF 发动机与传统涡扇发动机构型对比

上图引自:http://www. sgst. cn/yfzx/201308/W020130829490285755718.jpg

　　作为普惠公司新一代洁净动力系统的核心部件,除用于驱动风扇的齿轮传动机构外,该系列 GTF 发动机还采用了先进的三维空气动力学设计、轻质材料(如复合材料风扇机匣和铝合金蜂窝与复材结构风扇叶片)以及在压气机、燃烧室、涡轮、发动机控制系统和健康监测系统中融合的其他革新技术,如图 1.3.3 所示。

　　相较于 JT9D 和 V2500 等上一代发动机,PW1000 系列 GTF 发动机燃油消耗率降幅可达 16%,碳氧化物年排放量降低至约 3.6 t,氮氧化物排放较 CAEP-6(2009 年标准)裕度可达 55%,较 CAEP-8 标准裕度可达 35%,噪声指标较 Stage IV(ICAO Annex 16 Chapter 4)标准降低了 15～20 dB,机场起降噪声足谱缩减了 75%。业界领先的能效标准和优秀的燃油经济性可满足目前以及可预见的未来商用与环保要求。

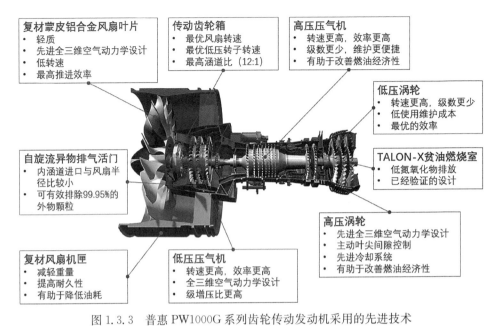

复材蒙皮铝合金风扇叶片
- 轻质
- 先进全三维空气动力学设计
- 低转速
- 最高推进效率

传动齿轮箱
- 最优风扇转速
- 最优低压转子转速
- 最高涵道比（12:1）

高压压气机
- 转速更高，效率更高
- 级数更少，维护更便捷
- 有助于改善燃油经济性

低压涡轮
- 转速更高，级数更少
- 低使用维护成本
- 最优的效率

自旋流异物排气活门
- 内涵道进口与风扇半径比较小
- 可有效排除99.95%的外物颗粒

TALON-X贫油燃烧室
- 低氮氧化物排放
- 已经验证的设计

复材风扇机匣
- 减轻重量
- 提高耐久性
- 有助于降低油耗

低压压气机
- 转速更高，效率更高
- 全三维空气动力学设计
- 级增压比更高

高压涡轮
- 先进全三维空气动力学设计
- 主动叶尖间隙控制
- 先进冷却系统
- 有助于改善燃油经济性

图 1.3.3 普惠 PW1000G 系列齿轮传动发动机采用的先进技术

另外，在现有 PW1000 系列的基础上，普惠公司还可能进一步开发超高涵道比（Ultra High BPR）的衍生型号 GTF 发动机，与罗罗公司下一代超扇（Ultra Fan）齿轮传动涡扇发动机和 CFM 公司 LEAP 增推型涡扇发动机竞争波音公司计划全新研制的新一代中型客机波音 797 的未来动力市场。

在 IAE 公司合作框架下，PW1000 新一代齿轮传动涡扇发动机的项目合作伙伴包括美国普惠公司（60％股权）、德国摩天宇航空发动机公司（根据型号和应用，占 15％～18％的股份）、英国吉凯恩航宇技术公司（GKN）和日本航空发动机集团公司（JAEC 公司占 23％股权，其中石川岛播磨重工 IHI 为此项目主要参与者）。德国摩天宇航空发动机公司负责此系列发动机的高转速低压涡轮和高压压气机前 4 级的研制，另外还负责高压压气机运行温度较高的末端 4 级镍基整体叶盘以及刷式封严等零部件（PW1100G‑JM 和 PW1400G）的制造工作。用于空客公司 A320neo 客机的 PW1100G‑JM 系列发动机中的三分之一由该公司负责总装交付。JAEC 公司负责风扇、高转速低压压气机、低压轴以及部分燃烧室零部件的研制。其中，由 IHI 公司研制的风扇出口导向叶栅是全球首例采用复合材料制造的承力导向叶栅结构件。

1.3.2 PW1100G‑JM

在普惠 GTF 家族中，PW1100G‑JM 系列发动机起飞推力覆盖 24 400～

35 000 lbf 范围(108.5~155.7 kN),是空客公司 A320neo 系列新一代单通道窄体客机的动力系统之一,如图 1.3.4 所示。其燃油消耗率可实现两位数字百分比的降低,噪声指标降幅可达 50%,机场起降噪声足谱可缩减近 70%,氮氧化物排放较 CAEP‐6 标准裕度可达 50%。该型发动机于 2013 年 5 月 15 日搭载普惠公司波音 747‐SP 飞行测试平台首飞,并于 2015 年 10 月 30 日获得 EASA 适航许可;2016 年 1 月随德国汉莎航空公司 A320neo 客机投入航线运营。

图 1.3.4　普惠 PW1100G 齿轮传动涡扇发动机及其应用
机型空客 A320neo 单通道客机

左图引自：https://www.pw.utc.com/products-and-services/products/commercial-engines/pratt-and-whitney-gtf
右图引自：https://www.airbus.com/aircraft/passenger-aircraft/a320-family/a320neo.html

PW1100G‐JM 系列齿轮传动涡扇发动机基本构型如下：

(1) 1 级风扇(20 片复材蒙皮铝合金宽弦弯掠风扇叶片)。

(2) 1 级行星式传动齿轮(减速比为 3.062 5∶1,行星轮共 5 个)。

(3) 3 级低压压气机、8 级高压压气机。

(4) Talon‐X 环形低排放燃烧室。

(5) 2 级高压涡轮、3 级低压涡轮。

(6) 全权限数字电子控制系统。

该发动机的技术参数、推力设置、应用机型及关键节点日期如表 1.3.2 和表 1.3.3 所示。

表 1.3.2　PW1100G 发动机的技术参数

风扇直径/mm(in)	2 057.4(81)	巡航耗油率/[kg/(kgf•h)]	~0.48(估计)
涵道比	12	发动机干质量/kg	2 857.6
总压比	47	长度*/mm	3 284
质量流量(起飞状态)/(kg/s)	450~500(估计)	最大半径/mm	1 274

（续表）

| 高压转子最大转速/(r/min) | 22 300 | 风扇最大转速/(r/min) | 3 280 |
| 低压转子最大转速/(r/min) | 10 047 | 传动齿轮减速比 | 3.062 5 |

* 从风扇机匣前法兰端面至涡轮后支撑尾部法兰端面的距离。

此表参考了 FAA/EASA 适航许可文件、普惠公司官方产品介绍中的数据。

表 1.3.3　PW1100G 发动机的推力设置、应用机型及关键节点日期

型　号		起飞推力/lbf(kN)	平直推力设置/℃	应用机型	首次试车日期	取证日期	服役日期
PW1100G-JM	1122G	22 500 (100.1)	ISA+15	空客 A319neo		2015 年 10 月 23 日	
	1124G	23 500 (104.5)	ISA+15	空客 A319neo		2015 年 10 月 23 日	
	1127G	26 250 (116.8)	ISA+15	空客 A320neo	2012 年/Q4	2015 年 10 月 23 日	2016 年 1 月
	1133G	32 100 (142.8)	ISA+15	空客 A321neo		2014 年 12 月 19 日	

注：海平面静止状态，国际标准大气条件，无功率提取。

1.3.3　PW1200G

普惠 PW1200G 齿轮传动涡扇发动机推力覆盖 15 000～17 000 lbf 范围（66.7～75.6 kN）、风扇直径 1 422.4 mm(56 in)、涵道比约为 9∶1，是日本三菱公司新支线客机 MRJ 的唯一指定动力系统，如图 1.3.5 所示。其燃油消耗率可实现两位数字百分比的降低，噪声指标降幅可达 50%，机场起降噪声足谱可缩减近 40%，氮氧化物排放较 CAEP-6 标准裕度可达 40%。基于普惠公司 2016

图 1.3.5　普惠 PW1200G 系列 GTF 发动机纵剖图及其应用机型三菱 MRJ 新支线客机

左图引自：https://www.pw.utc.com/products-and-services/products/commercial-engines/pratt-and-whitney-gtf

右图引自：https://www.mhi.com/products/air/mrj.html

年进入航线服役的 GTF 发动机齿轮传动构型和该系列采用的先进高效洁净动力核心机,PW1200G 可为航线运营商创造显著的经济和环保效益。

PW1200G 发动机于 2011 年第二季度首次运转试车,并于 2012 年第二季度搭载普惠公司波音 747 - SP 飞行测试平台首飞;在取得适航许可证后,预计于 2020 年前后随 MRJ 客机进入航线服役。

PW1200G 系列齿轮传动涡扇发动机基本构型如下:

(1) 1 级风扇(18 片复材蒙皮铝合金宽弦弯掠风扇叶片)。

(2) 1 级行星式传动齿轮(减速比为 2.409,行星轮共 5 个)。

(3) 2 级低压压气机、8 级高压压气机。

(4) Talon - X 环形低排放燃烧室。

(5) 2 级高压涡轮、3 级低压涡轮。

(6) 全权限数字电子控制系统。

该发动机的技术参数、推力设置、应用机型及关键节点日期如表 1.3.4 和表 1.3.5 所示。

表 1.3.4　PW1200G 发动机的技术参数

风扇直径/mm(in)	1 422.4(56)	发动机干质量/kg	N/A
涵道比	9	长度*/mm	N/A
总压比	40~50(估计)	最大半径/mm	N/A
质量流量(起飞状态)/(kg/s)	200~250(估计)	传动齿轮减速比	2.409
巡航耗油率/[kg/(kgf·h)]	~0.50(估计)		

* 从风扇机匣前法兰端面至涡轮后支撑尾部法兰端面的距离。

表 1.3.5　PW1200G 发动机的推力设置、应用机型及关键节点日期

型　号	起飞推力/lbf(kN)	平直推力设置/℃	应用机型	首次试车日期	取证日期	服役日期
PW1200G 1215G	15 000 (66.7)	ISA+15	MRJ70 - STD/ER/LR	2011 年/Q2	待定	预计于 2020 年
1217G	17 000 (75.6)	ISA+15	MRJ90 - STD/ER/LR	2011 年/Q2	待定	预计于 2020 年

注:海平面静止状态,国际标准大气条件,无功率提取。

PW1200G 系列发动机的项目合作伙伴见 1.3.1 节。

1.3.4　PW1400G - JM

普惠 PW1400G - JM 系列 GTF 发动机为俄罗斯联合航空制造集团公司

(United Aircraft Corporation,简称 UAC 集团公司)伊尔库特(Irkut)科研生产联合体全新研制的 MS21 单通道客机可选动力,目前有 28 000 lbf(124.6 kN)和 31 000 lbf(137.9 kN)推力的两个版本已取得适航认证,原计划于 2019 年随该型客机进入航线服役。此系列发动机采用了与用于空客 A320neo 客机的 PW1100G - JM 型相同的构型,如风扇直径和涵道比等,如图 1.3.6 所示;其燃油消耗率、噪声和污染物排放指标等特性与 PW1100G - JM 系列基本相同,见 1.3.2 节。

图 1.3.6　PW1400G - JM 发动机结构纵剖图及其应用机型伊尔库特
　　　　　MS21 - 300 先进窄体客机

左图引自: https://www.pw.utc.com/products-and-services/products/commercial-engines/pratt-and-whitney-gtf
右图引自: https://uacrussia.ru/en/aircraft/lineup/civil/ms-21/

PW1400G - JM 系列齿轮传动涡扇发动机基本构型如下:

(1) 1 级风扇(20 片复材蒙皮铝合金宽弦弯掠风扇叶片)。

(2) 1 级行星式传动齿轮(减速比为 3.062 5∶1,行星轮共 5 个)。

(3) 3 级低压压气机、8 级高压压气机。

(4) Talon - X 环形低排放燃烧室。

(5) 2 级高压涡轮、3 级低压涡轮。

(6) 全权限数字电子控制系统。

该发动机的技术参数、推力设置、应用机型及关键节点日期如表 1.3.6 和表 1.3.7 所示。

表 1.3.6　PW1400G - JM 发动机的技术参数

风扇直径/mm(in)	2 057.4(81)	巡航耗油率/[kg/(kgf·h)]	~0.48(估计)
涵道比	12	发动机干质量/kg	2 857.6
总压比	47	长度*/mm	3 284
质量流量(起飞状态)/(kg/s)	450~500(估计)	最大半径/mm	1 274

（续表）

| 高压转子最大转速/(r/min) | 22 300 | 风扇最大转速/(r/min) | 3 280 |
| 低压转子最大转速/(r/min) | 10 047 | 传动齿轮减速比 | 3.062 5 |

* 从风扇机匣前法兰端面至涡轮后支撑尾部法兰端面的距离。

此表参考了 FAA/EASA 适航许可文件、普惠公司官方产品介绍中的数据。

表 1.3.7　PW1400G‑JM 发动机的推力设置、应用机型及关键节点日期

型　号		起飞推力/lbf(kN)	平直推力设置/℃	应用机型	首次试车日期	取证日期	服役日期
PW1400G‑JM	1428G	28 000 (124.6)	ISA+15	MS21‑200		2018 年 5 月 29 日	待定
	1431G	31 000 (137.9)	ISA+15	MS21‑300		2016 年 5 月 6 日	原计划于 2019 年底

注：海平面静止状态，国际标准大气条件，无功率提取。

PW1400G‑JM 系列发动机的项目合作伙伴见 1.3.1 节。

1.3.5　PW1500G

普惠 PW1500G 系列 GTF 发动机推力范围覆盖 19 000～25 000 lbf(84.5～111.2 kN)，是空客公司空客 A220 系列中程窄体客机（原庞巴迪 C 系列 CS100 和 CS300）的唯一指定动力系统，如图 1.3.7 所示。此系列采用了与 PW1100G 相同的基本构型，涵道比达 12∶1，但选用了较小的风扇直径[1 854.2 mm (73 in)]和推力等级；与上一代等同推力级别发动机相比，其燃油消耗率降低了 10% 以上，相对于 CAEP‑6 标准氮氧化物排放可减少近 50%，噪声污染降低了约 50%，机场起降噪声足谱可缩小近 75%，相对于 ICAO Annex 16 Vol. 1 (Chap.4)噪声排放指标要求具备近 20 dB 的裕度。该系列发动机于 2010 年 10 月进入地面试车和飞行测试，并于 2013 年 2 月 20 日首先获得加拿大运输部适航许可；其后，配装 PW1524G 型的空客 A220‑100（即 CS‑100）型客机于 2013 年 9 月 16 日首飞。PW1500G 系列发动机于 2016 年 5 月 28 日获得 EASA 适航认证，并于 7 月 15 日随瑞士国际航空公司的空客 A220‑100 客机首次进入航线服役。

PW1500G 系列齿轮传动涡扇发动机基本构型如下：

（1）1 级风扇（18 片复材蒙皮铝合金宽弦弯掠风扇叶片）。

（2）1 级行星式传动齿轮（减速比为 3.062 5，行星轮共 5 个）。

（3）3 级低压压气机、8 级高压压气机。

（4）Talon‑X 环形低排放燃烧室。

图 1.3.7　PW1500G 发动机结构纵剖图及其应用机型庞巴迪 CS300 客机

左图引自：https：//www.pw.utc.com/products-and-services/products/commercial-engines/pratt-and-whitney-gtf

右图引自：https：//www.airbus.com/aircraft/passenger-aircraft/a220-family/a220-300.html

（5）2 级高压涡轮、3 级低压涡轮。

（6）全权限数字电子控制系统。

该发动机的技术参数、推力设置、应用机型及关键节点日期如表 1.3.8 和表 1.3.9 所示。

表 1.3.8　PW1500G 发动机的技术参数

风扇直径/mm(in)	1 854.2(73)	长度*/mm	3 045
涵道比	12	最大径向轴距/mm	1 160
总压比	44.5	高压转子最大转速/(r/min)	24 470
质量流量(起飞状态)/(kg/s)	400～450(估计)	低压转子最大转速/(r/min)	10 600
巡航耗油率/[kg/(kgf·h)]	～0.49(估计)	风扇最大转速/(r/min)	3 461
发动机干质量/kg	2 177	传动齿轮减速比	3.062 5

　＊ 从风扇机匣前法兰端面至涡轮后支撑尾部法兰端面的距离。
　此表参考了 FAA/EASA 适航认证文件及普惠官方产品介绍中的数据。

表 1.3.9　PW1500G 发动机的推力设置、应用机型及关键节点日期

型　号		起飞推力/lbf(kN)	平直推力设置/℃	应用机型	首次试车日期	取证日期	服役日期
PW1500G	1519G	19 000 (84.5)	ISA+15	庞巴迪 CS100(空客 A220 - 100)	2010 年/Q3	2016 年 1 月 22 日	2016 年 7 月 15 日
	1521G	21 000 (93.4)	ISA+15	庞巴迪 CS100/CS300	2010 年/Q3	2016 年 1 月 22 日	

（续表）

型　号		起飞推力 /lbf(kN)	平直推力 设置/℃	应用机型	首次试车 日期	取证日期	服役日期
	1524G	23 300 (103.6)	ISA+15	庞巴迪 CS100/CS300	2010 年/ Q3	2016 年 1 月 22 日	
PW1500G	1525G	24 400 (108.5)	ISA+15	庞巴迪 CS300(空客 A220 - 300)		2016 年 1 月 22 日	2016 年 12 月 14 日

注：海平面静止状态，国际标准大气条件，无功率提取。

PW1500G 系列发动机的项目合作伙伴见 1.3.1 节。

1.3.6　PW1700G

普惠 PW1700G 发动机目前包括起飞推力 15 000 lbf(66.7 kN)和 17 000 lbf (75.6 kN)的 PW1715G 和 PW1717G 两个版本，是巴西航空工业公司第二代 E 系列中程窄体客机 E175 - E2 的唯一指定动力系统，预计于 2021 年前后进入航 线服役。该型发动机采用了与 PW1200G 系列相同的基本构型，风扇直径 1 422.4 mm(56 in)，涵道比约为 9∶1，如图 1.3.8 所示；两者燃油消耗、噪声和 污染物排放特性基本相同，见 1.3.3 节。

图 1.3.8　PW1700G 发动机结构纵剖图及其应用机型
Embraer E175 - E2 中程窄体客机

左图引自：https://www. pw. utc. com/products-and-services/products/commercial-engines/ pratt-and-whitney-gtf
右图引自：http://adm. embraercommercialaviation. com/Pages/Ejets-175-E2. aspx

PW1700G 系列齿轮传动涡扇发动机基本构型如下：
(1) 1 级风扇(18 片复材蒙皮铝合金宽弦弯掠风扇叶片)。
(2) 1 级行星式传动齿轮(减速比约为 2.409，行星轮共 5 个)。
(3) 2 级低压压气机、8 级高压压气机。

（4）Talon-X 环形低排放燃烧室。

（5）2 级高压涡轮、3 级低压涡轮。

（6）全权限数字电子控制系统。

该发动机的技术参数、推力设置、应用机型及关键节点日期如表 1.3.10 和表 1.3.11 所示。

表 1.3.10　PW1700G 发动机的技术参数

风扇直径/mm(in)	1 422.4(56)	发动机干质量/kg	N/A
涵道比	9	长度*/mm	N/A
总压比	40～50(估计)	最大半径/mm	N/A
质量流量(起飞状态)/(kg/s)	200～250(估计)	传动齿轮减速比	2.409
巡航耗油率/[kg/(kgf·h)]	～0.50(估计)		

* 从风扇机匣前法兰端面至涡轮后支撑尾部法兰端面的距离。

表 1.3.11　PW1700G 发动机的推力设置、应用机型及关键节点日期

型　号	起飞推力/lbf(kN)	平直推力设置/℃	应用机型	首次试车日期	取证日期	服役日期
PW1700G	1715G	15 000 (66.7)	ISA+15	巴西航空工业 E175-E2		待定	预计于 2021 年
	1717G	17 000 (75.6)	ISA+15	巴西航空工业 E175-E2		待定	预计于 2021 年

注：海平面静止状态，国际标准大气条件，无功率提取。

PW1700G 系列发动机的项目合作伙伴见 1.3.1 节。

1.3.7　PW1900G

普惠 PW1900G 系列齿轮传动涡扇发动机为巴西航空工业公司第二代 E 系列中程窄体客机 E190-E2 的唯一指定动力，其推力范围覆盖 19 000～23 000 lbf(84.5～102.3 kN)。该型发动机采用了与 PW1100G 相同的基本构型，涵道比达 12∶1，但选用了较小的风扇直径[1 854.2 mm(73 in)]和推力等级，如图 1.3.9 所示；其燃油消耗、噪声和污染物排放等性能指标与前述 PW1500G 型基本相同，见 1.3.5 节。PW1900G 型发动机于 2015 年 11 月 3 日搭载普惠公司波音 747-SP 飞行测试平台首飞，2018 年 2 月 27 日获得 EASA 适航许可，并于 4 月 24 日随 E190-E2 客机进入航线服役。

PW1900G 系列齿轮传动涡扇发动机基本构型如下：

（1）1 级风扇（18 片复材蒙皮铝合金宽弦弯掠风扇叶片）。

图 1.3.9　PW1900G 发动机结构纵剖图及其应用机型巴西航空工业
E190－E2 中程窄体客机

左图引自：https://www.pw.utc.com/products-and-services/products/commercial-engines/
pratt-and-whitney-gtf

右图引自：http://adm.embraercommercialaviation.com/Pages/Ejets-190-E2.aspx

（2）1 级行星式传动齿轮（减速比为 3.062 5,行星轮共 5 个）。

（3）3 级低压压气机、8 级高压压气机。

（4）Talon－X 环形低排放燃烧室。

（5）2 级高压涡轮、3 级低压涡轮。

（6）全权限数字电子控制系统。

该发动机的技术参数、推力设置、应用机型及关键节点日期如表 1.3.12 和
表 1.3.13 所示。

表 1.3.12　PW1900G 发动机的技术参数

风扇直径/mm(in)	1 854.2(73)	长度*/mm	3 045
涵道比	12	最大径向轴距/mm	1 160
总压比	40～50(估计)	高压转子最大转速/(r/min)	24 470
质量流量(起飞状态)/(kg/s)	400～450(估计)	低压转子最大转速/(r/min)	10 600
巡航耗油率/[kg/(kgf·h)]	～0.49(估计)	风扇最大转速/(r/min)	3 461
发动机干质量/kg	2 177	传动齿轮减速比	3.062 5

＊从风扇机匣前法兰端面至涡轮后支撑尾部法兰端面的距离。
此表参考了 FAA/EASA 适航认证文件及普惠官方产品介绍中的数据。

表 1.3.13　PW1900G 发动机的推力设置、应用机型及关键节点日期

型　号		起飞推力/lbf(kN)	平直推力设置/℃	应用机型	首次试车日期	取证日期	服役日期
PW1900G	1919G	20 860 (92.8)	ISA+15	巴西航空工业 E－Jets E190－E2/ E195－E2		2017 年 4 月 28 日	2019 年 4 月

(续表)

型　号	起飞推力/lbf(kN)	平直推力设置/℃	应用机型	首次试车日期	取证日期	服役日期
	1921G	22 550 (100.3)	ISA+15	巴西航空工业 E‐Jets E190‐E2/ E195‐E2		2017年4月28日	2019年4月
PW1900G	1922G	23 815 (105.9)	ISA+20	巴西航空工业 E‐Jets E190‐E2/ E195‐E2		2017年4月28日	2019年4月
	1923G	23 815 (105.9)	ISA+20	巴西航空工业 E‐Jets E190‐E2/ E195‐E2		2017年4月28日	2019年4月

注：海平面静止状态，国际标准大气条件，无功率提取。

PW1900G 系列发动机的项目合作伙伴见 1.3.1 节。

1.3.8　PW6000

普惠公司在 20 世纪 90 年代启动的高性能涡扇发动机 PW6000 研制项目主要针对中短程、高频率使用的 100 座级客机市场需求。最初，该发动机方案的主要目标是匹配当时中国、韩国和日本等国联合提出的 100 座级亚洲快车 AE100 客机。此 NSA(New Small Aircraft)项目最初由中、日、韩与波音公司合作，联合论证。但最终各方未取得一致意见，导致项目下马。此后，中国和新加坡与空客公司继续联合讨论 100 座级客机项目。此项目终止后，该发动机被选为空客公司空客 A318 飞机项目的初始动力系统，为该客机提供了 22 000～24 000 lbf 推力(97.9～106.8 kN)。但由于在研发过程中，普惠公司负责开发的高压压气机出现了问题，改由摩天宇航空发动机公司(MTU)负责研制，导致发动机研制被延误 44 个月，这使得 CFM56 发动机成为初始动力首先进入服役，而 PW6000 发动机于 2004 年 11 月取得 FAA 适航许可，配装该型发动机的空客 A318 短程客机于 2005 年 12 月取得 EASA 适航证，最终随 LAN 航空公司的空客 A318 客机于 2007 年 6 月进入航线服役，如图 1.3.10 所示。

另外，按原计划，PW6000 的核心机本应成为采用齿轮传动风扇并提供更高推力的 PW8000 发动机的研制基础，但出于上述原因这个计划现已被束之高阁。PW6000 发动机的核心设计思想是尽可能地降低用户在发动机全寿命周期内的资金投入；基于普惠公司前期系列化产品研制经验和成熟的研制规范，结合已经

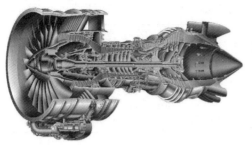

图 1.3.10　PW6000 发动机及其应用机型空客 A318 短途客机

左图引自：https：//www. pw. utc. com/products-and-services/products/commercial-engines/pw6000

右图引自：https：//www. airbus. com/aircraft/passenger-aircraft/a320-family/a318. html

验证的技术革新，PW6000 发动机大幅减少了零件数。与此推力级别的其他等同发动机相比，PW6000 使用了更少的级数并且叶片数减少了 20%，在显著降低发动机制造成本的同时，极大地降低了维修保障工作的投入。同时，由于该发动机的涡轮前温度相对较低，其排气温度热天裕度(EGT Margin)较高，这显著增加了发动机的在翼时间。

PW6000 系列发动机的基本构型和主要设计特点如下：

（1）1 级风扇，采用 24 片宽弦实心钛合金叶片。

（2）4 级低压压气机、6 级高压压气机。

（3）环形低排放燃烧室、浮壁式火焰筒及发汗冷却。

（4）1 级高压涡轮、3 级低压涡轮。

（5）全权限数字电子控制系统。

该发动机的技术参数、推力设置、应用机型及关键节点日期如表 1.3.14 和表 1.3.15 所示。

表 1.3.14　PW6000 发动机的技术参数

型　　　号	PW6122A	PW6124A
风扇直径/mm	1 435.1	1 435.1
涵道比	5	4.8
总压比	26.1	28.2
质量流量/(kg/s)	N/A	N/A
巡航耗油率/[kg/(kgf·h)]	0.65	0.65
基础发动机干质量/kg	2 288.8	2 288.8
长度/mm	2 743.2	2 743.2

表 1.3.15　PW6000 发动机的推力设置、应用机型及关键节点日期

型　号		起飞推力 /lbf(kN)	平直推力 设置/℃	应用机型	取证日期	服役日期
PW6000	6122A	22 100(98.3)	N/A	空客 A318	2004 年 11 月	2007 年 6 月
	6124A	23 800(105.9)	N/A	空客 A318， 空客 A318 Elite	2004 年 11 月	

注：海平面静止状态，国际标准大气条件，无功率提取。

PW6000 系列发动机的项目合作伙伴包括美国普惠公司、德国摩天宇航空发动机公司和日本三菱重工。

1.3.9　PW4000-94

普惠公司 PW4000 系列发动机由三型具有 94 in(2 387.6 mm)、100 in (2 540 mm)和 112 in(2 844.8 mm)直径风扇的发动机组成。该系列发动机的零件数几乎比其上一代产品——JT9D 系列发动机减少了一半，其主要设计特点包括：1 级由 38 个带减振凸肩的钛合金叶片组成的风扇、4 级增压压气机、带有前 4 级可调导向叶片的 11 级高压压气机、浮壁燃烧室、2 级高压涡轮(采用单晶叶片并配有叶尖间隙主动控制系统、第 1 级高压涡轮导向器采用陶瓷涂层)、4 级低压涡轮以及全权限发动机数字电子控制系统等。其中，94 in 风扇直径的 PW4000-94 发动机系列可提供的推力范围为 50 000～62 000 lbf(222.4～275.8 kN)。该发动机及其典型应用机型空客 A310-300 双发宽体客机如图 1.3.11 所示。

PW4000-94 系列发动机的基本构型如下：

图 1.3.11　PW4000-94 发动机及其应用机型空客 A310-300 双发宽体客机

左图引自：https://www.pw.utc.com/products-and-services/products/commercial-engines/pw4000-94

右图引自：https://en.wikipedia.org/wiki/Airbus_A310

（1）1 级风扇、4 级低压增压级、11 级高压压气机。

（2）环形燃烧室、浮壁式火焰筒。

（3）2 级高压涡轮、4 级低压涡轮。

该发动机的技术参数、推力设置、应用机型及关键节点日期如表 1.3.16 和表 1.3.17 所示。

表 1.3.16　PW4000 - 94 发动机的技术参数

风扇直径/mm	2 377.44	巡航耗油率/[kg/(kgf·h)]	0.578
涵道比	4.8～5.0	基础发动机干质量/kg	4 276.68
总压比	26.3～32.3	长度/mm	3 901.44
质量流量/(kg/s)	774.07		

表 1.3.17　PW4000 - 94 发动机的推力设置、应用机型及关键节点日期

型号		起飞推力 /lbf(kN)	平直推力 设置/℃	应用机型	首次试车 日期	取证日期	服役日期
PW4000 - 94	PW4050	50 000 (222.4)	ISA+ 18.3	波音 767 - 200/ 200ER/300			
	PW4052	52 200 (232.2)	ISA+ 18.3	波音 767 - 200/ 200ER/300/ 300ER		1986 年 7 月	
	PW4056	56 000 (249.1)	ISA+ 18.3	波音 747 - 400/F, 波音 767 - 200/ ER/300/ER		1987 年 10 月	
	PW4060	60 000 (266.9)	ISA+ 18.3	波音 767 - 200/ 200ER/300F/ 300ER		1988 年 10 月	
	PW4062	62 000 (275.8)	ISA+17	波音 767 （全部型号）		1992 年 1 月	
	PW4152	52 000 (231.3)	ISA+ 27.2	空客 A310 - 300		1986 年 7 月	1987 年 6 月
	PW4156A	56 000 (249.1)	ISA+15	空客 A300 - 600		1987 年 10 月	
	PW4158	58 000 (258.0)	ISA+15	空客 A300 - 600R		1988 年 4 月	
	PW4460	60 000 (266.9)	ISA+15	MD - 11		1988 年 10 月	
	PW4462	62 000 (275.8)	ISA+17	MD - 11		1992 年 1 月	

注：海平面静止状态，国际标准大气条件，无功率提取。

PW4000 系列发动机的项目合作伙伴包括美国普惠公司、新加坡宇航技术公司、意大利菲亚特航空公司、挪威喷气发动机公司、日本川崎公司和三菱重工、韩国三星公司、法国艾尔迪姆公司和德国摩天宇航空发动机公司。

1.3.10　PW4000-100

PW4000-100 型发动机是为空客 A330 系列双发中长航程宽体客机而设计的,此型发动机的新风扇直径为 2 534.92 mm(99.8 in),具有 34 个带凸肩的风扇叶片,另外增加了新的第五级低压增压级,并提高了核心机压比。此型发动机与 94 in 的风扇型共用高压压气机和浮壁燃烧室,增加了第五级低压涡轮,并更新了全权限发动机数字电子控制系统。其高压压气机可与后期的 PW4000-94 发动机互换。其中,PW4168A 型可用于高温高原机场;PW4164/4168 型发动机于 1994 年 11 月进行了 90 分钟双发延程飞行,被称为航空工业史上的第一次。但是,PW4173/4175 型开发项目因出现困难而取消。PW4000-100 型发动机及其应用机型空客 A330-300 宽体客机如图 1.3.12 所示。

图 1.3.12　PW4000-100 型发动机及其应用机型空客 A330-300 宽体客机

左图引自: https://www.pw.utc.com/products-and-services/products/commercial-engines/pw4000-100

右图引自: https://www.airbus.com/aircraft/passenger-aircraft/a330-family/a330-300.html

PW4000-100 型发动机基本构型如下:

(1) 1 级风扇、5 级低压增压级、11 级高压压气机。

(2) 环形燃烧室、浮壁式火焰筒。

(3) 2 级高压涡轮、5 级低压涡轮。

该发动机的技术参数、推力设置、应用机型及关键节点日期如表 1.3.18 和表 1.3.19 所示。

表 1.3.18 PW4000 - 100 发动机的技术参数

风扇直径/mm	2 534.92	巡航耗油率/[kg/(kgf·h)]	0.571
涵道比	4.8~5.2	基础发动机干质量/kg	5 665.92
总压比	32~35.4	长度/mm	4 142.74
质量流量/(kg/s)	N/A		

表 1.3.19 PW4000 - 100 发动机的推力设置、应用机型及关键节点日期

型 号		起飞推力/lbf(kN)	平直推力设置/℃	应用机型	首次试车日期	取证日期	服役日期
PW4000 - 100	PW4164	64 000 (284.7)		空客 A330 - 200		1993 年 8 月	1994 年 12 月
	PW4168	68 000 (302.5)	ISA+15	空客 A330 - 200/300		1993 年 8 月	1998 年 8 月
	PW4168A	68 600 (305.1)		空客 A330 - 200/300			
	PW4173	73 000 (324.7)		(2000 年 2 月取消)			

注：海平面静止状态，国际标准大气条件，无功率提取。

PW4000 系列发动机的项目合作伙伴见 1.3.9 节。

1.3.11 PW4000 - 112

PW4000 - 112 型是普惠 PW4000 家族中推力最大的发动机,采用 22 个空心钛合金无凸肩宽弦风扇叶片、6 级低压增压级和重新设计的 7 级低压涡轮。其中,PW4084 是该系列的原型发动机,额定起飞推力为 84 000 lbf(373.7 kN)。在其基础上进一步改进的 PW4090 型发动机提高了推力,额定起飞推力提高到 90 000 lbf(400.3 kN)。相应的改进工作主要包括重新设计了风扇出口导向器,高压压气机采用了先进的三维气动设计,改善了高压涡轮的冷却系统,增加了涡轮材料的耐高温能力,提高了涡轮前温度。PW4098 型再次提高了额定推力,达 98 000 lbf(435.9 kN),增加了一级低压压气机,共 7 级低压增压级,并使用 2 867.6 mm(112.9 in)风扇,但由于高压压气机的技术问题,该型发动机研制项目延误了一年多。PW4000 - 112 型发动机及其应用机型波音 777 - 200 双发长航程宽体客机如图 1.3.13 所示。

PW4000 - 112 型发动机基本构型如下:

(1) 1 级风扇、6 低压增压级、11 级高压压气机。

(2) 环形燃烧室、浮壁式火焰筒。

图 1.3.13 PW4000‐112 型发动机及其应用机型波音 777‐200 宽体客机

左图引自：https://www.pw.utc.com/products-and-services/products/commercial-engines/pw4000-112

右图引自：http://www.boeing.com/commercial/777

（3）2 级高压涡轮、7 级低压涡轮。

注：PW4098 发动机采用 7 级低压增压级。

该发动机的技术参数、推力设置、应用机型及关键节点日期如表 1.3.20 和表 1.3.21 所示。

表 1.3.20　PW4000‐112 发动机的技术参数

风扇直径/mm	2 867.66	巡航耗油率/[kg/(kgf·h)]	0.555
涵道比	5.5～6.3	基础发动机干质量/kg	6 733.68～7 491
总压比	34.2～42.8	长度/mm	4 869.18～4 945.38
质量流量/(kg/s)	1 089.6～1 293.9		

表 1.3.21　PW4000‐112 发动机的推力设置、应用机型及关键节点日期

型　号		起飞推力/lbf(kN)	平直推力设置/℃	应用机型	首次试车日期	取证日期	服役日期
PW4000‐112	PW4084	84 000 (373.7)	ISA+15	波音 777‐200		1994 年 4 月	1995 年 6 月
	PW4090	90 000 (400.3)	ISA+15	波音 777‐200IGW/300		1996 年 6 月	1997 年 3 月
	PW4098	98 000 (435.9)	ISA+15	波音 777‐300(已取消)		1998 年	1999 年 8 月

注：海平面静止状态，国际标准大气条件，无功率提取。

PW4000 系列发动机的项目合作伙伴见 1.3.10 节。

1.3.12　PW2000

PW2000 发动机的研发始于 20 世纪 60 年代末，推力范围为 37 000～

43 000 lbf(164.6~~191.3 kN),可覆盖中短程航线客机的动力需求,但直到 1979 年,波音公司波音 757 客机问世时才得到商业应用,如图 1.3.14 所示。配装波音 757 客机的 PW2000 发动机项目始于 1979 年 12 月,并于 1984 年 10 月随该客机进入航线服役,成为首台使用全权限数字电子控制系统的商用发动机。

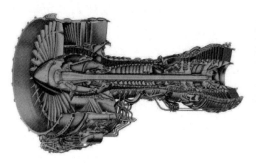

图 1.3.14　PW2000 发动机结构纵剖图及其应用机型波音 757 - 200 客机

左图引自：https://www.pw.utc.com/products and-services/products/commercial-engines/pw2000

右图引自：https://en.wikipedia.org/wiki/Boeing_757

该发动机在服役初期遇到了可靠性问题。为逐步解决此问题,普惠公司于 1994 年 3 月为该发动机的运营商提供了耐久性改进升级计划,包括采用重新设计的风扇和称为降温构型(reduced temperature configuration,RTC)的涡轮叶片;此 RTC 升级技术已于 1993 年 9 月获得适航许可,主要改善了发动机的可靠性和耐久性,提高了在翼时长,降低了发动机总的维护成本,并显著改善了噪声和污染物排放等环保特性。此改进型被称为 PW2000 RTC 型发动机。

此后一年,普惠公司又推出了另一个升级计划,包括发动机短舱进排气的降噪处理,增强了风扇叶片的前缘,并增加了叶片数目,同时改进了高压涡轮设计和单晶叶片材料,使用了可进一步提高涡轮前温度的热障涂层。截至目前,该系列发动机已累积了 2 600 万小时的航线服役时间。该系列中的 PW2043 为最新改进型,可提供 43 000 lbf(191.3 kN)推力,用于波音公司波音 757 - 200 客机以及加长型波音 757 - 300 客机。该系列的早期型号也可以通过更新部件升级为 PW2043 版本。

另外,民用 PW2040 发动机的军用衍生型号 F117 - PW - 100 是波音公司 C17A 环球霸王(Globemaster)Ⅲ军用运输机的唯一指定动力装置,见 2.2.3 节。该运输机于 1991 年 9 月首飞。

PW2000 系列发动机的基本构型如下:

(1) 1 级风扇、4 级低压压气机、12 级高压压气机。

(2) 环形燃烧室。

(3) 2 级高压涡轮、5 级低压涡轮。

(4) 全权限数字电子控制系统。

该发动机的技术参数、推力设置、应用机型及关键节点日期如表 1.3.22 和表 1.3.23 所示。

表 1.3.22　PW2000 发动机的技术参数

风扇直径/mm	1 993.9	巡航耗油率/[kg/(kgf·h)]	0.593
涵道比	5.34~6	基础发动机干质量/kg	3 314.2
总压比	27.0~31.2	长度/mm	3 591.56
质量流量/(kg/s)	549.34~569.77		

表 1.3.23　PW2000 发动机的推力设置、应用机型及关键节点日期

型　号		起飞推力/lbf(kN)	平直推力设置/℃	应用机型	首飞日期	取证日期	服役日期
PW2000	2037	38 400 (170.8)	ISA+ 15.5	波音 757 - 200, IL - 96M	N/A	1983 年 12 月	1984 年 10 月
	2040	41 700 (185.5)	ISA+ 15.5	波音 757 - 200	N/A	1987 年 1 月	
	2043	43 734 (194.5)	ISA+ 15.5	波音 757 - 300, C - 17 环球霸王 III	1991 年 9 月	1995 年 3 月	
	2337	38 250 (170.1)	ISA+ 15.5	IL - 96M	1993 年 4 月	1999 年 6 月	

注：海平面静止状态，国际标准大气条件，无功率提取。

PW2000 系列发动机的项目合作伙伴包括美国普惠公司、意大利菲亚特艾维欧公司和德国摩天宇航空发动机公司。

1.3.13　JT9D

普惠公司的 JT9D 发动机衍生自美国空军航空发动机技术预研项目，是该公司第一种商用型涡扇发动机。该发动机研制项目于 1965 年 9 月启动，1966 年 12 月首台发动机进行了地面试车，1969 年 5 月获得 FAA 适航许可，1970 年 1 月进入航线服役。该发动机的主要设计特点包括采用直径 2 336.8 mm(92 in) 的单级风扇，并配有 46 个双凸肩钛合金风扇叶片，新引入了 3 级增压压气机；核心机采用 11 级高压压气机和环型燃烧室，具有气膜冷却叶片的双级高压涡轮；

低压转子采用 4 级低压涡轮驱动,另外使用了机械液压发动机控制系统。在其初始机型的基础上,后期通过改进气动特性,使用定向结晶涡轮叶片并改进高压涡轮叶片气膜冷却技术,逐步研发了更高推力的增强型发动机。JT9D 发动机及其典型应用机型道格拉斯 DC10 飞机如图 1.3.15 所示。

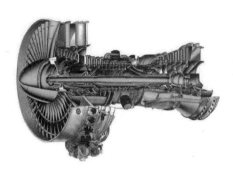

图 1.3.15　JT9D 发动机及其应用机型麦道 DC10 - 40 空中加油机

左图引自：https：//www. pw. utc. com/products-and-services/products/commercial-engines/jt9d

右图引自：http：//www. airliners. net/photo/Omega-Tanker/McDonnell-Douglas-DC-10-40I/2352477/L

JT9D 发动机的基本构型如下：

(1) 1 级风扇、3 级低压压气机、11 级高压压气机。

(2) 环形燃烧室。

(3) 2 级高压涡轮、4 级低压涡轮。

该发动机的技术参数、推力设置、应用机型及关键节点日期如表 1.3.24 和表 1.3.25 所示。

1.3.14　JT9D(增推型)

此型是第一台显著增加了推力的 JT9D 系列发动机,通过将原有风扇直径增加 25.4 mm(1 in)达到 2 377.4 mm(93.6 in)并改进风扇的叶形来实现增推。同时,也增加了一级增压压气机(达到共 4 级),改进了高压涡轮转子叶片的材

表 1.3.24　JT9D 发动机的技术参数

风扇直径/mm	2 344.42	巡航耗油率/[kg/(kgf · h)]	0.648
涵道比	5.2	基础发动机干质量/kg	3 836.3~4 017.9
总压比	21.5~23.5	长度/mm	3 256.28
质量流量/(kg/s)	685.09~699.16		

表 1.3.25　JT9D 发动机的推力设置、应用机型及关键节点日期

型　号		起飞推力/lbf(kN)	平直推力设置/℃	应用机型	取证日期	服役日期
JT9D	- 3A	44 250 (196. 8)	ISA+11.7	波音 747 - 100	1969 年 5 月	1970 年 1 月
	- 7	46 300 (206. 0)	ISA+15	波音 747 - 100/200B/C/F/SR	1971 年 6 月	
	- 7C	46 300 (206. 0)	ISA+15	波音 747 - 100/200,波音 747 - F		
	- 7A	46 950 (208. 8)	ISA+15	波音 747 - 100/200/B/C/F,波音 747 - SR/SP	1972 年 9 月	
	- 7ASP	46 950 (208. 8)	ISA+15	波音 747 - 100/200/B/C/F,波音 747 - SR/SP	1972 年 9 月	
	- 7F	48 000 (213. 5)	ISA+15	波音 747 - 100/200/B/C/F,波音 747 - SR/SP	1974 年 9 月	
	- 7J	50 000 (222. 4)	ISA+11.7	波音 747 - 100/200/B/C/F,波音 747 - SR/SP	1976 年 8 月	
	- 20	46 300 (206. 0)	ISA+15	DC10 - 40	1972 年 10 月	

注：海平面静止状态，国际标准大气条件，无功率提取。

料,并增加了高压涡轮的环面面积。在翼状态的 JT9D 发动机及其典型应用机型配装 JT9D - 70A 型发动机的波音 747 - 200F 货运飞机如图 1.3.16 所示。

图 1.3.16　在翼状态的 JT9D 发动机及其典型应用机型波音 747 - 200F 货运飞机

左图引自：https：//airandspace. si. edu/collection-objects/pratt-whitney-jt9d-1gt2-turbofan-engine-cutaway

右图引自：http：//www. sgst. cn/yfzx/201308/W020130829490285755718. jpg

JT9D 增推型发动机的基本构型如下：

（1）1 级风扇、4 级低压压气机、11 级高压压气机。

（2）环形燃烧室。

（3）2 级高压涡轮、4 级低压涡轮。

该发动机的技术参数、推力设置、应用机型及关键节点日期如表 1.3.26 和表 1.3.27 所示。

表 1.3.26　JT9D 发动机的技术参数

风扇直径/mm	2 377.44	巡航耗油率/[kg/(kgf·h)]	0.648
涵道比	4.9	基础发动机干质量/kg	4 158.64～4 219.93
总压比	24.5～25.2	长度/mm	3 357.88
质量流量/(kg/s)	744.56		

表 1.3.27　JT9D 发动机的推力设置、应用机型及关键节点日期

型　号		起飞推力/lbf(kN)	平直推力设置/℃	应用机型	取证日期	服役日期
JT9D	-59A/70A	53 000 (235.8)	ISA+15	DC10-40，空客 A300B，波音 747-200	1974 年 12 月	
	-59B/70B	54 500 (242.4)	ISA+15	DC10-40，空客 A300B，波音 747-200	1976 年 3 月	
	-7Q/7Q3	53 000 (235.8)	ISA+15	波音 747-200B/C/F	1979 年 10 月	

注：海平面静止状态，国际标准大气条件，无功率提取。

1.3.15　JT9D-7R4

普惠公司通过对 JT9D 早期发动机的技术更新产生了新的版本——JT9D-7R4 型发动机。该型发动子系列有 7 种不同的型号，但都可以共用相同的风扇、低压压气机、高压压气机、低压涡轮和附件齿轮传动箱。在 JT9D 早期型号的基础上，此次技术升级主要包括：增大了风扇直径并使用了宽弦风扇叶片，取消了内环凸肩，风扇后配有 96 个铝合金出口导向器叶片。同时，此发动机子系列使用经改进的燃烧室，高压涡轮采用单晶叶片，并增大了低压涡轮直径。另外，采用了数字电子燃油控制系统。JT9D-7R4 发动机及其典型应用机型空客 A300-600 双发宽体客机如图 1.3.17 所示。

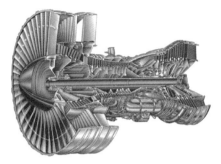

图 1.3.17 JT9D-7R4 发动机结构纵剖图及其典型应用
机型空客 A300-600 宽体客机

左图引自：https://www.pw.utc.com/products-and-services/products/commercial-engines/jt9d

右图引自：https://www.airbus.com/aircraft/previous-generation-aircraft/a300-600.html

JT9D-7R4 发动机系列的基本构型如下：

(1) 1 级风扇、4 级低压压气机、11 级高压压气机。

(2) 环形燃烧室。

(3) 2 级高压涡轮、4 级低压涡轮。

该发动机的技术参数、推力设置、应用机型及关键节点日期如表 1.3.28 和表 1.3.29 所示。

表 1.3.28 JT9D-7R4 发动机的技术参数

风扇直径/mm	2 377.44	巡航耗油率/[kg/(kgf·h)]	0.628
涵道比	4.9	基础发动机干质量/kg	4 165.45
总压比	24.5～25.2	长度/mm	3 357.88
质量流量/(kg/s)	744.56		

表 1.3.29 JT9D-7R4 发动机的推力设置、应用机型及关键节点日期

型 号		起飞推力/lbf(kN)	平直推力设置/℃	应用机型	取证日期	服役日期
JT9D-7R4	D/D1	48 000 (213.5)	ISA+18.3	波音 767-200，空客 A310-200	1980 年 11 月 (D) 1981 年 4 月 (D1)	1982 年 8 月
	E/E1	50 000 (222.4)	ISA+18.3	空客 A310-200/300，波音 767-200/300/300ER	1981 年 4 月	1985 年 12 月

（续表）

型　号		起飞推力 /lbf(kN)	平直推力 设置/℃	应用机型	取证日期	服役日期
JT9D- 7R4	E3/E4	50 000 (222.4)	ISA+15	空客 A310 - 200/ 300,波音 767 - 200/300/300ER	N/A	1985 年 12 月
	G2	54 750 (243.5)	ISA+15	波音 747 - 200B/ C/F,波音 747 - 300	1982 年 10 月	N/A
	H1	56 000 (249.1)	ISA+15	空客 A300 - 600	N/A	1984 年 3 月

注：海平面静止状态,国际标准大气条件,无功率提取。

1.3.16　JT8D

普惠公司的 JT8D 系列发动机是 20 世纪中下叶应用得非常广泛的商用涡扇发动机之一。JT8D 发动机原为驱动波音 727 客机而研发的(见图 1.3.18),后续逐步被其他型号飞机选装。当时,因其业界领先的低维护成本,使得配装 JT8D 发动机的波音 727、波音 737 - 100/200、道格拉斯 DC9、麦克唐纳-道格拉斯(McDonnell-Douglas,MD,简称麦道)MD80 成为经济性最好的商用飞机。同时,该系列发动机有小涵道比型可供超声速飞机选用。

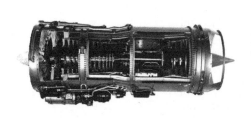

图 1.3.18　JT8D 发动机结构纵剖图及其应用机型波音 727 - 200 客机

左图引自：https://www. pw. utc. com/products-and-services/products/commercial-engines/ jt8d

右图引自：https://en. wikipedia. org/wiki/Boeing_727

JT8D 系列发动机当时可谓风头无量,共有超过 350 家运营商的 4 500 架各型客机采用该系列发动机提供动力,而这几乎是当时全球商业飞行机队的三分之一。自 1964 年 2 月首台 JT8D 随波音 727 客机进入航线服役以来,累积共制造了 14 000 余台该系列发动机,并积累了超过 5 亿飞行小时。

JT8D 型发动机推力范围为 14 000～17 000 lbf(62.3～75.6 kN)。该发动机

主要使用钢和钛合金材料制造,其主要设计特点包括单级 27 个带凸肩钛合金叶片组成的双级风扇、6 级低压压气机、7 级高压压气机、环状燃烧室、单级气冷叶片的高压涡轮及 3 级低压涡轮。另外,该系列发动机还提供多种形式的降噪方案供选择,以确保该发动机满足更为严格的噪声要求。

JT8D 发动机的基本构型如下:

(1) 2 级前置风扇、6 级低压压气机、7 级高压压气机。

(2) 环形燃烧室。

(3) 1 级高压涡轮、3 级低压涡轮。

该发动机的技术参数、推力设置、应用机型及关键节点日期如表 1.3.30 和表 1.3.31 所示。

表 1.3.30　JT8D 发动机的技术参数

风扇直径/mm	1 028.7	巡航耗油率/[kg/(kgf·h)]	0.796
涵道比	1.0～1.1	基础发动机干质量/kg	1 455.07～1 586.73
总压比	15.8～17.3	长度/mm	3 136.9
质量流量/(kg/s)	143.01～150.27		

表 1.3.31　JT8D 发动机的推力设置、应用机型及关键节点日期

型　号	起飞推力/lbf(kN)	平直推力设置/℃	应 用 机 型	取证日期	服役日期
-7/7A/7B	14 000 (62.3)	ISA+13.9	卡拉维尔 10B/10R/11R/12,波音 727,波音 737,DC-9	1966 年 3 月	N/A
-9/9A	14 500 (64.5)	ISA+13.9	卡拉维尔 10B/10R/11R/12,波音 727,DC-9,川崎 C-1	1967 年 5 月	1967 年 7 月
JT8D-11	15 000 (66.7)	ISA+13.9	卡拉维尔 10B/10R/11R/12,DC-9	1968 年 9 月	1968 年 11 月
-15/15A	15 500 (68.9)	ISA+13.9	波音 727-200Adv/300Adv,DC-9-30/40/50,达索水星	1971 年 4 月	1972 年初
-17/17A	16 000 (71.2)	ISA+13.9	波音 727-200Adv/300Adv,DC-9-30/50	1974 年 2 月	1974 年 7 月

（续表）

型　号		起飞推力 /lbf(kN)	平直推力 设置/℃	应用机型	取证日期	服役日期
JT8D	-17R	17 400 (77.4)	ISA+10	波音 727- 200Adv	1976 年 4 月	1976 年 8 月
	-17AR	16 400 (73.0)	N/A	N/A	N/A	N/A

注：海平面静止状态，国际标准大气条件，无功率提取。

1.3.17　JT8D-200

如 1.3.16 节所述，美国普惠公司 JT8D 是 20 世纪中下叶应用得非常广泛的商用涡扇发动机之一。JT8D-200 是该系列的技术升级型发动机，继承了该系列发动机高可靠性和低维护成本等卓越特性，并同 JT8D-9 型共用相同的核心机，但新引入了衍生自美国国家航空航天局（National Aeronautics and Space Administration，NASA）为 JT8D 更换风扇技术项目的低压部件。新的单级风扇配有 34 片带凸肩叶片，取代了原双级风扇；并与新的 6 级增压压气机一起运转，由 3 级低压涡轮驱动。核心机包括 7 级高压压气机、环形燃烧室和单级高压涡轮（气膜冷却叶片）。另外，此系列不同的型号间无结构上的区别。

JT8D-200 型发动机推力范围覆盖 18 500～21 700 lbf（82.3～96.5 kN），是麦道公司 MD80 系列客机的唯一动力，如图 1.3.19 所示。JT8D-200 发动机配装该型客机于 1979 年 10 月首飞，并于 1980 年 10 月进入航线服役。另外，使用此发动机的换发型波音 727 客机于 1996 年 9 月获得美国 FAA 适航许可；类似

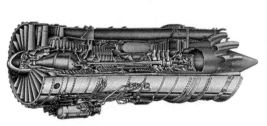

图 1.3.19　JT8D-200 型发动机结构纵剖图及其应用机型麦道 MD80 客机

左图引自：https://www.pw.utc.com/products-and-services/products/commercial-engines/jt8d

右图引自：https://en.wikipedia.org/wiki/McDonnell_Douglas_MD-80

的换发型波音 707 飞机于 1999 年 7 月开始申请适航许可。为满足更新的噪声和污染物排放要求,普惠公司为该型发动机提供了技术升级方案,并于 1999 年 12 月获得适航许可。

JT8D - 200 型发动机的基本构型如下:

(1) 1 级风扇、6 级低压压气机、7 级高压压气机。

(2) 环形燃烧室。

(3) 1 级高压涡轮、3 级低压涡轮。

该发动机的技术参数、推力设置、应用机型及关键节点日期如表 1.3.32 和表 1.3.33 所示。

表 1.3.32　JT8D - 200 发动机的技术参数

风扇直径/mm	1 249.68	巡航耗油率/[kg/(kgf · h)]	0.747
涵道比	1.8	基础发动机干质量/kg	～2 043
总压比	17.4～20.1	长度/mm	3 916.68
质量流量/(kg/s)	N/A		

表 1.3.33　JT8D - 200 发动机的推力设置、应用机型及关键节点日期

型　号		起飞推力 /lbf(kN)	平直推力 设置/℃	应用机型	取证日期	服役日期
JT8D	- 209	18 500(82.3)	ISA+10	MD - 80	1979 年 6 月	1980 年 10 月
	- 217/217A	20 000(89.0)	ISA+10	MD - 80	1980 年 10 月/ 1981 年	N/A
	- 219/217C	21 000(93.4)/ 20 000(89.0)	ISA+13.9	MD - 80	1985 年 2 月/ 1986 年	N/A

注: 海平面静止状态,国际标准大气条件,无功率提取。

普惠加拿大公司

1.3.18　JT15D

普惠加拿大公司(Pratt-Whitney Canada)的 JT15D 双转子中等涵道比民用涡扇发动机推力范围为 2 200～3 350 lbf(9.8～14.9 kN),其单级风扇具有 28 个钛合金带凸肩叶片,压缩系统采用离心式高压压气机与单级或双级轴流式低压增压级的组合形式。在 JT15D - 1 型发动机的基础上,JT15D - 4 在低压系统增加了单级增压压气机,核心机具有单级式离心高压压气机、环形燃烧室、单级高压涡轮,低压转子由采用镍基高温合金盘的两级低压涡轮驱动。JT15D - 4 是该系列中第一款推力增长型发动机。JT15D-5在JT15D-4的基础上进一步增加了推力，是第二款增推型发动机，采用全新设计的风扇，改进了增压压气机、核心机和发动机电子控制系统。JT15D-5D采用了更先进的宽弦叶片新风扇，引入了2级轴流式低压增压级，并使用了单晶涡轮叶片。截至2012年7月，累积共制造了约6 772台各型JT15D系列发动机。JT15D-5D型发动机结构纵剖图及其典型应用机型美国视觉喷气(Visionaire Jet)公司的优势(Vantage)轻型喷气式商务机如图1.3.20所示。

图 1.3.20　JT15D-5D 发动机结构纵剖图及其应用机型
Visionaire Vantage 轻型商务机

左图引自：https://en.wikipedia.org/wiki/Pratt_%26_Whitney_Canada_JT15D
右图引自：http://vaj.visionairejets.com/aircraft

　　JT15D系列发动机的竞争机型主要包括美国霍尼韦尔(Honeywell)公司的TFE731-2型[3 500 lbf(15.6 kN)推力]和美国威廉姆斯国际(Williams International)公司的FJ44-1/-2型[推力范围为1 900～2 200 lbf(8.5～9.8 kN)]小推力涡扇发动机；而普惠加拿大公司制定的替代方案主要包括较新的PW500[推力范围为3 000～4 000 lbf(13.3～17.8 kN)]和PW600[推力范围为900～3 000 lbf(4～13.3 kN)]发动机，分别见下述1.3.21节和1.3.20节。

　　JT15D系列发动机的基本构型如下：

　　(1) 1级轴流式风扇、1级离心式高压压气机。

　　(2) 环形回流式燃烧室。

　　(3) 1级高压涡轮、2级低压涡轮。

　　注：在JT15D-1型的基础上，JT15D-4型和JT15D-5型分别引入了1级和2级轴流式低压增压级。

　　该发动机的技术参数、推力设置、应用机型及关键节点日期如表1.3.34和表1.3.35所示。

　　JT15D系列发动机的项目合作伙伴包括普惠加拿大公司和德国摩天宇航空发动机公司。

表 1.3.34　JT15D 发动机的技术参数

风扇直径/mm	693.42～711.2	巡航耗油率/[kg/(kgf·h)]	0.795
涵道比	3.3	基础发动机干质量/kg	232.72～291.92
总压比	9.9～13.5	长度/mm	1 506.22～1 600.2
质量流量/(kg/s)	34.05		

表 1.3.35　JT15D 发动机的推力设置、应用机型及关键节点日期

型　号	起飞推力/lbf(kN)	平直推力设置/℃	应 用 机 型	取证日期	服役日期
-1	2 090(9.3)	N/A	赛斯纳奖状Ⅰ，克维尔特	1968 年 8 月	1969 年 8 月
-1A	2 090(9.3)	N/A	赛斯纳奖状Ⅰ	1976 年	N/A
-1B	2 090(9.3)	N/A	赛斯纳奖状Ⅰ	1982 年 7 月	1983 年 7 月
-4	2 375(10.6)	N/A	奖状Ⅱ，克维尔特，三菱钻石Ⅰ	N/A	1973 年 9 月
-4B	2 375(10.6)	N/A	奖状Ⅱ/S	N/A	1978 年
-4C	2 375(10.6)	N/A	奥古斯塔 S.211	N/A	1982 年
-4D	2 375(10.6)	N/A	三菱钻石 IA	N/A	1983 年
JT15D　-5	2 900(12.9)	ISA+6	赛斯纳 NT-47A，三菱钻石Ⅱ，比奇喷气 400A	1983 年	N/A
-5A	2 900(12.9)	N/A	赛斯纳奖状 V	N/A	1988 年
-5B	2 900(12.9)	N/A	比奇喷气 T-1A 苍鹰	N/A	1990 年
-5C	3 190(14.2)	N/A	奥古斯塔 S.211A，飞马座 UCAV-N	N/A	1991 年
-5D	3 045(13.5)	N/A	奖状 V-超级，UC-35A，视觉喷气优势	N/A	1993 年
-5F	2 900(12.9)	N/A	比奇喷气 TCX	N/A	1993 年

注：海平面静止状态，国际标准大气条件，无功率提取。

1.3.19　PW800

普惠加拿大公司的 PW800 涡扇发动机是普惠集团新一代清洁动力航空发动机系列的一员，起飞推力范围为 10 000～20 000 lbf(44～89 kN)，可为下一代远程及超远程喷气式公务机或支线客机提供动力。该系列发动机的核心机衍生自普惠公司 PW1000 系列齿轮传动涡扇发动机，但并未在低压转子中引入相应的行星式减速齿轮传动系统，而保持了传统双转子涡扇发动机构型。

　　PW800 发动机技术验证项目可回溯到 1999 年,此时为轻型和中型喷气式
公务机提供动力的 PW600 和 PW300 系列发动机研制刚刚结束,普惠公司需要
一台新的发动机来弥补 PW300 和 PW6000 发动机推力范围之间的空白,以充实
其在远程商务机和支线客机领域的市场份额。以此为契机,以 PW1000 核心机
为原型,普惠公司为 PW800 系列发动机研制的核心机于 2009 年底进入运转测
试;整机于 2012 年 4 月首次运转,并于 2013 年 4 月首飞。2015 年 2 月,加拿大
交通运输部授予了 PW814GA 和 PW815GA 适航许可,用于湾流公司新一代湾
流 G500 和湾流 G600 系列公务机,如图 1.3.21 所示。此后,PW814GA 型发动
机搭载湾流 G500 先进公务机于 2015 年 5 月 18 日首飞,并于 2017 年 2 月 24 日
获得 FAA 适航认证。截至 2017 年 10 月,该系列发动机已完成 16 600 小时/16
800 循环的测试,包括 3 500 小时飞行的测试;其首翻期达到 10 000 小时,同时其
热端部件检测和在翼状态维护周期间隔较其他等同级别发动机分别长 20%
和 40%。

　　PW800 系列发动机在使用性能、燃油经济性、运营维护成本、噪声与污染物
排放等方面都处于行业前列。其主要竞争机型包括罗罗公司的珍珠 15、通用电
气公司的 Passport 20 以及斯奈克玛公司的银冠发动机,分别见 1.1.20 节、
1.2.10 节和 1.5.1 节。

图 1.3.21　PW800 发动机及其应用机型湾流 G650 公务机

左图引自:https://www.pwc.ca/en/products-and-services/products/business-aviation-
engines/pw800
右图引自:https://www.gulfstream.com/aircraft/gulfstream-g650er

PW800 系列双转子涡扇发动机的基本构型如下:

(1) 1 级整体叶盘风扇(采用 24 片先进气动设计高效风扇叶片,并改善了噪
声与振动特性)。

(2) 2 级低压增压级,8 级高压压气机(采用高刚度结构设计)。

（3）环形轴流式 TALON‑X 低排放燃烧室。

（4）2 级高压涡轮（采用先进气膜冷却技术及叶尖间隙主动控制技术），5 级低压涡轮。

（5）先进高效内外涵排气强制混合器。

（6）双通道全权限数字电子发动机控制系统，并具备发动机状态实时监控与故障诊断功能。

该发动机的技术参数、推力设置、应用机型及关键节点日期如表 1.3.36 和表 1.3.37 所示。

表 1.3.36　PW800 发动机的技术参数

发动机型号	PW810	发动机型号	PW810
风扇直径/mm	~1 300	基础发动机干质量/kg	1 423
涵道比	~5.5	长度/mm	2 690
总压比	N/A	高压转子最大转速/(r/min)	24 043
质量流量/(kg/s)	N/A	低压转子最大转速/(r/min)	6 240
巡航耗油率/[kg/(kgf·h)]	0.58		

表 1.3.37　PW800 发动机的推力设置、应用机型及关键节点日期

型　号		起飞推力/lbf(kN)	平直推力设置/℃	应用机型	取证日期	服役日期
PW800	814GA	15 429 (68.63)	ISA+18	湾流 G500	2017 年 2 月 14 日	
	815GA	16 011 (71.22)	ISA+18	湾流 G600	2017 年 2 月 14 日	

注：海平面静止状态，国际标准大气条件，无功率提取。

PW800 系列发动机的项目合作伙伴包括普惠加拿大公司和德国摩天宇航空发动机公司；后者占 15% 的股份，主要负责此型发动机的高压压气机和低压涡轮的研制。

1.3.20　PW600

普惠加拿大公司的 PW600 发动机是由涡扇和涡桨两类发动机组成的新系列，于 2000 年 8 月开始研制，具备一定范围内的等比例缩放系列化扩展能力，可覆盖更宽的起飞推力或起飞功率范围，并配有双通道全权数字电子控制系统。其中，PW600F 是专门为区域性点对点飞行的 10 座级以下轻型及超轻型喷气式飞机研制的涡扇发动机系列，起飞推力范围为 900~3 000 lbf(4.0~13.3 kN)；

此系列涡扇发动机结构设计紧凑、重量轻,主要设计特点包括采用双转子构型,两级高压压气机由单级高压涡轮驱动,单级先进气动设计风扇由单级低压涡轮驱动,短环形回流式高效燃烧室在降低污染物排放的同时可有效提高燃油的经济性,内外涵排气强制混合器可有效降低排气噪声并进一步降低燃油消耗率。

作为该系列的技术验证机,起飞状态推力为 2 500 lbf(11.1 kN)的首台 PW625 型发动机于 2001 年 10 月 31 日进行了首次地面试车,并于 2002 年进行了飞行测试。由此衍生出的发动机子系列为 PW617F,用于巴西航空工业“飞鸿”系列的飞鸿(Phenom)100 轻型喷气式飞机,如图 1.3.22 所示。目前另外的两个子系列 PW610F 和 PW615F 分别应用于美国日蚀飞机公司的日蚀(Eclipse)500 和塞斯纳(Cessna)飞机公司的“奖状”系列奖状野马(Citation Mustang)轻型喷气式飞机。

图 1.3.22　PW617F 发动机及其应用机型巴西航空“飞鸿”100 轻型喷气式飞机

左图引自: https://www. pwc. ca/en/products-and-services/products/business-aviation-engines/pw600

右图引自: https://executive. embraer. com/global/en/phenom-100ev

另外,尚未启动的 PW600P 涡桨发动机系列轴功率范围可为 500~2 000 hp(372.8~1 491.4 kW),专门为单发或双发的通航飞机研制。

PW600F 系列中等涵道比小推力涡扇发动机的基本构型如下:

(1) 1 级风扇、2 级高压压气机(1 级轴流和 1 级离心的组合式)。

(2) 环形回流式燃烧室。

(3) 1 级高压涡轮,1 级低压涡轮。

(4) 双通道全权限数字电子控制系统。

(5) 内外涵排气强制混合器。

注:无低压增压级。

该发动机的技术参数、推力设置、应用机型及关键节点日期如表 1.3.38 和表 1.3.39 所示。

表 1.3.38　PW600 发动机的技术参数

发动机型号	PW610F	PW615F	PW617F
风扇直径/mm	355.6	406.4	447.04
涵道比	1.83	2.8	2.7
总压比			
质量流量/(kg/s)			
巡航耗油率/[kg/(kgf·h)]	～0.67	0.66	0.66
基础发动机干质量/kg	117.62	140.61	176.9
长度/mm	1 168.4	1 257.3	1 257.3

表 1.3.39　PW600 发动机的推力设置、应用机型及关键节点日期

型号		起飞推力/lbf(kN)	平直推力设置/℃	应用机型	取证日期	服役日期
PW600	PW610F - A	950 (4.2)	ISA+10	日蚀 500	2006 年 8 月 23 日	
	PW615F - A	1 460 (6.5)	ISA+10	赛斯纳 510 奖状野马	2006 年 7 月 21 日	
	PW617F - E	1 780 (7.9)	ISA+10	巴西航空工业 飞鸿 100	2009 年 7 月 15 日	

注：海平面静止状态，国际标准大气条件，无功率提取。

PW600 系列发动机的项目合作伙伴包括普惠加拿大公司和意大利艾维欧公司。

1.3.21　PW500

普惠加拿大公司的 PW500 双转子涡扇发动机系列目前共有三个子系列的 8 个型号已经投入航线飞行，其起飞推力为 2 900～4 500 lbf(12.9～20.0 kN)，可满足区域航线的中型或轻型喷气式商务飞机动力系统需求，例如美国塞斯纳飞机公司的"奖状"系列 XLS＋和巴西航空工业公司的飞鸿 300 中型短途喷气式商务飞机，如图 1.3.23 所示。该系列发动机具有结构紧凑、重量轻、可靠性高、寿命长和运营维护成本低等特点，特别是其大修间隔期目前已增至 10 000 小时。

该系列发动机的主要技术特点包括：采用双转子构型，三级高压压气机（2 级轴流式与 1 级离心式的组合）由一级气冷高压涡轮驱动，两级低压涡轮驱动一级采用先进高效气动设计的钛合金整体叶盘风扇[配有 19 个宽弦弯掠风扇叶片，PW530A 直径为 584.2 mm(23 in)，PW545A 直径为 693.4 mm(27.3 in)]；PW535 和 PW545 系列还引入了一级低压增压级；环形回流式高效燃烧室在有

图 1.3.23　PW500 发动机及其应用机型巴西航空"飞鸿"300 喷气式商务飞机

左图引自：https://www. pwc. ca/en/products-and-services/products/business-aviation-engines/pw500

右图引自：https://executive. embraer. com/global/en/phenom-300e

效抑制碳和氮氧化物排放的同时，与内外涵排气强制混合器结合，显著降低了燃油消耗；部分较新型号采用的全权限数字电子控制系统与飞控系统紧密集成，显著缩短了发动机在运行状态的响应时间，有效地降低了飞控系统及飞行员的工作负荷，并具备发动机健康状态监测与故障诊断功能，明显地提高了飞机及发动机的待命时间。

PW500 系列发动机的基本构型如下：

（1）1 级轴流式整体叶盘风扇，19 片宽弦弯掠叶片。

（2）PW535 和 PW545 增加了 1 级低压增压级。

（3）3 级高压压气机由 2 级轴流式和 1 级离心式组成并全部采用整体叶盘。

（4）环形回流式低排放长寿命燃烧室。

（5）1 级高效气冷高压涡轮（PW545A 采用单晶叶片）。

（6）2 级带冠低压涡轮（PW545A 为三级）。

（7）覆盖发动机全长的外涵道机匣。

（8）具有机械液压备份的发动机电子控制系统，部分较新型号配有双通道全权限数字电子控制器。

该发动机的技术参数、推力设置、应用机型及关键节点日期如表 1.3.40 和表 1.3.41 所示。

PW500 系列发动机的项目合作伙伴包括普惠加拿大公司和德国摩天宇航空发动机公司。后者占 25% 的股份，自 1993 年起作为风险共担合作企业参与该系列发动机的研制，并负责包含出口机匣在内的低压涡轮装配体的研发和制造，以及内外涵排气强制混合器的研制。

表 1.3.40　PW500 发动机的技术参数

发动机型号	PW530	PW535	PW545
风扇直径/mm	584.2	665.5	693.4
涵道比	3.9~4.0		
总压比	19		
质量流量/(kg/s)	N/A		
巡航耗油率/[kg/(kgf·h)]	~0.65		
基础发动机干质量/kg	278~375		
长度/mm	1 524	1 689.1	1 727.2

表 1.3.41　PW500 发动机的推力设置、应用机型及关键节点日期

型　号		起飞推力/lbf(kN)	平直推力设置/℃	应用机型	取证日期	服役日期
PW500	PW530A	2 900 (12.9)	ISA+7.8	赛斯纳奖状布拉沃	1996 年 4 月	1996 年 6 月
	PW535A	3 400 (15.1)	ISA+7.8	赛斯纳奖状超级安可 & UC-35 C/D	1999 年 11 月	2000 年 5 月
	PW535B	3 400 (15.1)		赛斯纳奖状安可+	2006 年 12 月	
	PW535E	3 400 (15.1)		巴西航空工业飞鸿300	2009 年 12 月	
	PW545A	4 100 (18.3)	ISA+7.8	赛斯纳奖状优胜	1997 年 7 月	1998 年 7 月
	PW545B	4 100 (18.3)		赛斯纳奖状XLS	2004 年 1 月	
	PW545C	4 100 (18.3)		赛斯纳奖状XLS+	2008 年 5 月	

注：海平面静止状态，国际标准大气条件，无功率提取。

1.3.22　PW300

普惠加拿大公司研制的 PW300 系列涡扇发动机包括 PW305、PW306、PW307 和 PW308 四个子系列，共 13 个型号，起飞推力范围为 4 700~8 000 lbf (20.9~35.6 kN)，具有可靠性高、耐久性好、使用维护成本低等特点，可为中型长航程喷气式公务飞机提供动力，其详细应用情况见表 1.3.43，相应的典型应用机型见图 1.3.24。该系列发动机中较新型号采用了具有普惠公司专利技术的 TALON 先进低排放燃烧室,单级前置跨声速风扇气动设计采用了先进的激波附面层控制技术,同时部分型号使用了内外涵排气强制混合器,可保障发动机在运行过程中更清洁、更安静。该系列发动机的主要竞争机型包括美国霍尼韦尔公司的 ALF502 系列和 HTF7000 系列,以及英国罗罗公司的 AE3007 系列,分别见 1.4.1 节、1.4.2 节和 1.1.24 节。

图 1.3.24　PW308C 发动机及其应用机型达索猎鹰 2000S 型喷气式公务机

左图引自:https://www.pwc.ca/en/products-and-services/products/business-aviation-engines/pw300

右图引自:https://www.dassaultfalcon.com/en/Aircraft/Models/2000S/Pages/overview.aspx

　　该系列双转子发动机采用宽弦钛合金叶片单级前置风扇的两轴涡扇基本构型;5 级高压压气机由 4 级轴流式和 1 级离心式组合而成,且全部采用整体叶盘结构;环形轴向通流式 TALON 燃烧室采用普惠公司专利技术,外部冷气通过火焰筒表面气膜孔进入主燃区形成冲击加扩散冷却,可有效提高使用寿命,同时与高温燃气掺混后可改善局部火焰温度,有效抑制氮氧化物排放;两级气膜冷却高压涡轮基于普惠公司的 PW100 和 PW4000 商用发动机成功设计经验研制,并采用单晶涡轮叶片;3 级低压涡轮采用带冠叶片,并直接驱动风扇(低压转子冷端无低压增压级);部分型号采用了内外涵排气强制混合器;双冗余全权限数字电子发动机控制系统与飞控系统紧密集成,在提高发动机控制效率的同时有效降低了飞行员的任务负荷,并具备发动机健康状态智能检测与故障诊断功能。

　　PW300 系列涡扇发动机的首台技术验证机于 1988 年首次运转。PW306A 是该系列中的第一个推力增长型,在其前置机型的基础上,引入了部分重新设计的零部件,主要包括风扇直径增加了 25.4 mm(1 in),选用了使用温度更高的涡轮材料,并增加了内外涵排气强制混合器。而 PW308A 是进一步增推版,风扇直径增加了 38.1 mm(1.5 in)[注：PW305 的风扇直径为 778.51 mm(30.65 in)，PW306 的风扇直径为 803.91 mm(31.65 in)，PW308 的风扇直径为 841.25 mm (33.12 in)]。

PW300 系列发动机的基本构型如下：

(1) 1 级轴流式风扇、5 级高压压气机(4 级轴流与 1 级离心的组合形式)。

(2) 环形轴向通流式 TALON 燃烧室。

(3) 2 级高压涡轮、3 级低压涡轮。

(4) 双通道全权限数字电子控制系统。

该发动机的技术参数、推力设置、应用机型及关键节点日期如表 1.3.42 和表 1.3.43 所示。

表 1.3.42　PW300 发动机的技术参数

风扇直径/mm	778.51~843.28	巡航耗油率/[kg/(kgf·h)]	0.679~0.681
涵道比	3.8~4.3	基础发动机干质量/kg	450.82~473.52
总压比	19~21	长度/mm	1 651.0~2 070.1
质量流量/(kg/s)	N/A		

表 1.3.43　PW300 发动机的推力设置、应用机型及关键节点日期

型　号		起飞推力 /lbf(kN)	平直推力 设置/℃	应用机型	取证日期	服役日期
PW300	PW305	5 225 (23.2)	N/A	雷神 豪客 1000	1990 年 8 月	1992 年
	PW305A	4 579 (20.4)	ISA+18.9	庞巴迪 利尔喷气 60	1992 年 12 月	1993 年 1 月
	PW305B	5 266 (23.4)	ISA+8.5	雷神 豪客 1000	1993 年 1 月	1993 年 1 月
	PW306A	6 040 (26.9)	ISA+16	湾流 G200	1998 年 12 月	1999 年
	PW306B	6 050 (26.9)	ISA+16	仙童道尼尔 328Jet	1998 年 12 月	
	PW306C	5 992 (26.7)	ISA+15	赛斯纳奖状 君主		
	PW307A	6 400 (28.5)		达索猎鹰 7X		
	PW307D	6 400 (28.5)		达索猎鹰 8X		

型　号		起飞推力 /lbf(kN)	平直推力设置/℃	应用机型	取证日期	服役日期
PW300	PW308A	6 575 (29.2)	ISA＋22	雷神豪客 4000 地平线		
	PW308B	7 400 (32.9)	ISA＋23	仙童道尼尔 328Jet		
	PW308C	7 002 (31.1)	ISA＋23	达索猎鹰 2000 EX/DX/LX	2003 年 3 月	2003 年 4 月

注：海平面静止状态，国际标准大气条件，无功率提取。

　　PW300 系列发动机的项目合作伙伴包括普惠加拿大公司和德国摩天宇航空发动机公司。自 1985 年项目伊始，后者与普惠加拿大合作研制 PW300 系列涡扇发动机，为中型长航程喷气式公务飞机提供动力；拥有 PW305 型和 PW306型各 25％的股份，同时还拥有 PW307 型的 15％的股份；负责研制包含三级低压涡轮、出口机匣和排气强制混合器在内的装配体。

1.4　霍尼韦尔公司民用涡扇发动机

1.4.1　ALF502

　　美国霍尼韦尔公司的 ALF502 发动机于 1969 年投入使用，已应用于多种商务和行政飞机。它是一型高涵道比双转子涡轮风扇发动机，具有齿轮驱动的单级轴流风扇、两级轴流低压增压级、7 级轴流和单级离心式组合高压压气机及回流式燃烧室。

　　ALF502L 型是该系列发动机中的第一个版本，后续的衍生机型包括降低推力的 ALF502R 型发动机以及通过改变风扇叶片工作模式提高了高原使用性能的 ALF502L - 2 型发动机。另外，ALF502R - 5 型改进了第一级和第二级涡轮进口导向器；LF507 - 1H 与 ALF502R - 6 的结构相同，但在较低的推力水平下运行；LF507 - 1F 配备了全权限数字电子发动机控制系统，并引入了先进的高压压气机气动防喘控制功能。ALF502 发动机及其典型应用机型原英国宇航公司BAE146 客机如图 1.4.1 所示。

　　ALF502 双转子涡扇发动机的基本构型如下：

　　（1）1 级齿轮传动轴流风扇、2 级轴流低压压气机、7 级轴流和 1 级离心式组合高压压气机。

图 1.4.1　ALF502 发动机及其典型应用机型英国宇航公司 BAE146 客机

左图引自：https：//en. wikipedia. org/wiki/Lycoming_ALF_502

右图引自：https：//en. wikipedia. org/wiki/British_Aerospace_146

（2）环形回流式燃烧室。

（3）2 级高压涡轮、2 级低压涡轮。

该发动机的技术参数、推力设置、应用机型及关键节点日期如表 1.4.1 和表 1.4.2 所示。

表 1.4.1　ALF502 发动机的技术参数

风扇直径/mm	1 059.18	基本发动机干质量/kg	ALF502L	595
涵道比	5.0~5.71		ALF502R-3/3A/5	607
总压比	11.6~13.7		ALF502R-6	624
质量流量/(kg/s)	116.22	长度/mm	ALF502L	1 488.44
巡航耗油率/[kg/(kgf·h)]	0.729		ALF502R	1 442.72

表 1.4.2　ALF502 发动机的推力设置、应用机型及关键节点日期

型　号		起飞推力/lbf(kN)	平直推力设置/℃	应用机型	首次试车日期	取证日期	服役日期
ALF502L	-1	7 500 (33.4)	ISA+15	庞巴迪挑战者 600		1980 年 2 月	1980 年 12 月
	-2	7 500 (33.4)	ISA+15	庞巴迪挑战者 600		1980 年 2 月	1980 年 12 月
	-2A	7 500 (33.4)	ISA+15	庞巴迪挑战者 600		1983 年 1 月	
	-2C	7 500 (33.4)	ISA+15	庞巴迪挑战者 600		1983 年 8 月	
	-3	7 500 (33.4)	ISA+15	庞巴迪挑战者 600		1982 年 11 月	

（续表）

型　号	起飞推力 /lbf(kN)	平直推力 设置/℃	应用机型	首次试车 日期	取证日期	服役日期
ALF502R -3	6 700 (29.8)	ISA+15	BAE 146		1981 年 6 月	
ALF502R -3A	6 970 (31.0)	ISA+15	BAE 146		1983 年 1 月	
ALF502R -4	6 970 (31.0)	ISA+15	BAE 146		1982 年 4 月	
ALF502R -5	6 970 (31.0)	ISA+15	BAE 146		1982 年 7 月	
ALF502R -6	7 500 (33.4)	ISA+15	BAE 146		1984 年 12 月	
LF507 -1H	7 000 (31.1)	ISA+23	阿芙罗 RJ 70/85/100		1991 年 10 月	1993 年 4 月
LF507 -1F	7 000 (31.1)	ISA+23	阿芙罗 RJ 70/85/100		1992 年 3 月	1993 年 4 月

注：海平面静止状态，国际标准大气条件，无功率提取。

1.4.2 AS900/HTF7000

霍尼韦尔公司为降低其发动机产品结构复杂性，在 LF507 发动机的基础上，通过减少零部件数目，研发出了 AS900 系列双转子涡扇发动机；其用新设计取代了 ALF 系列发动机的部分结构，采用了轴向斜流式燃烧室并取消了风扇传动齿轮箱。AS900 系列发动机的主要设计特点包括 1 级轴流风扇（采用 22 片无凸肩宽弦钛合金锻造叶片）、4 级可调导叶轴流低压压气机、1 级离心式高压压气机、环形斜流燃烧室、2 级高压涡轮、3 级低压涡轮，并配备了全权限数字电子控制系统。此研发项目于 1998 年 9 月启动，随后完成了 AS907 和 AS977 首批发动机的研制，并且具备改型研制为更大推力发动机的潜力。其中，AS907 是在高海拔使用环境下具有更大推力的发动机。另外，为增加起飞推力，AS977-1A 型发动机采用了略微增大的空气流量。为英国阿芙罗（Avro）RJX 飞机研制的 AS977 发动机因飞机研制进度被延期，并最终取消。AS907 型发动机于 2004 年更名为 HTF7000，应用于庞巴迪挑战者（Challenger）CL300 系列商务机，如图 1.4.2 所示。

AS900 双转子涡扇发动机的基本构型如下：

（1）1 级轴流风扇、4 级轴流低压压气机、1 级离心式高压压气机。

图 1.4.2　HTF7000 发动机及其应用机型庞巴迪挑战者 CL300 商务机

左图引自：https://aerospace.honeywell.com/en/learn/products/engines/htf7000-turbofan-engine

右图引自：https://sites.businessaircraft.bombardier.com/zh-hans

（2）环形燃烧室。

（3）2 级高压涡轮、3 级低压涡轮。

该发动机的技术参数、推力设置、应用机型及关键节点日期如表 1.4.3 和表 1.4.4 所示。

表 1.4.3　HTF7000 发动机的技术参数

风扇直径/mm	868.68	巡航耗油率/[kg/(kgf·h)]	0.641
涵道比	4.2	发动机干质量/kg	619.26
总压比	21(907),29(977)	长度/mm	2 346.96
质量流量/(kg/s)	N/A		

表 1.4.4　HTF7000 发动机的推力设置、应用机型及关键节点日期

型　号		起飞推力/lbf(kN)	平直推力设置/℃	应用机型	首次试车日期	取证日期	服役日期
AS900	907（HTF 7000）	6 500（28.9）	ISA+15	庞巴迪挑战者 CL300		2002 年 6 月	2004 年 1 月
	977	7 092（31.5）	ISA+15	BAE 阿芙罗 RJX		随飞机项目最终被取消	

注：海平面静止状态，国际标准大气条件，无功率提取。

AS900 系列发动机的项目合作伙伴包括美国霍尼韦尔公司、汉翔航空工业公司、奥伦达公司、新加坡宇航技术公司和西班牙涡轮发动机工业公司。

1.4.3　TFE731

霍尼韦尔公司 TFE731 双转子小推力涡扇发动机主要为行政、公务及商务

喷气飞机而设计,该发动机结构纵剖图及其典型应用机型美国雷神(Raytheon)公司豪客(Hawker)800XP 公务机如图 1.4.3 所示。相较于霍尼韦尔公司的ALF502 系列涡扇发动机,TFE731 取消了用于驱动风扇的齿轮箱。其基本构型为:1 级风扇、4 级低压增压级、1 级离心式高压压气机、1 级高压涡轮和 3 级低压涡轮。该系列中 TFE731-3 型提高了涡轮前温度;TFE731-3A 型使用改进的风扇;TFE731-3C 型具有更好的高、低压涡轮冷却系统。TFE731-5 型采用了混合排气尾喷口以提高推进效率,重新设计了低压涡轮,并使用了发动机数字电子控制器;TFE731-5A 型也采用了内外涵道混合排气尾喷口;TFE731-20型具有与 TFE731-5 型相同的风扇,并使用了新的高压压气机、高压涡轮和全权限发动机数字电子控制系统;TFE731-60 型具有与 TFE731-40 型相同的核心机,但采用了更大直径的风扇,以达到更高的涵道比,并重新引入了用于驱动风扇的新齿轮箱。另外,该公司还计划开发 AS903、AS904 和 AS905(HTF3000、HTF4000 和 HTF5000)作为 TFE 发动机的后继机型。

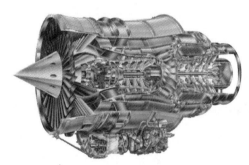

图 1.4.3　TFE731 系列发动机结构纵剖图及其典型应用机型豪客 800XP 公务机

左图引自:https://aerospace.honeywell.com/en/learn/products/engines/tfe731
右图引自:https://magellanjets.com/blog/pilot-review-hawker-800xp.html

TFE731 系列发动机的基本构型如下:

(1) 1 级风扇、4 级低压压气机和 1 级离心式高压压气机。

(2) 环形回流式燃烧室。

(3) 1 级高压涡轮和 3 级低压涡轮。

该发动机的技术参数、推力设置、应用机型及关键节点日期如表 1.4.5 和表 1.4.6 所示。

TFE731 系列发动机的项目合作伙伴包括美国霍尼韦尔公司、汉翔航空工业公司和瑞典沃尔沃航空航天公司(拥有 TEF731-5 型发动机生产项目 5.6%的股份)。

表 1.4.5　TFE731 发动机的技术参数

风扇直径/mm	716.28~780.542	巡航耗油率/[kg/(kgf·h)]	0.663~0.791
涵道比	2.66~3.9	发动机干质量/kg	337.32~448.55
总压比	14.0~17.8	长度/mm	1 431.04~2 313.94
质量流量/(kg/s)	51.302~84.898		

表 1.4.6　TFE731 发动机的推力设置、应用机型及关键节点日期

型　号	起飞推力/lbf(kN)	平直推力设置/℃	应用机型	首次试车日期	取证日期	服役日期
-2	3 500 (15.6)	ISA+7	猎鹰 10，利尔喷气 35/36		1972 年 8 月	1972 年 8 月
-2A	3 600 (16.0)	ISA+8	AVIC JL8/K8E		1988 年 9 月	
-2B	3 500 (15.6)	ISA+ 10.6	潘帕 200，利尔喷气 C-1A/ 31/35/36		1988 年 9 月	
-2C			潘帕 IA-63 喷气式高级教练机			
-3	3 700 (16.5)	ISA+ 9.4	洛克希德喷气星 Ⅰ & Ⅱ 达索猎鹰 50 雷神豪客 125-400/600/700 IAI 空中指挥官 1124 西风 佩刀客机 65/65A/ C-101BB/1A63		1974 年 9 月	1974 年 12 月
-3A	3 700 (16.5)		利尔喷气 55，IAI 阿斯特 1125		1981 年 1 月	
-3B	3 650 (16.2)	ISA+ 6.1	赛斯纳奖状 Ⅲ & Ⅵ		1981 年 3 月	
-3C	3 650 (16.2)	ISA+ 6.1	赛斯纳奖状 Ⅲ & Ⅵ IAI 阿斯特 1125		1993 年 1 月	
-3D	3 700 (16.5)	ISA+ 9.4	赛斯纳奖状 Ⅲ & Ⅵ IAI 阿斯特 1125，利尔喷气 55		1994 年 10 月	

(型号列左侧：TFE731)

（续表）

型 号		起飞推力/lbf(kN)	平直推力设置/℃	应用机型	首次试车日期	取证日期	服役日期
TFE731	-4	4 080 (18.1)	ISA+9.4	赛斯纳奖状Ⅶ，信天翁 L139		1991年11月	
	-5	4 304 (19.1)	ISA+8	雷神豪客 125-800，CASA C101		1983年11月	
	-5A	4 500 (20.0)	ISA+8	猎鹰 900，猎鹰 20(升级型)		1984年12月	
	-5B	4 750 (21.1)	ISA+10	猎鹰 900B，猎鹰 20(升级型)		1991年2月	
				雷神豪客 750/800/800XP			
	-20	3 650 (16.2)	ISA+15	利尔喷气 40/45/45XR		1997年4月	1998年7月
	-40	4 250 (18.9)	ISA+10	IAI 阿斯特 SPX，猎鹰 50EX		1999年7月	2001年2月
	-50			湾流 G150			
	-60	5 000 (22.2)	ISA+17	猎鹰 900EX		1995年5月	

注：海平面静止状态，国际标准大气条件，无功率提取。

1.5 赛峰公司民用涡扇发动机

Silver Crest

银冠(Silver Crest)双转子涡扇发动机是法国赛峰集团航空发动机公司正在为大中型超级公务机研制的新一代动力系统，起飞推力范围为 9 500～12 000 lbf（约 42～53 kN），可为法国达索(Dassault)集团猎鹰(Falcon)系列的 5X、美国德事隆(Textron)集团塞斯纳奖状系列的经度(Longitude)和半球(Hemisphere)等长航程大机舱商务机提供动力，如图 1.5.1 所示。

银冠发动机项目于 2006 年正式启动，融合了赛峰集团在军民用航空推进系统研发过程中积累的先进技术和成熟经验，采用了诸多已经 LEAP 等发动机验证的前沿科技，包括三维空气动力学设计、主动间隙控制、前瞻性维修保障系统等，发动机基本构型得到了优化并且零件数明显降低。相对于现役同等推力的竞争机型，银冠发动机燃油消耗率降低了 15%，氮氧化物较 CAEP-6 标准裕度预计可达 50%，噪声指标较 Stage-Ⅳ标准裕度下限预计可达 20EPNdB。

图 1.5.1　赛峰银冠发动机结构纵剖图及其应用机型
塞斯纳"奖状-经度"中型公务机

左图引自：https：//www. safran-aircraft-engines. com/commercial-engines/business-jet/
silvercrestr
右图引自：https：//cessna. txtav. com/en/citation/longitude

银冠发动机的基本构型如下：

（1）1 级轴流风扇（采用实心宽弦弯掠叶片）、4 级低压增压级、4 级轴流（整体叶盘）和 1 级离心组合式高压压气机。

（2）环形回流式低排放燃烧室。

（3）1 级高压涡轮、4 级低压涡轮。

（4）全权限数字电子控制系统。

该发动机的技术参数、推力设置、应用机型及关键节点日期如表 1.5.1 和表 1.5.2 所示。

表 1.5.1　赛峰银冠发动机的技术参数

风扇直径/mm	1 080	巡航耗油率/[kg/(kgf·h)]	0.635（估计）
涵道比	～5.9	发动机干质量/kg	～1 040
总压比	～28	长度/mm	～1 900
质量流量/(kg/s)	N/A		

表 1.5.2　赛峰银冠发动机的推力设置、应用机型及关键节点日期

型　号	起飞推力/lbf(kN)	平直推力设置/℃	应用机型	首次试车日期	取证日期	服役日期
SilverCrest	9 500～12 000 (42.3～53.4)	ISA+15	猎鹰 5X，奖状经度/半球	2012 年9 月	待定	待定

注：海平面静止状态，国际标准大气条件，无功率提取。

法国达索集团在 2017 年底宣布，由于赛峰集团开发的银冠发动机多次因技术问题延误,影响了该公司猎鹰 5X 商务机的商业计划,故决定取消了以银冠为动力的"猎鹰 5X"项目。此外,美国德事隆集团航空事业部门在 2018 年 4 月也宣布,因该发动机的延误,而暂时停止其经度和半球公务机项目。所以,银冠前景并不乐观。

银冠发动机项目的参研单位包括赛峰集团斯奈克玛公司和透博梅卡公司等。

1.6　国际合资企业民用涡扇发动机

CFM 国际公司

1.6.1　LEAP - 1A

LEAP 系列高涵道比涡扇发动机是 CFM 公司推出的新一代窄体客机动力系统,起飞推力为 20 000~35 000 lbf(89.0~155.7 kN)范围,是该公司著名的 CFM56 系列发动机的现代化升级,将与普惠公司的齿轮传动涡扇发动机 PW1000 系列竞争单通道窄体干线客机动力市场,可为空客 A320neo、波音 737MAX 和中国商飞(COMAC)C919 新单通道客机提供动力。

CFM 公司成立于 1974 年,由美国通用电气公司和法国赛峰集团斯奈克玛航空发动机子公司共同出资建立,双方各占 50% 股份;其研制的应用于窄体客机的 CFM56 系列发动机自 20 世纪 80 年代进入航线服役以来,经不断技术革新,已成为该市场领域最畅销的发动机,获得了巨大的商业成功。CFM 公司希望 LEAP 系列发动机可以再现并延续这一光荣传统;截至 2017 年底,用于上述三型客机的 LEAP 发动机总订单数累积已超过 12 200 台。该公司统计数据显示,2018 年共制造了超过 1 100 台 LEAP 发动机,2019 年至少再生产 1 800 台,而 2020 年后年产量将超过 2 000 台。

LEAP 的全称为"Leading Edge Aviation Propulsion",此"领先民用航空推进"技术项目所引入的革新性成果部分源于 2005 年启动的 LEAP56 先进推进技术预研项目。作为 CFM56 - 5B 和 CFM56 - 7B 的后继机型,LEAP - X 原型机研制项目于 2008 年 7 月 13 日正式启动。量产型 LEAP 发动机包括 LEAP - 1A、LEAP - 1B 和 LEAP - 1C 三个子系列,分别应用于空客 A320neo、波音 737MAX 和中国商飞 C919 新单通道窄体客机。其中,LEAP - 1A 型发动机研制项目于 2010 年启动;2013 年首台发动机开始整机试验,其后飞行试验于 2014 年开始,并于 2015 年 11 月 20 日获得 FAA 和 EASA 联合适航认证;该型发动机随土耳其飞马座航空公司的空客 A320neo 客机于 2016 年 7 月 21 日进入航线服役,用于空客 A321neo 的版本则于 2017 年 4 月 20 日随维珍美国航空公司接收的客机进入航线服役。LEAP‐1A 型发动机及其应用机型空客 A320neo 客机如图 1.6.1 所示,LEAP‐1B 和 LEAP‐1C 型分别参见后续 1.6.2 节和 1.6.3 节。

图 1.6.1　LEAP‐1A 发动机结构纵剖图及其应用机型空客
A320neo 新单通道窄体客机

左图引自:https://www.cfmaeroengines.com/engines/leap
右图引自:https://www.airbus.com/aircraft/passenger-aircraft/a320-family/a320neo.html

　　LEAP 系列发动机融合了美国 GE 公司和法国赛峰公司在航空发动机领域 40 余年不间断地研发投入和使用维护经验的结晶。为满足未来更加严峻的市场竞争和更加严格的环保要求,该系列发动机采用了更高的热力循环参数和更先进的技术设计,包括采用更高的涵道比、总增压比和涡轮前温度,更先进的三维空气动力学设计以及使用了更多的轻质材料。其三维复合弯掠宽弦风扇叶片采用碳纤维编织树脂传递模塑(resin transfer moulding,RTM)成型工艺,具有更好的柔韧性,可保证风扇叶片即使在更高的转速下运行也不会出现扭曲变形。高压压气机采用多级整体叶盘结构,高压涡轮采用陶瓷基复合材料和先进的冷却技术。同时,该系列发动机还采用了第二代双环腔预混旋流低排放燃烧室(TAPS‐II)以及由 GEnx 发动机缩比而来的低压涡轮系统。其采用增材制造的燃油喷嘴是全球首个获得适航认证的金属 3D 打印航发零部件;相较于传统制造工艺,其重量降低 25%,耐久性提高 5 倍,而零件数由原来的 20 件整合为一体。另外,LEAP 发动机也配有在 GEnx 发动机中采用的可变涵道比调节阀,通过自然旋流效应可将内涵道气流中的冰雹和沙尘等异物在进入高压压气机之前排出,以有效保护核心机;LEAP 发动机也采用了类似 GEnx 发动机使用的基于射流器的滑油冷却系统,可通过文丘里效应改善滑油的冷却效果。相对于目前的 CFM56 系列发动机的最新型号,LEAP 系列发动机的燃油消耗率和二氧化碳排放降低了 15％，同时氮氧化物排放较 CAEP‐6 标准的裕度可达 50％，噪声指标满足 ICAO Annex. 16 Vol. 1(Chap. 14)的最新要求。

LEAP‐1A 型为双转子轴流式高涵道比涡扇发动机，其基本构型如下：

(1) 1 级风扇、3 级低压压气机、10 级高压压气机。

(2) TAPS‐Ⅱ双环腔预混旋流先进低排放燃烧室。

(3) 2 级高压涡轮、7 级低压涡轮。

(4) 第四代双通道全权限数字电子控制系统(FADEC‐Ⅳ)。

该发动机的技术参数、推力设置、应用机型及关键节点日期如表 1.6.1 和表 1.6.2 所示。

表 1.6.1　LEAP‐1A 发动机的技术参数

风扇直径/mm	1 981	长度* /mm	3 328
涵道比	11	最大宽度/mm	2 533/2 543
总压比	40	最大高度/mm	2 362/2 368
质量流量/(kg/s)	N/A	高压转子转速(100%)/(r/min)	16 645
巡航耗油率/[kg/(kgf • h)]	～0.48	低压转子转速(100%)/(r/min)	3 855
基础发动机质量(含燃滑油)/kg	2 990～3 008		

* 从风扇机匣前法兰端面至涡轮后支撑尾部法兰端面的距离。

表 1.6.2　LEAP‐1A 发动机的推力设置、应用机型及关键节点日期

型　号	起飞推力/lbf(kN)	平直推力设置/℃	应用机型	首次试车日期	取证日期	服役日期
	23	24 010 (106.8)	ISA+15	空客 A319neo		2016 年 3 月 11 日	
	24/24E1	24 010 (106.8)	ISA+15/ 25	空客 A319neo，空客 A320neo		2016 年 3 月 11 日	
LEAP‐ 1A	26/26CJ/ 26E1	27 120 (120.6)	ISA+14/ 14/19	空客 A320neo，空客 A319neo		2016 年 3 月 11 日	2016 年 7 月 21 日
	29/29CJ	29 290 (130.3)	ISA+21	空客 A320neo，空客 A319neo		2018 年 5 月 30 日	
	30/32/ 33/33B2	32 160 (143.1)	ISA+15	空客 A321neo		2016 年 3 月 11 日	
	35A	32 160 (143.1)	ISA+15	空客 A321neo	2013 年 9 月 4 日	2015 年 11 月 20 日	2017 年 4 月 20 日

注：海平面静止状态，国际标准大气条件，无功率提取。

　　LEAP 发动机的项目合作伙伴包括美国 GE 公司和法国赛峰集团斯奈克玛公司等。

1.6.2　LEAP - 1B

　　LEAP 系列发动机源自 2005 年 6 月 CFM 公司在巴黎航展期间正式启动的 LEAP56 新一代涡扇发动机技术研发计划;2008 年 7 月 13 日,LEAP - X 原型机项目正式启动。该系列发动机采用的革新技术及可达到的先进性能指标见 1.6.1 节。

　　2011 年 11 月 14 日,波音公司将 LEAP - 1B 型指定为其波音 737 - MAX 系列新一代窄体客机唯一动力系统。此后,首台 LEAP - 1B 型发动机于 2014 年 6 月 18 日首次运转并开始地面试车,并于 2015 年 4 月 29 日搭载 GE 公司波音 747 - 100 飞行测试平台首飞,进入飞行测试。2016 年 5 月 4 日,LEAP - 1B28 型发动机获得 EASA 和 FAA 双向适航认证。2016 年 1 月 29 日,由 LEAP - 1B 发动机提供动力的波音 737 - MAX - 8 型客机(见图 1.6.2)首飞,并于 2017 年 3 月 9 日获得 FAA 适航认证;2017 年 5 月 23 日,进入马来西亚马印航空公司 (Malindo Air)航线服役。另外,2017 年 4 月 13 日,配装该发动机的波音 737 - MAX - 9 客机首飞。

图 1.6.2　LEAP - 1B 发动机及其应用机型波音 737 - MAX - 8 新单通道窄体客机
左图引自:https://www.cfmaeroengines.com/engines/leap
右图引自:http://www.boeing.com/commercial/737max

　　LEAP - 1B 型为双转子轴流式高涵道比涡扇发动机,其基本构型如下:

　　(1) 1 级风扇、3 级低压压气机、10 级高压压气机。

　　(2) TAPS - II 双环腔预混旋流先进低排放燃烧室。

　　(3) 2 级高压涡轮、5 级低压涡轮。

　　(4) 第四代双通道全权限数字电子控制系统(FADEC - IV)。

该发动机的技术参数、推力设置、应用机型及关键节点日期如表 1.6.3 和表 1.6.4 所示。

表 1.6.3　LEAP‑1B 发动机的技术参数

风扇直径/mm	1 753	长度** /mm	3 147
涵道比	9	最大宽度/mm	2 421
总压比	40	最大高度/mm	2 256
质量流量/(kg/s)	N/A	高压转子转速(100%)/(r/min)	17 167
巡航耗油率/[kg/(kgf·h)]	～0.49	低压转子转速(100%)/(r/min)	4 397
发动机干质量*/kg	2 780		

* 包含安装在发动机上的基本附件系统。
** 从风扇机匣前法兰端面至涡轮后支撑尾部法兰端面的距离。

表 1.6.4　LEAP‑1B 发动机的推力设置、应用机型及关键节点日期

型　号		起飞推力/lbf(kN)	平直推力设置/℃	应用机型	首次试车日期	取证日期	服役日期
	1B21	25 014 (111.3)	ISA+15	波音 737‑MAX‑7		2018 年 5 月 30 日	
	1B23	25 907 (115.2)	ISA+15	波音 737‑MAX‑7		2018 年 5 月 30 日	
LEAP‑1B	1B25	26 786 (119.2)	ISA+15	波音 737‑MAX‑8/9		2017 年 2 月 17 日	
	1B27	28 037 (124.7)	ISA+15	波音 737‑MAX‑8/9		2017 年 2 月 17 日	
	1B28	29 317 (130.4)	ISA+15	波音 737‑MAX‑8/9/10	2014 年 6 月 18 日	2016 年 5 月 4 日	2017 年 5 月 23 日

注：海平面静止状态，国际标准大气条件，无功率提取。

LEAP 系列发动机项目合作伙伴见 1.5.1 节。

1.6.3　LEAP‑1C

LEAP 系列发动机针对商用窄体干线客机动力需求研制，推力范围为 20 000～35 000 lbf(89.0～155.7 kN)。同时，作为新一代常规构型双转子涡扇发动机，LEAP 系列通过降低燃油消耗率和用户在发动机全寿命周期的投入，将能效标准和经济效益提高到新的水平。该系列发动机广泛采用先进革新技术（见 1.6.1 节），相较于 CFM56 等上一代发动机，其燃油消耗率和碳氧化物排放降低 15%，氮氧化物排放较 CAEP‑6 标准要求的裕度可达 50%，噪声指标可满足 ICAO Annex. 16 Vol.1(Chap.14)标准的最新要求。

该系列中用于我国新型客机 C919 的 LEAP - 1C 型发动机项目于 2009 年正式启动,2013 年首台发动机运转并进行了全面的地面测试,2014 年开始在飞行测试平台上进行飞行试验,并于 2016 年 12 月 21 日获得 EASA 适航许可;2017 年 5 月 5 日,配装该型发动机的 C919 首架机成功首飞;目前正在由中国商用飞机有限责任公司所属的上海飞机设计研究院进行系统全面的飞行测试,预计于 2020 年前后进入航线服役。

图 1.6.3 LEAP - 1C 发动机及其应用机型中国商飞 C919 新单通道窄体客机

左图引自:https://www.cfmaeroengines.com/engines/leap
右图引自:http://www.comac.cc/cpyzr/c919

LEAP - 1C 型为双转子轴流式高涵道比涡扇发动机,其基本构型如下:

(1) 1 级风扇、3 级低压压气机、10 级高压压气机。

(2) TAPS - II 双环腔预混旋流先进低排放燃烧室。

(3) 2 级高压涡轮、7 级低压涡轮。

(4) 第四代双通道全权限数字电子控制系统(FADEC - IV)。

该发动机的技术参数、推力设置、应用机型及关键节点日期如表 1.6.5 和表 1.6.6 所示。

表 1.6.5 LEAP - 1C 发动机的技术参数

风扇直径/mm	1 981	长度** /mm	4 505
涵道比	11	最大宽度/mm	2 659
总压比	40	最大高度/mm	2 714
质量流量/(kg/s)	N/A	高压转子转速(100%)/(r/min)	16 645
巡航耗油率/[kg/(kgf·h)]	~0.48	低压转子转速(100%)/(r/min)	3 855
发动机干质量* /kg	3 929/3 935		

* 含反推装置。

** 从风扇罩铰链梁前端至内涵道排气段尾部的距离。

表 1.6.6　LEAP－1C 发动机的推力设置、应用机型及关键节点日期

型　号		起飞推力/lbf(kN)	平直推力设置/℃	应用机型	首次试车日期	取证日期	服役日期
LEAP－1C	1C28	29 220 (130.0)	ISA+15	COMAC C919		2016 年 12 月 21 日	预计于 2020 年
	1C30/ 30B1	30 830 (137.1)	ISA+15	COMAC C919	2013 年 9 月 4 日	2016 年 12 月 21 日	预计于 2020 年

注：海平面静止状态，国际标准大气条件，无功率提取。

LEAP 系列发动机项目合作伙伴见 1.6.1 节。

1.6.4　CFM56－2

法国赛峰集团斯奈克玛航空发动机子公司与美国 GE 公司在 CFM56 系列发动机上的合作始于 1971 年 6 月，GE 提供 F101 发动机的核心机(9 级高压压气机和单级气冷高压涡轮)。斯奈克玛提供风扇(44 个叶尖带冠叶片)，3 级增压压气机，4 级低压涡轮(叶尖带冠)，附件齿轮箱及安装设计。GE 负责双方设计工作的一体化集成和燃油控制。该发动机首次应用是为道格拉斯 DC8－60 飞机换发，使其达到该系列飞机超 70 型(Super 70)的标准。CFM56－2 型发动机及其典型应用机型 DC8－70 客机如图 1.6.4 所示。

图 1.6.4　CFM56－2 型发动机及其典型应用机型 DC8－70 型客机

左图引自：https://www.cfmaeroengines.com/engines/cfm56
右图引自：https://en.wikipedia.org/wiki/Douglas_DC-8

CFM56－2 型发动机的基本构型如下：

(1) 1 级风扇、3 级低压压气机、9 级高压压气机。

(2) 环形燃烧室。

(3) 1 级高压涡轮、4 级低压涡轮。

该发动机的技术参数、推力设置、应用机型及关键节点日期如表 1.6.7 和

表 1.6.8 所示。

表 1.6.7　CFM56‑2 发动机的技术参数

风扇直径/mm	1 734.82	巡航耗油率/[kg/(kgf·h)]	0.67
涵道比	6	发动机干质量/kg	2 104.29
总压比	24.7	长度/mm	2 430.78
质量流量/(kg/s)	357.75		

表 1.6.8　CFM56‑2 发动机的推力设置、应用机型及关键节点日期

型　号	起飞推力 /lbf(kN)	平直推力 设置/℃	应用机型	首次试车 日期	取证日期	服役日期
‑2C1	24 000 (106.8)	ISA+15	DC‑8‑70, KC135, E‑3/ KE‑3/E‑6		1979 年 11 月	1982 年 4 月
CFM56 ‑2B1	22 000 (97.9)	ISA+17	KC135A/R/K, C135‑CFR		1982 年 6 月	1984 年
‑2A	24 000 (106.8)	ISA+20	E‑3/E‑3D/ KE‑3/E‑6		1985 年 6 月	1986 年 5 月

注：海平面静止状态，国际标准大气条件，无功率提取。

CFM56 系列发动机的项目合作伙伴包括法国斯奈克玛公司和美国 GE 公司。

1.6.5　CFM56‑3

该型发动机在结构上与 CFM56‑2 型相似，但减小了风扇尺寸。CFM56‑3B1 型最初用于波音 737‑300 飞机，之后在 1990 年减推至 18 500 lbf(82.3 kN) 以驱动波音 737‑500 飞机。CFM56‑3B2 为可在高温高原机场使用的型号，重新设定了额定推力，装配在波音 737‑300 和波音 737‑400 型飞机上。CFM56‑3C1 型可供全部波音 737 系列单通道窄体客机选用。此型发动机于 2002 年取得认证，其核心技术升级包括三维气动设计应用于高压压气机和高压涡轮，并提高了耐久性。CFM56‑3 型发动机及其应用机型波音 737‑300 客机如图 1.6.5 所示。

CFM56‑3 型发动机的基本构型如下：

(1) 1 级风扇、3 级低压压气机、9 级高压压气机。

(2) 环形燃烧室。

(3) 1 级高压涡轮、4 级低压涡轮。

该发动机的技术参数、推力设置、应用机型及关键节点日期如表 1.6.9 和表 1.6.10 所示。

图 1.6.5　CFM56‑3 型发动机及其应用机型波音 737‑300 型窄体客机

左图引自：https://www.cfmaeroengines.com/engines/cfm56
右图引自：https://en.wikipedia.org/wiki/Boeing_737_Classic

表 1.6.9　CFM56‑3 发动机的技术参数

风扇直径/mm	1 524	巡航耗油率/[kg/(kgf·h)]	0.661
涵道比	5	发动机干质量/kg	1 952.65
总压比	28.8	长度/mm	2 362.2
质量流量/(kg/s)	297.37～322.34		

表 1.6.10　CFM56‑3 发动机的推力设置、应用机型及关键节点日期

型号		起飞推力/lbf(kN)	平直推力设置/℃	应用机型	首次试车日期	取证日期	服役日期
CFM56	‑3B1	20 000 (89.0)	ISA+15	波音 737‑300/500		1984 年 1 月	1984 年 12 月
	‑3B2	22 000 (97.9)	ISA+15	波音 737‑300/400		1984 年 6 月	
	‑3C1	23 500 (104.5)	ISA+15	波音 737‑300/400/500		1986 年 12 月	

注：海平面静止状态，国际标准大气条件，无功率提取。

CFM56 系列发动机的项目合作伙伴见 1.6.4 节。

1.6.6　CFM56‑5A

此型发动机重新使用 CFM56‑2 型的风扇直径，但采用 36 个带减振凸肩的钛合金叶片。增加了一级增压压气机（共 4 级）并改进了叶片气动性能。此外，新增了全权限数字电子发动机控制系统和叶尖间隙控制。该型发动机于 1984 年为空客 A320 单通道客机项目而启动，如图 1.6.6 所示。

CFM56‑5A 型发动机的基本构型如下：

（1）1 级风扇、4 级低压压气机、9 级高压压气机。

图 1.6.6   CFM56-5A 发动机及其应用机型空客 A320 单通道窄体客机

左图引自：https：//www.cfmaeroengines.com/engines/cfm56
右图引自：https：//www.airbus.com/aircraft/passenger-aircraft/a320-family/a320ceo.html

（2）环形燃烧室。

（3）1 级高压涡轮、4 级低压涡轮。

（4）全权限数字电子控制系统。

该发动机的技术参数、推力设置、应用机型及关键节点日期如表 1.6.11 和表 1.6.12 所示。

表 1.6.11   CFM56-5A 发动机的技术参数

风扇直径/mm	1 734.82	巡航耗油率/[kg/(kgf·h)]	0.597
涵道比	6	发动机干质量/kg	2 258.65
总压比	31.2	长度/mm	2 423.16
质量流量/(kg/s)	370.46~397.70		

表 1.6.12   CFM56-5A 发动机的推力设置、应用机型及关键节点日期

型　号		起飞推力/lbf(kN)	平直推力设置/℃	应用机型	首次试车日期	取证日期	服役日期
CFM56	-5A1	25 000 (111.2)	ISA+15	空客 A320	1987 年 8 月		1988 年 8 月
	-5A3	26 500 (117.9)	ISA+15	空客 A320		1990 年 2 月	
	-5A4	22 000 (97.9)	ISA+30	空客 A319		1996 年 2 月	
	-5A5	23 500 (104.5)	ISA+22.2	空客 A319		1996 年 2 月	

注：海平面静止状态，国际标准大气条件，无功率提取。

CFM56 系列发动机的项目合作伙伴见 1.6.4 节。

1.6.7　CFM56 - 5B

CFM56 - 5B 型发动机是 CFM56 系列中为空客 A321 飞机而设计的推力成长型的版本,额定起飞推力增加至 31 000 lbf(137.9 kN),如图 1.6.7 所示。其中,与 CFM56 - 5B 系列中其他单环形燃烧室发动机相比,为进一步降低氧化氮排放,CFM56 - 5B2 发动机可选配双环腔燃烧室,尽管只有少数用户采用了这个配置。CFM56 - 5B2 双环形燃烧室发动机于 1994 年 9 月取证,1995 年 1 月随空客 A321 投入服役。CFM56 - 5B3 发动机于 1997 年进入服役为空客 A321 长航程机型提供动力。CFM56 - 5B/P 发动机的高压压气机、高压涡轮和低压涡轮叶片引入了三维气动设计。

图 1.6.7　CFM56 - 5B 发动机及其应用机型空客 A321 单通道窄体客机

左图引自: https://www.cfmaeroengines.com/engines/cfm56
右图引自: https://www.airbus.com/aircraft/passenger-aircraft/a320-family/a321ceo.html

CFM56 - 5B 型发动机的基本构型如下:

(1) 1 级风扇、4 级低压压气机、9 级高压压气机。

(2) 环形燃烧室。

(3) 1 级高压涡轮、4 级低压涡轮。

该发动机的技术参数、推力设置、应用机型及关键节点日期如表 1.6.13 和表 1.6.14 所示。

表 1.6.13　CFM56 - 5B 发动机的技术参数

风扇直径/mm	1 734.82	巡航耗油率/[kg/(kgf · h)]	0.597
涵道比	5.5	发动机干质量/kg	2 383.5
总压比	35.4	长度/mm	2 512.06~2 600.96
质量流量/(kg/s)	407.24~428.12		

表 1.6.14 CFM56 - 5B 发动机的推力设置、应用机型及关键节点日期

型 号		起飞推力/lbf(kN)	平直推力设置/℃	应用机型	首次试车日期	取证日期	服役日期
CFM56	- 5B1	30 000 (133.4)	ISA+15	空客 A320/空客 A321		1993 年 5 月	
	- 5B2	31 000 (137.9)	ISA+15	空客 A321		1993 年 5 月	1994 年 3 月
	- 5B3	32 000 (142.3)	ISA+15	空客 A321 - 200		1996 年 6 月	1997 年 3 月
	- 5B4	27 000 (120.1)	ISA+28.9	空客 A320		1994 年 2 月	
	- 5B5	22 000 (97.9)	ISA+30	空客 A319		1996 年 3 月	
	- 5B6	23 500 (104.5)	ISA+30	空客 A319		1996 年 3 月	
	- 5B/P	22 000 (97.9)	ISA+28.9	空客 A319		1996 年 4 月	1996 年 7 月

注：海平面静止状态，国际标准大气条件，无功率提取。

CFM56 系列发动机的项目合作伙伴见 1.6.4 节。

1.6.8 CFM56 - 5C

此型发动机用于空客 A340 飞机，主要技术升级包括增强的风扇、改进的新 4 级低压增压级、更精确的核心机主动间隙控制、引入第 5 级低压涡轮部件等。涡轮系统也经过了先进空气动力学优化设计改良。其中，CFM56 - 5C 型配有锻造的内外涵排气强制混合器和全权限数字电子控制系统；CFM56 - 5C4 型发动

图 1.6.8 CFM56 - 5C 型发动机及其应用机型空客 A340 - 200 客机

左图引自：https://www.cfmaeroengines.com/engines/cfm56

右图引自：https://www.airbus.com/aircraft/previous-generation-aircraft/a340-family/a340-200.html

机与 CFM56 - 5B、CFM56 - 5C/P 型共用相同的核心机,其高压压气机和高压涡轮叶型采用了三维计算空气动力学及气动外形优化设计技术。

CFM56 - 5C 型发动机的基本构型如下:

(1) 1 级风扇、4 级低压压气机、9 级高压压气机。

(2) 环形燃烧室。

(3) 1 级高压涡轮、5 级低压涡轮。

该发动机的技术参数、推力设置、应用机型及关键节点日期如表 1.6.15 和表 1.6.16 所示。

表 1.6.15　CFM56 - 5C 发动机的技术参数

风扇直径/mm	1 836.42	巡航耗油率/[kg/(kgf · h)]	0.573
涵道比	6.6	发动机干质量/kg	2 646.82
总压比	37.4	长度/mm	2 616.2
质量流量/(kg/s)	466.26~483.51		

表 1.6.16　CFM56 - 5C 发动机的推力设置、应用机型及关键节点日期

型　号		起飞推力/lbf(kN)	平直推力设置/℃	应用机型	首次试车日期	取证日期	服役日期
CFM56	- 5C2	31 200 (138.8)	ISA+15	空客 A340 - 200/300		1991 年 12 月	1993 年 2 月
	- 5C3	32 500 (144.6)	ISA+15	空客 A340 - 200/300		1993 年 3 月	1994 年 2 月
	- 5C4	34 000 (151.2)	ISA+15	空客 A340 - 200/300		1994 年 10 月	1995 年 4 月
	- 5C/P	N/A		空客 A340 - 200/300		2002 年 2 月	2003 年 3 月

注:海平面静止状态,国际标准大气条件,无功率提取。

CFM56 系列发动机的项目合作伙伴见 1.6.4 节。

1.6.9　CFM56 - 7B

此型发动机是为波音公司新一代波音 737 - NG 系列窄体客机而开发的,采用了全新设计的 24 片宽弦无凸肩实心钛合金风扇叶片,其核心机与 CFM56 - 5B/P 型发动机相同,但是采用了主动间隙控制和全权限数字电子控制系统。该发动机也具有可选配的双环腔燃烧室。

CFM56 - 7B 型发动机的基本构型如下:

图 1.6.9　CFM56‑7B 发动机及其应用机型波音 737‑800 客机

左图引自：https：//www.cfmaeroengines.com/engines/cfm56
右图引自：https：//www.boeing.com/commercial/737ng

（1）1 级风扇、3 级低压压气机、9 级高压压气机。

（2）环形燃烧室。

（3）1 级高压涡轮、4 级低压涡轮。

（4）全权限数字电子控制系统。

该发动机的技术参数、推力设置、应用机型及关键节点日期如表 1.6.17 和表 1.6.18 所示。

表 1.6.17　CFM56‑7B 发动机的技术参数

风扇直径/mm	1 549.4	巡航耗油率/[kg/(kgf·h)]	0.626
涵道比	5.4	发动机干质量/kg	2 386.68
总压比	32.7	长度/mm	3 314.7
质量流量/(kg/s)	307.36～353.67		

表 1.6.18　CFM56‑7B 发动机的推力设置、应用机型及关键节点日期

型　号		起飞推力/lbf(kN)	平直推力设置/℃	应用机型	首次试车日期	取证日期	服役日期
CFM56	‑7B18	19 500 (86.7)	ISA+15	波音 737‑600		1996 年 12 月	1998 年 12 月
	‑7B20	20 600 (91.6)	ISA+15	波音 737‑600/700		1996 年 12 月	1997 年 12 月
	‑7B22	22 700 (101.0)	ISA+15	波音 737‑600/700		1996 年 12 月	1997 年 12 月
	‑7B24	24 200 (107.6)	ISA+15	波音 737‑700/800		1996 年 12 月	1997 年 12 月

（续表）

型　号		起飞推力 /lbf(kN)	平直推力 设置/℃	应用机型	首次试车 日期	取证日期	服役日期
CFM56	-7B26	26 300 (117.0)	ISA+15	波音 737- 800		1996 年 12 月	1998 年 4 月
	-7B27	27 300 (121.4)	ISA+15	波音 737- AEW&C			

注：海平面静止状态，国际标准大气条件，无功率提取。

CFM56 系列发动机的项目合作伙伴见 1.6.4 节。

发动机联盟公司

1.6.10　GP7000

美国通用电气公司和普惠公司合资建立的发动机联盟公司研制的 GP7000 大推力双转子涡扇发动机最初是为波音 747 成长型客机而专门设计研发的，后继型号 GP7200 型发动机也为空客 A380 提供动力，如图 1.6.10 所示。该发动机研制项目由美国通用电气公司和普惠公司各持 50% 所有权，并分别负责核心机和低压系统的研制工作。其中，普惠公司和德国摩天宇航空发动机公司负责解决低压涡轮的设计，法国斯奈克玛公司参与高压压气机部分设计工作。原计划所有的发动机取得 81 500 lbf(362.5 kN) 的推力认证。

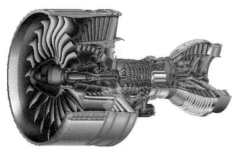

图 1.6.10　GP7200 发动机及其应用机型空客 A380 双层宽体客机

左图引自：https://www.enginealliance.com/gp7200
右图引自：https://www.airbus.com/aircraft/passenger-aircraft/a380/innovation.html

GP7000 发动机的基本构型包括：

（1）1 级风扇、5 级低压压气机、9 级高压压气机。

（2）先进低排放燃烧室。

（3）2 级高压涡轮、6 级低压涡轮。

（4）全权限数字电子控制系统。

该发动机的技术参数、推力设置、应用机型及关键节点日期如表 1.6.19 和表 1.6.20 所示。

表 1.6.19　GP7000 发动机的技术参数

风扇直径/mm	2 946.4	巡航耗油率/[kg/(kgf·h)]	0.518
涵道比	8.8	发动机干质量/kg	6 501.28
总压比	44	长度/mm	4 749.8
质量流量/(kg/s)	1 362		

表 1.6.20　GP7000 发动机的推力设置、应用机型及关键节点日期

型　号		起飞推力/lbf(kN)	平直推力设置/℃	应用机型	首次试车日期	取证日期	服役日期
GP7000	GP7270	70 000 (311.4)		空客 A380 - 800		2006 年 1 月	2008 年 8 月
	GP7277	76 500 (340.3)		空客 A380 - 800F		2006 年 1 月	

注：海平面静止状态，国际标准大气条件，无功率提取。

GP7000 发动机的项目主要合作伙伴为美国通用电气公司和普惠公司，双方各占 50% 股份。通用电气公司和普惠公司的子合作伙伴包括法国斯奈克玛公司（10%）、比利时技术空间航空技术公司（8%）、德国摩天宇航空发动机公司（22.5%）。

通用电气与霍尼韦尔合资公司

1.6.11　CFE738

CFE738 发动机由美国通用电气公司和霍尼韦尔公司组建的合资公司研制生产，主要面向大型喷气式公务机动力市场，可为法国达索猎鹰 2000 公务机提供动力，如图 1.6.11 所示。该发动机的设计特点包括单级风扇采用 28 个带冠的钛合金叶片，压缩系统采用 5 级低压增压级和单级离心式高压压气机的组合，并分别由 3 级低压涡轮和 2 级空气冷却高压涡轮驱动，尾喷管带有内外涵强制排气混合器。同时，发动机采用模块化设计便于维护。

CFE738 发动机的基本构型如下：

（1）1 级风扇、5 级低压压气机、1 级离心式高压压气机。

（2）环形燃烧室。

（3）2 级高压涡轮，3 低压涡轮。

图 1.6.11　CFE738 发动机及其应用机型达索"猎鹰"2000 公务机

左图引自：https：//www.geaviation.com/bga/engines/cfe738-engine

右图引自：https：//www.dassaultfalcon.com/en/Aircraft/Models/2000LXS/Pages/overview.aspx

　　该发动机的技术参数、推力设置、应用机型及关键节点日期如表 1.6.21 和表 1.6.22 所示。

表 1.6.21　CFE738 发动机的技术参数

风扇直径/mm	901.7	巡航耗油率/[kg/(kgf·h)]	0.646
涵道比	5.3	发动机干质量/kg	601.55
总压比	35	长度/mm	2 514.6
质量流量/(kg/s)	95.34		

表 1.6.22　CFE738 发动机的推力设置、应用机型及关键节点日期

型　号		起飞推力/lbf(kN)	平直推力设置/℃	应用机型	首次试车日期	取证日期	服役日期
CFE738	-1-1	5 600 (24.9)	ISA+15	达索猎鹰 2000		1993 年 12 月	
	-1-2	5 600 (24.9)	ISA+15	达索猎鹰 2000，雅克 77		计划于 1999 年	

注：海平面静止状态，国际标准大气条件，无功率提取。

　　CFE738 发动机的项目合作伙伴包括美国霍尼韦尔公司和 GE 公司。

IAE 公司

1.6.12　V2500

　　鉴于美国通用电气公司和法国赛峰集团斯奈克玛公司联合成立的 CFM 国际公司成功推出了 CFM56 系列发动机，并逐步形成垄断或主导全球单通道干线客机动力市场的趋势，罗罗公司与普惠公司等也合作建立了国际航空发动机公司（International Aero Engines，IAE），并推出了具有相当竞争力的新产品

V2500 发动机,以打破 CFM56 对此市场的垄断,与 CFM 国际公司正面竞争。

　　V2500 是一种先进技术双转子涡扇发动机,推力范围为 22 000～33 000 lbf (97.9～146.8 kN)。目前约有 6 300 台 V2500 发动机在航线服役,为空客公司 A319、A320、A321 及麦道 MD－90 等单通道窄体客机提供动力。IAE 公司形成的技术联合体以罗罗和普惠公司为主,还包括日本航空发动机公司和德国摩天宇航空发动机公司,可提供包括短舱在内的完整推进系统。

1.6.13　V2500－A1

　　V2500－A1 型是 V2500 系列第一款量产型发动机,于 1989 年进入服役,用作空客 A320 客机动力装置。该发动机额定起飞推力为 25 000 lbf(111.2 kN),并具有 27 000 lbf(120.1 kN)推力的应急能力,可满足当时全部的噪声和污染物排放指标要求。1999 年引入的"菲尼克斯"升级计划,以 V2500－A5 型发动机的新技术更新 V2500－A1 型的热端部件,进而改善了发动机的性能保持特性,并极大地降低了维护成本,显著提高了寿命。V2500－A1 发动机及其典型应用机型空客 A320 单通道窄体客机如图 1.6.12 所示。

图 1.6.12　V2500－A1 发动机及其应用机型空客 A320 单通道客机

左图引自：https://www.pw.utc.com/products-and-services/products/commercial-engines/v2500

右图引自：https://en.wikipedia.org/wiki/File:Lufthansa_Airbus_A320－211_D－AIQT_01.jpg

V2500－A1 发动机基本构型如下：

(1) 1 级风扇、3 级增压级、10 级高压压气机。

(2) 环形燃烧室。

(3) 2 级高压涡轮、5 级低压涡轮。

该发动机的技术参数、推力设置、应用机型及关键节点日期如表 1.6.23 和表 1.6.24 所示。

表 1.6.23　V2500‑A1 发动机的技术参数

风扇直径/mm	1 600.2	巡航耗油率/[kg/(kgf·h)]	0.591
涵道比	5.4	基础发动机最大干质量/kg	2 303.6
总压比	29.4	长度/mm	3 200.4
质量流量/(kg/s)	355.48		

表 1.6.24　V2500‑A1 发动机的推力设置、应用机型及关键节点日期

型　号	起飞推力/lbf(kN)	平直推力设置/℃	应用机型	首次试车日期	取证日期	服役日期
V2500　‑A1	25 000 (111.2)	ISA+15	空客 A320	1985 年 12 月	1988 年 4 月	1989 年 5 月

注：海平面静止状态，国际标准大气条件，无功率提取。

V2500‑A1 发动机的项目合作伙伴包括英国罗罗公司、美国联合技术公司（普惠母公司）、日本航空发动机公司和德国摩天宇航空发动机公司。

1.6.14　V2500‑A5/D5

V2500‑A5 和 D5 型发动机是该系列发动机中最新的产品。V2500‑A5 型发动机为空客 A319、空客 A320 和空客 A321 飞机提供动力，V2500‑D5 型发动机使用了相同的涡轮，用于波音（原麦道）MD‑90 飞机。后者目前已停产。作为空客 A320 系列单通道窄体客机动力装置的‑A5 型发动机可提供最优的燃油消耗、最低的噪声和污染物排放。其中，用于空客 A321 客机的 V2533 型发动机的最大额定推力为 33 000 lbf(146.8 kN)，而额定推力为 27 000 lbf(120.1 kN)的 V2527 型发动机主要配装空客 A320 客机或大型公务机，其中 V2527M‑A5 可在高温高原地区运营。在服役过程中，国际航空发动机公司的发展战略时有不断改进，V2500 系列发动机的发展规划也随之变动，如服役初期技术升级的重点是降低维护成本，之后又计划较短的时间内进一步增加高温高原条件下的推力。V2500‑D5 发动机及其典型应用机型麦道 MD90‑30 单通道窄体客机如图 1.6.13 所示。

V2500‑A5/D5 型发动机的基本构型如下：

（1）1 级风扇、4 级增压级、10 级高压压气机。

（2）环形燃烧室。

（3）2 级高压涡轮、5 级低压涡轮。

（4）全权限数字电子控制系统。

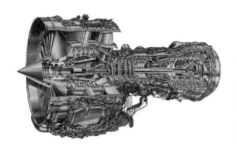

图 1.6.13　V2500 - D5 发动机及其应用机型麦道 MD90 - 30 单通道客机

左图引自：https://www.pw.utc.com/products-and-services/products/commercial-engines/v2500
右图引自：https://en.wikipedia.org/wiki/McDonnell_Douglas_MD-90

该发动机的技术参数、推力设置、应用机型及关键节点日期如表 1.6.25 和表 1.6.26 所示。

表 1.6.25　V2500 - A5/D5 发动机的技术参数

风扇直径/mm	1 612.9	巡航耗油率/[kg/(kgf·h)]	0.586
涵道比	4.5～4.9	基础发动机最大干质量/kg	2 374.42
总压比	26.5～33.4	长度/mm	3 200.4
质量流量/(kg/s)	350.49～384.99		

表 1.6.26　V2500 - A5/D5 发动机的推力设置、应用机型及关键节点日期

	型　号	起飞推力/lbf(kN)	平直推力设置/℃	应用机型	首次试车日期	取证日期	服役日期
V2500	V2524 - A5	24 480 (108.9)	ISA+25	空客 A319 - 100		1996 年 4 月	1997 年
	V2527M - A5	24 480 (108.9)	ISA+16	空客 A319 - 100/CI		1999 年 5 月	2000 年
	V2527 - A5	24 480 (108.9)	ISA+17	空客 A320		1992 年 10 月	1993 年
	V2527E - A5	24 480 (108.9)	ISA+18	空客 A320		1995 年 8 月	1995 年
	V2525 - D5	25 000 (111.2)	ISA+17	MD90 - 30		1992 年 10 月	1995 年
	V2528 - D5	28 000 (124.6)	ISA+15	MD90 - 30		1992 年 10 月	1995 年
	V2530 - A5	29 900 (133.0)	ISA+15	空客 A321 - 100		1992 年 10 月	1994 年
	V2533 - A5	31 600 (140.6)	ISA+15	空客 A321 - 200		1996 年 8 月	1997 年

注：海平面静止状态，国际标准大气条件，无功率提取。

V2500 - A5/D5 发动机的项目合作伙伴见 1.6.14 节。

赛峰与土星合资公司

1.6.15　SaM146

SaM146 是由法国赛峰集团斯奈克玛公司和俄罗斯 UEC 集团土星公司 (NPO Saturn)组成的联合控股公司"喷气动力"(PowerJet)在成熟的 CFM56 发动机的基础上研制的中等推力高涵道比双转子涡扇发动机,其起飞推力范围为 15 000~18 000 lbf(68~80 kN),目前主要为俄罗斯苏霍伊设计局 Sukhoi SuperJet SSJ100 系列支线客机提供动力,如图 1.6.14 所示。

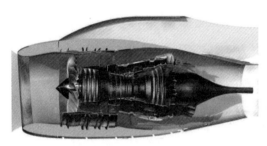

图 1.6.14　SaM146 涡扇发动机结构纵剖图及其应用机型苏霍伊 SSJ100 支线客机

左图引自:https://www.safran-aircraft-engines.com/commercial-engines/regional-jets/sam146/sam146

右图引自:https://www.superjetinternational.com

在 CFM56 的基础上,SaM146 发动机的核心机研制源自斯奈克玛公司 DEM21 高效核心机技术验证项目,并融合了该公司在法国 M88 先进军用涡扇发动机研制过程中积累的热端部件成熟设计经验。该核心机采用单级高压涡轮驱动 6 级高压压气机,并采用多种现代先进技术设计,如高压涡轮叶尖间隙主动控制系统和整体叶盘结构等。氮氧化物排放指标可满足 CAEP - 6 标准要求。

SaM146 首台量产型发动机于 2008 年 2 月首次运转,并于 2010 年 6 月 23 日获得 EASA 适航认证,2011 年随 SSJ100 支线客机进入航线服役。

SaM146 中等推力高涵道比涡扇发动机基本构型如下:

(1) 1 级风扇,3 级低压增压级,6 级高压压气机。

(2) 环形低排放燃烧室。

(3) 1 级高压涡轮,3 级低压涡轮。

(4) 全权限数字电子控制系统。

该发动机的技术参数、推力设置、应用机型及关键节点日期如表 1.6.27 和表 1.6.28 所示。

表 1.6.27　SaM146 发动机的技术参数

风扇直径/mm	1 224.28	长度* /mm	2 120
涵道比	4.4	最大长度** /mm	3 590
总压比	28	最大宽度/mm	1 670
质量流量/(kg/s)	N/A	最大高度/mm	1 950
巡航耗油率/[kg/(kgf·h)]	～0.629	高压转子转速(100%)/(r/min)	16 839
发动机干质量/kg	1 708	低压转子转速(100%)/(r/min)	6 489

* 风扇机匣前安装法兰端面至涡轮后支撑安装法兰端面的距离。
** 包含强制排气混合器。

表 1.6.28　SaM146 发动机的推力设置、应用机型及关键节点日期

型　号		起飞推力/lbf(kN)	平直推力设置/℃	应用机型	首次试车日期	取证日期	服役日期
SaM146	1S17/1S17C	17 300（77）	ISA+15	苏霍伊 SSJ-100	2008 年 2 月 20 日	2010 年 6 月 23 日	2011 年 4 月
	1S18/1S18C	17 800（79）	ISA+15	苏霍伊 SSJ-100		2012 年 1 月 17 日	

注：海平面静止状态，国际标准大气条件，无功率提取。

在 PowerJet 联合股份公司的框架下，SaM146 发动机的项目合作伙伴包括法国赛峰集团子公司斯奈克玛和俄罗斯 UEC 集团成员企业土星航空发动机科研生产联合体。斯奈克玛公司主要负责核心机、控制系统、附件传动系统等的研制工作；土星公司主要负责低压转子、飞发集成以及发动机地面测试等研制工作。

通用电气与本田合资公司

1.6.16　HF120

HF120 是美国通用电气公司与日本本田公司合资成立的航空发动机公司研制的中等涵道比小推力双转子涡扇发动机，可满足轻型公务机的动力市场需求，其典型应用机型包括塞斯纳奖状喷气(Citation Jet)CJ1 和本田喷气(Honda Jet)HA420 轻型公务机，如图 1.6.15 所示。

HF120 型涡扇发动机源自本田公司的 HF118 原型机，采用宽弦弯掠单级风扇，两级轴流式低压压气机和一级离心式反向旋转的高压压气机；其气动部件

图 1.6.15　GE‐Honda HF120 发动机及其应用机型 Honda Jet HA420 公务机

左图引自：https://www.gehonda.com/engine/explore.html

右图引自：https://www.hondajet.com/hondajet/innovations

采用三维空气动力学设计,保有较高的气动效率,燃烧室采用先进发散冷却技术、具备低排放特性;噪声指标低于 FAA Stage‐Ⅳ 标准要求;大修间隔期在 2016 年已达到 2 500 小时,并有望进一步成熟至 5 000 小时,同时翻修间隔期内对热端部件检测无额外要求,可确保其在翼时长较其他等同机型提高 40% 以上。

　　首台量产型 HF120 发动机于 2009 年 10 月首次运转,2013 年 12 月获得 FAA 适航认证,并于 2015 年获得 FAA 批产许可;另外,2016 年 4 月获得 EASA 适航许可。

　　HF120 中等涵道比小推力涡扇发动机的基本构型如下:

　　(1) 1 级宽弦叶片风扇,2 级轴流式低压压气机和 1 级离心式高压压气机。

　　(2) 环形回流式燃烧室。

　　(3) 1 级高压涡轮,2 级低压涡轮。

　　(4) 叶瓣式强制排气混合器。

　　(5) 全权限数字电子控制系统。

　　该发动机的技术参数、推力设置、应用机型及关键节点日期如表 1.6.29 和表 1.6.30 所示。

表 1.6.29　HF120 发动机的技术参数

风扇直径/mm	～500	长度*/mm	1 511
涵道比	～2.9	最大宽度/mm	655
总压比	～24	最大高度/mm	755
质量流量/(kg/s)	N/A	高压转子转速(100%)/(r/min)	48 777
巡航耗油率/[kg/(kgf·h)]	<0.7	低压转子转速(100%)/(r/min)	19 055
发动机干质量/kg	211.3		

　* 从风扇涵道前法兰端面至风扇涵道尾部端面的距离。

表 1.6.30　HF120 发动机的推力设置、应用机型及关键节点日期

型　号	起飞推力 /lbf(kN)	平直推力 设置/℃	应用机型	首次试车 日期	取证日期	服役日期
HF120	2 095 (9.32)	ISA＋10	本田喷气 HA420	2009 年 10 月 8 日	2013 年 12 月 13 日	2015 年 12 月 23 日

注：海平面静止状态，国际标准大气条件，无功率提取。

HF120 小推力涡扇发动机的项目合作伙伴包括美国 GE 公司和日本本田公司。

威廉姆斯与罗罗合资公司

1.6.17　FJ44

FJ44 是美国威廉姆斯国际公司与英国罗罗公司联合研制的中小推力双转子涡扇发动机，起飞推力为 1 500～3 600 lbf(6.7～16.0 kN)，可为中短航程轻型公务机提供动力。该系列发动机配装轻型公务机可在类似于涡桨飞机使用的较短跑道上起飞，并具有良好的燃油经济性和低使用维护成本，因此极具市场竞争力。

FJ44-1 系列起飞推力为 1 500～1 900 lbf(6.7～8.5 kN)，具有结构简洁维护方便等特点，其中-1A 型于 1992 年获得 FAA 适航认证，主要用于塞斯纳奖状 CJ1 和 CJ1＋等轻型公务机。另外，该系列的改进版本还用于瑞典空军 SK60W 教练机，具备特技飞行能力。其美军代号为 F129，见 2.6.3 节。FJ44-1AP 是该系列的最新增强版本，起飞推力为 1 965 lbf(8.7 kN)，采用了全新设计的风扇和双通道全权限数字电子控制系统，并引入了 FJ44-3A 系列的诸多先进设计特征。该发动机于 2005 年获得 FAA 适航认证，主要配装塞斯纳奖状 M2 公务机。

FJ44-2 系列中的 FJ44-2A 型于 1997 年获得 FAA 适航认证，起飞推力为 2 300～2 400 lbf(10.2～10.7 kN)。该系列发动机采用了与 FJ44-1 系列相同的核心机和低压涡轮，但引入了全新设计的风扇和压缩系统，显著提高了高空巡航性能。此系列发动机主要用于塞斯纳奖状 CJ2、华扬史威灵(Sino-Swearingen Aircraft)SJ30-2、利尔喷气(LearJet)25D 和雷神(原豪客-比奇)首相 1 号(Premier I)等公务机。

FJ44-3 系列中的 FJ44-3A 型于 2004 年获得 FAA 适航认证，起飞推力进一步提高至 3 000 lbf(13.3 kN)，主要配装塞斯纳奖状 CJ2＋和 CJ3＋、莱斯顿(Nextant)400XTi 等公务机。

FJ44-4 是该家族中最新改进系列，其中 4A 型于 2010 年获得 FAA 适航认证,起飞推力可达 3 500 lbf(15.6 kN),采用双通道全权限数字电子控制系统,主要用于塞斯纳奖状 CJ4、豪客 400XPR 和皮拉图斯(Pilatus)PC24 等公务机,如图 1.6.16 所示。此最新改进系列在同等推力级别的发动机中具有优异的推重比,通过最新的空气动力学设计改进显著降低了燃油消耗率。FJ44 - 4M 为该系列中 FJ44 - 4A 型的特技飞行版,采用最新的同向旋转双转子构型、中等涵道比、高增压比,并配装了波瓣型内外涵混流器,主要用于阿莱尼亚马基(Alenia Aermacchi)M345 HET 教练机。

图 1.6.16　FJ44 - 4A 发动机及其应用机型皮拉图斯 PC24 公务机

左图引自：http://www.williams-int.com/products
右图引自：https://www.pilatus-aircraft.com/en/fly/pc-24

FJ44 系列小推力双转子涡扇发动机基本构型如下：

(1) 1 级轴流式风扇,3 级轴流式增压级(FJ44 - 1 系列为 1 级轴流增压级),1 级离心式高压压气机。

(2) 环形燃烧室。

(3) 1 级轴流式高压涡轮,2 级轴流式低压涡轮。

(4) 早期型号采用机械液压燃油控制器,FJ44 - 1AP/3A/3AP/4A 等采用双通道全权限数字电子控制系统。

该发动机的技术参数、推力设置、应用机型及关键节点日期如表 1.6.31 和表 1.6.32 所示。

表 1.6.31　FJ44 发动机的技术参数

发动机型号	FJ44 - 1A	FJ44 - 1AP	FJ44 - 2A	FJ44 - 2C	FJ44 - 3A	FJ44 - 3AP	FJ44 - 4A
风扇直径/mm	533.4		558.8	558.8			643
涵道比	3.3	2.58		3.4	5		

（续表）

发动机型号	FJ44-1A	FJ44-1AP	FJ44-2A	FJ44-2C	FJ44-3A	FJ44-3AP	FJ44-4A
总压比	12.7			10.3			
涡轮前温度/K							
空气质量流量/(kg/s)	29.6			35.9			
巡航耗油率/[kg/(kgf·h)]							
起飞耗油率/[kg/(kgf·h)]	0.218						
基础发动机干重/kg	208.7	212.3	240.5	235.9	242.7	234.1	304
长度/mm	1 350	1 470	1 520	1 520	1 580	1 580	1 740
最大高度/mm	750	790	750	750	790	800	820
高压转子100%转速/(r/min)	41 200	41 200	41 200	41 200	41 200	41 200	37 450
低压转子100%转速/(r/min)	17 245	17 245	17 245	17 245	18 000	18 000	16 360

表 1.6.32　FJ44 发动机的推力设置、应用机型及关键节点日期

型号		起飞推力/lbf(kN)	平直推力设置/℃	最大连续推力/lbf(kN)	平直推力设置/℃	应用机型	首次试车日期	取证日期
	-1A	1 900 (8.45)	ISA+ 7.2	1 900 (8.45)	ISA	塞斯纳奖状 CJ1,凤凰西格玛和麦格纳公务机	1985 年	1992 年
	-1AP	1 965 (8.47)	ISA+ 7.2	1 950 (8.67)	ISA	塞斯纳奖状 M2 公务机		2005 年
	-2A	2 300 (10.23)	ISA+ 7.2	2 300 (10.23)	ISA	雷神首相 1 号,华扬史威灵 SJ30-2,塞斯纳奖状 501/550,塞拉鹰 2 号		1997 年
FJ44	-2C	2 400 (10.68)	ISA+ 7.2	2 400 (10.68)	ISA	塞斯纳奖状 CJ2,利尔 25D,精灵之翼公务机		2000 年
	-3A	2 820 (12.54)	ISA+ 11.1	2 820 (12.54)	ISA- 3.3	塞斯纳奖状 CJ2+/CJ3+公务机		2004 年
	-3A-24	2 490 (11.07)	ISA+ 7.2	2 490 (11.07)	ISA	塞拉 Super II,Super S-II		2005 年
	-3AP	3 052 (13.58)	ISA+ 7.2	3 052 (13.58)	ISA- 3.3	莱斯顿 400XT/XTi,派珀运动型多用途喷气式飞机		2011 年

（续表）

型　号	起飞推力/lbf(kN)	平直推力设置/℃	最大连续推力/lbf(kN)	平直推力设置/℃	应用机型	首次试车日期	取证日期
-4A	3 621 (16.10)	ISA+11.1	3 443 (15.31)	ISA-7.2	塞斯纳奖状 CJ4 公务机		2010 年
-4A-32	3 230 (14.37)	ISA+17.2	3 227 (14.35)	ISA+5	豪客 400XPR 公务机		2013 年
-4A-QPM	3 616 (16.08)	ISA+7.8	3 433 (15.27)	ISA	皮拉图斯 PC-24 公务机		2017 年
-4M	3 793 (16.87)	ISA+6.7	3 788 (16.85)	ISA-5	阿莱尼亚马基 M345HET 教练机		2019 年
-4M-34	3 421 (15.22)	ISA+3.3	3 421 (15.22)	ISA+3.3	阿莱尼亚马基 M345HET 教练机		2019 年

注：海平面静止状态，国际标准大气条件，无功率提取。

1.7　俄罗斯民用涡扇发动机

1.7.1　PD-14

PD-14 发动机是俄罗斯技术国家集团（Rostec）成员企业俄罗斯联合发动机制造集团股份公司（united engine corporation，UEC）研制的新一代大涵道比双转子涡扇发动机，由 Aviadvigatel 设计局负责设计、彼尔姆（Perm）发动机公司负责制造，是俄罗斯新型窄体干线客机 MS-21 的可选动力（目前该客机的初始动力为美国普惠公司的 PW1400G-JM 齿轮传动涡扇发动机，见 1.3.4 节）。

图 1.7.1　PD-14 涡扇发动机及其应用机型 MS-21-300 型新型窄体干线客机

左图引自：https://en.wikipedia.org/wiki/Aviadvigatel_PD-14
右图引自：https://en.wikipedia.org/wiki/Irkut_MC-21

PD‑14 高涵道比涡扇发动机具有钛合金宽弦风扇叶片、三维气动叶形、先进空气冷却高压涡轮以及陶瓷基复合材料涡轮导向器等先进技术特征。该发动机于 2009 年 12 月开始研制，期望整机效率较上一代机型 PS‑90A2 提高 15％以上，燃油消耗率较 CFM56 系列发动机降低 10％～15％；其核心机由 PS‑12（PS‑90A 的升级版）发展而来，新的核心机于 2010 年 11 月 26 日进行了首次运行测试。其后，该发动机于 2016 年 12 月开始在茹科夫斯基市格罗莫夫飞行研究所的伊尔 76 飞行平台上进行飞行试验；已由俄罗斯中央航空发动机研究所根据独联体国家间航空委员会(IAC)适航审定条例 AP‑33 的规定，完成了低温天气测试及吞冰试验等；该发动机已于 2018 年获得俄罗斯联邦航空运输部颁发的型号许可证，并在 2018 年底向 MS‑21 飞机的制造商伊尔库特公司提供了三台样机用于飞机的适航飞行试验。同时，UEC 公司也在寻求获得 EASA 颁发的该发动机的适航许可，具体时间将在批产前确定。

PD‑14 双转子涡扇发动机的基本构型如下：

(1) 单级风扇(18 个宽弦钛合金空心弯掠叶片)，3 级(PD‑14/14A)或 4 级(PD‑14M)低压压气机，8 级高压压气机。

(2) 环形低排放燃烧室。

(3) 2 级高压涡轮，6 级低压涡轮。

该发动机的技术参数、推力设置、应用机型及关键节点日期如表 1.7.1 和表 1.7.2 所示。

表 1.7.1　PD‑14 发动机的技术参数

风扇直径/mm	1 900	质量流量(起飞)/(kg/s)	500～550(估计)
高压压气机进口直径/mm	582	巡航耗油率/[kg/(kgf·h)]	0.526
涵道比	7.2～8.6	基础发动机干质量/kg	2 870
总压比	38～46	长度/mm	3 500(估计)

表 1.7.2　PD‑14 发动机的推力设置、应用机型及关键节点日期

型　号		起飞推力/kgf[kN](lbf)	平直推力设置/℃	应用机型	首次试车日期	取证日期	服役日期
PD	‑14	14 000[137.3] (30 865)		MS‑21‑200	2010 年 11 月 26 日	2018 年 10 月 19 日	计划于 2021 年
	‑14A	12 500[122.6] (27 558)		MS‑21‑300			
	‑14M	15 600[153.0] (34 392)		MS‑21‑400			

注：海平面静止状态，国际标准大气条件，无功率提取。

1.7.2 PD-35

PD-35 是俄罗斯 UEC 集团成员企业 Aviadvigatel 设计局和彼尔姆航空发动机公司正在研制的新一代重型涡扇发动机。此研发计划于 2016 年正式启动，拟为中俄正在联合研制的长程宽体客机 CRAIC CR929 提供 35 000 kgf(343.2 kN)的起飞推力，也可为 An-124 重型运输机和 IL-96-400 宽体客机等换发。

2018 年 1 月 19 日，Aviadvigatel 设计局正式获得俄官方研制合同，计划于2023 年完成首台技术验证机 PD-35-X 的研制工作；同时，彼尔姆公司也正在积极建设各项地面测试所需的基础设施和试验条件；所需的新基础材料将由俄罗斯航空材料研究院(VIAM)和中央航空发动机研究院(CIAM)负责研制。

此型发动机的核心机将由成熟的 PD-14 高效核心机等比例放大而来，采用 2 级高压涡轮驱动 9 级高压压气机，以实现高压级增压比 23，并配备改进的先进低排放燃烧室。另外，还将采用复合材料宽弦弯掠风扇叶片和复合材料风扇机匣以及复合材料层流短舱，并采用陶瓷基复合材料将涡轮前温度提高到接近 2 000 K。同时，根据零部件设计和使用条件，还将引入必要的增材制造技术以及新的金属间化合物和高温合金材料等。

在 PD-35 的基础上，还将衍生两型降推力版本，即 28 000 kgf(274.6 kN)起飞推力的 PD-28 和 24 000 kgf(235.4 kN)推力的 PD-24，以满足双发或四发长程宽体客机和短程宽体客机的动力需求，并为 An-124 等重型运输机提供换发方案。

该发动机的技术参数、推力设置、应用机型及关键节点日期如表 1.7.3 和表 1.7.4 所示。

表 1.7.3 PD-35 发动机的技术参数

风扇直径/mm	～3 100	质量流量(起飞)/(kg/s)	～1 500(估计)
高压压气机进口直径/mm	～815	巡航耗油率/[kg/(kgf·h)]	～0.49
涵道比	＞10(估计)	基础发动机干质量/kg	～6 500(估计)
总压比	＞50(估计)	长度*/mm	～8 057

* 从短舱唇口前缘至排气锥尾端的距离。

表 1.7.4 PD-35 发动机的推力设置、应用机型及关键节点日期

型 号	起飞推力/kgf(kN)	平直推力设置/℃	应用机型	首次试车日期	取证日期	服役日期
PD-35 X	35 000 (343.2)	～ISA+15	CR929，An-124，IL-96-400，IL-476/478	预计于2023 年	待定	预计于2028 年

注：海平面静止状态，国际标准大气条件，无功率提取。

1.7.3 PS-90A

俄罗斯彼尔姆发动机公司研制的 PS-90A 为高涵道比双转子涡扇发动机于 1984 年开展地面试车,1987 年进入飞行试验,并于 1992 年 4 月获得俄罗斯交通运输部适航认证。该发动机采用的当时的先进设计包括由 33 个钛合金带减振凸肩的叶片组成的风扇,2 级增压压气机,13 级带有静子可调导叶的高压压气机,2 级气冷高压涡轮和 4 级低压涡轮。其反推力装置采用标准平移整流罩门、风扇旁路折流门和分节流管组合的设计,电子控制系统驱动液压执行机构实现发动机状态调节。PS-90A 发动机及其典型应用机型图波列夫 Tu-214 窄体客机如图 1.7.2 所示。

图 1.7.2　PS-90A 发动机及其应用机型 Tu-214 窄体客机

左图引自：http://www.pmz.ru/eng/products/civil/ps-90a_eng
右图引自：https://www.tupolev.ru/en/planes/tu-214

PS-90A 发动机基本构型如下：

(1) 1 级风扇,2 级低压增压级,13 级高压压气机。

(2) 环形燃烧室。

(3) 2 级高压涡轮,4 级低压涡轮。

该发动机的技术参数、推力设置、应用机型及关键节点日期如表 1.7.5 和表 1.7.6 所示。

表 1.7.5　PS-90A 发动机的技术参数

风扇直径/mm	1 899.92	巡航耗油率/[kg/(kgf·h)]	0.617
涵道比	4.3	发动机干质量/kg	2 952.36
总压比	35.55	长度/mm	4 963.16
质量流量/(kg/s)	470.34		

表 1.7.6　**PS - 90A 发动机的推力设置、应用机型及关键节点日期**

型　号	起飞推力 /lbf(kN)	平直推力 设置/℃	应用机型	首次试车 日期	取证日期	服役日期
PS - 90A	35 275 (156.9)	ISA+15	IL - 96 - 300， Tu - 204， Tu - 214		1992 年 4 月	1993 年 4 月

注：海平面静止状态，国际标准大气条件，无功率提取。

彼尔姆 PS - 90A 发动机的项目合作伙伴包括俄罗斯航空器零件制造集团、图波列夫航空科学技术联合体、Universal 与 Promstroi 银行；美国普惠公司和德国摩天宇航空发动机公司为该发动机重新设计了低压系统。

1.7.4　PS - 90A2

PS - 90A2 发动机是由美国普惠公司和俄罗斯彼尔姆公司改进设计的双转子高涵道比涡扇发动机，是 PS - 90A 发动机的现代化升级版，为改进型 Tu - 204 - SM 双发中程客机和 IL - 96 - 300 四发长程宽体客机以及 IL - 76TD - 90VD 运输机等应用机型提供动力；是专门为配装 PS - 90A 发动机的应用机型而重新设计的动力系统，并进行了升级改进，包括引入了诸多新的重要部件，例如全权限数字电子控制系统、改良的轴承、增寿的新高压涡轮、先进气动阀和油滤以及多种其他改进。PS - 90A2 发动机及其典型应用机型伊尔 IL - 96 - 300 客机如图 1.7.3 所示。

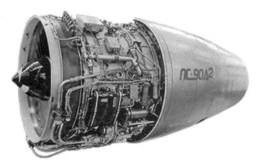

图 1.7.3　PS - 90A2 发动机及其应用机型 IL - 96 - 300 宽体客机

左图引自：https://www.uecrus.com/eng/products/civil_aviation/ps90
右图引自：https://en.wikipedia.org/wiki/Ilyushin_Il-96

PS - 90A2 发动机基本构型如下：

（1）1 级风扇，2 级低压增压级，13 级高压压气机。

（2）环形燃烧室。

（3）2 级高压涡轮,4 级低压涡轮。

（4）全权限数字电子控制系统。

该发动机的技术参数、推力设置、应用机型及关键节点日期如表 1.7.7 和表 1.7.8 所示。

表 1.7.7　PS‐90A2 发动机的技术参数

风扇直径/mm	1 899.92	巡航耗油率/[kg/(kgf·h)]	0.612
涵道比	4.3	发动机干质量/kg	2 952.36
总压比	35.19	长度/mm	4 963.16
质量流量/(kg/s)	500.31		

表 1.7.8　PS‐90A2 发动机的推力设置、应用机型及关键节点日期

型　号	起飞推力/lbf(kN)	平直推力设置/℃	应用机型	首次试车日期	取证日期	服役日期
PS‐90A2	35 275 (156.9)	ISA+15	IL‐96‐300, Tu‐204‐SM, Tu‐214, IL‐76TD‐90VD		2009 年 12 月 29 日	

注：海平面静止状态,国际标准大气条件,无功率提取。

PS‐90A2 发动机的项目合作伙伴包括俄罗斯彼尔姆公司和美国普惠公司。

1.7.5　D‐30KU

D‐30 是苏联时期研制的涡扇发动机家族,目前主要由俄罗斯 UEC 集团公司彼尔姆设计局设计授权并由土星公司负责制造。D‐30K 系列起飞推力为 10 000～13 000 kgf(98.1～127.5 kN),可为多种民用客机提供动力,如 D‐30KU 和 D‐30KU‐2 主要配装伊尔 IL‐62M 中长航程客机,如图 1.7.4 所示。

D‐30KU 发动机于 20 世纪 70 年代推出,起飞推力为 11 000～12 000 kgf (107.9～117.7 kN),用以替代 IL‐62 客机原配的 NK8‐4 涡喷发动机,进而降低油耗增加航程,以满足洲际飞行和越洋航线的动力需求。在原 D‐30 发动机的基础上,D‐30KU 显著提高了涵道比和涡轮前温度,增加了波瓣式内外涵道排气混流器。同时,该发动机是苏联时期第一台采用翻斗式反推装置的涡扇发动机,可保证起飞、巡航等前向推力状态的发动机性能不会受到任何影响。该发

图 1.7.4　D‐30KU 发动机及其应用机型伊尔 IL‐62M 中长航程客机

左图引自：http：//www. avid. ru/en/about/history/turbine_engines/d-30ky

右图引自：https：//en. wikipedia. org/wiki/Ilyushin_Il-62

动机于 1969 年 3 月随伊尔 62M 原型机首飞,1972 年完成飞行测试,并于 1974 年随量产型客机进入航线服役。其后,D‐30KU‐2 型于 1979 年开始量产。 D‐30KU‐154 则主要为图波列夫 Tu‐154M 客机提供动力,D‐30KP 系列则主要配装 IL‐76 军用战术运输机等,见 2.7.4 节。

　　D‐30KU 系列中等涵道比双转子涡扇发动机的基本构型如下：

　　(1) 3 级低压压气机(风扇),11 级高压压气机。

　　(2) 环管型燃烧室,12 个火焰筒。

　　(3) 2 级高压涡轮,4 级低压涡轮。

　　该发动机的技术参数、推力设置、应用机型及关键节点日期如表 1.7.9 和表 1.7.10 所示。

表 1.7.9　D‐30KU 发动机的技术参数

发 动 机 型 号	D‐30KU	D‐30KU‐2	D‐30KU‐154
最大直径/mm		1 560	1 560
风扇直径/mm	1 455		
涵道比	2.42	2.31	2.5
总压比			
涡轮前温度/K	1 400		
质量流量/(kg/s)			
起飞耗油率/[kg/(kgf·h)]		0.498	0.498
巡航耗油率/[kg/(kgf·h)]	0.7	0.685	0.715
发动机干质量/kg	2 300*		
长度/mm	5 700**	5 698	5 698

　＊　不包含反推力装置。

　＊＊　含反推力装置。

表 1.7.10　D‐30KU 发动机的推力设置、应用机型及关键节点日期

型　号		起飞推力/kgf(kN)	平直推力设置/℃	巡航推力/kgf	应用机型	首次试车日期	取证日期	服役日期
D‐30K	U	11 000 (107.9)	ISA+15	2 750	IL‐62M			1974 年
	U‐2	11 000 (107.9)	ISA+15		IL‐62M			
	U‐154	10 500 (103.0)			Tu‐154M			

注：海平面静止状态，国际标准大气条件，无功率提取。

1.8　乌克兰民用涡扇发动机

1.8.1　AI‐28

AI‐28 系列涡扇发动机是由乌克兰伊夫琴科‐进步设计局在其 D‐436 和 D‐18T 等高涵道比涡扇发动机及 D‐27 桨扇发动机的成熟技术的基础上，引入齿轮传动等已经验证的新技术，正在研制的新一代齿轮传动涡扇发动机，可为 An‐178 及其他等同级别的先进客机或运输机提供动力。与目前其他等同级别发动机相比，AI‐28 系列涡扇发动机将进一步降低油耗，并满足 ICAO 噪声与污染物的排放要求，同时将大幅降低运营成本。AI‐28 发动机初步技术方案及其应用机型 An‐178 运输机如图 1.8.1 所示(该运输机初始动力为 D‐436 系列发动机的最新改进型，见 1.8.3 节)。

图 1.8.1　AI‐28 初步技术方案 CAD 三维结构图及其应用机型 An‐178 运输机
左图引自：http://ivchenko-progress.com
右图引自：https://www.antonov.com/en/an-178

该发动机的技术参数、推力设置、应用机型及关键节点日期如表 1.8.1 和表 1.8.2 所示。

表 1.8.1　**AI - 28 发动机的技术参数**

发 动 机 型 号	AI - 28 V1	AI - 28 V2
风扇直径/mm	1 530	1 754
涵道比	7~9(估计)	9~10(估计)
总压比	40~50(估计)	40~50(估计)
质量流量(起飞)/(kg/s)	200~250(估计)	220~270(估计)
巡航耗油率/[kg/(kgf·h)]	0.535	0.525
发动机干质量/kg	1 565	1 700
长度/mm	3 512	3 512

表 1.8.2　**AI - 28 发动机的推力设置、应用机型及关键节点日期**

型　号	起飞推力/kgf(kN)	平直推力设置/℃	应用机型	首次试车日期	取证日期	服役日期
AI - 28　- V1	7 500(73.5)	ISA+15	An - 178	待定	待定	待定
- V2	7 800(76.5)	ISA+15	An - 178			

注：海平面静止状态，国际标准大气条件，无功率提取。

1.8.2　AI - 38

AI - 38 系列发动机是乌克兰伊夫琴科-进步设计局在其 D - 18T 大推力涡扇发动机的基础上,结合 D - 436 - 148FM 先进支线涡扇发动机和 D - 27 桨扇发动机等成熟航空发动机的最新衍进技术以及 AI - 28 新一代齿轮传动涡扇发动机的先进设计技术而研制的新一代大推力齿轮传动双转子高涵道比涡扇发动机,可为长航程宽体客机提供可选动力方案。

AI - 38 采用双转子设计,引入了大功率行星齿轮传动技术(传动比约为 3),通过高热力循环参数和先进技术设计;较上一代等同推力级别的发动机,其技术指标更加先进,油耗降低 10%~15%,同时更加环保。该发动机拟采用的新技术包括:

(1) 采用先进技术设计保障整机性能满足新一代民用涡扇发动机的需求。

a. 采用高热力循环参数提高整机效率,并通过齿轮传动风扇提高涵道比,进一步降低耗油率。

b. 优化风扇叶片数量与三维造型,提高气动性能并有效降低噪声。

c. 采用三维气动叶片造型设计,提高压气机级负荷和效率并改善稳定工作边界。

d. 优化低压涡轮转速并采用高升力叶型设计提高效率,同时减少低压涡轮级数、减轻重量。

e. 发动机控制系统和故障诊断与健康监测系统采用新的技术方案。

f. 采用新材料和制造工艺。

(2) 采用先进气动设计方案确保噪声等级满足 2020 年后市场预期要求。

a. 采用高涵道比与适中的风扇叶尖速度组合,并通过叶片三维气动造型优化设计,降低附面层湍流脉动噪声源强度。

b. 增大风扇叶片与出口导向叶片轴向间距,并优化两者叶片数比,降低气动耦合强度。

c. 采用锯齿形(Chevron)内外涵尾喷口,强化外部冷流体与内部热流体的掺混,减弱剪切层速度梯度,有效降低排气噪声。

d. 采用先进短舱声衬设计。

(3) 采用先进燃烧室设计方案满足未来污染物排放要求。

采用先进燃烧组织形式,改进燃油喷嘴、旋流器、火焰筒的气动与结构设计,改善温度场分布和燃烧稳定性,显著降低污染物排放并减小燃烧噪声。

AI-38 大推力齿轮传动双转子涡扇发动机初步设计方案如图 1.8.2 所示,其基本构型为

a. 1 级齿轮传动风扇,3 级低压增压级,10 级高压压气机。

b. 环形低排放燃烧室。

c. 2 级高压涡轮,3 级低压涡轮。

d. 双通道全权限数字电子控制系统。

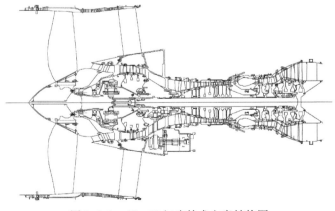

图 1.8.2　AI-38 初步技术方案结构图

该发动机的技术参数、推力设置、应用机型及关键节点日期如表 1.8.3 和表 1.8.4 所示。

表 1.8.3 AI－38 发动机的技术参数

发 动 机 型 号	AI－38 Basic	AI－38 M1	AI－38 M2
风扇直径/mm	3 000	3 039	3 283
涵道比	13	13	15
总压比	55	55～60	55～60
质量流量(起飞)/(kg/s)	1 400(估计)	1 500(估计)	1 600(估计)
巡航耗油率/[kg/(kgf·h)]	0.525	0.515	0.505
发动机干质量/kg	5 700	5 850	6 000
长度/mm	6 200	6 200	6 350

表 1.8.4 AI－38 发动机的推力设置、应用机型及关键节点日期

型 号		起飞推力/kgf(kN)	平直推力设置/℃	应用机型	首次试车日期	取证日期	服役日期
	基本型	32 000～33 000 (313.8～323.6)	ISA＋15	CR929 等	待定	待定	待定
AI－38	－M1	33 000～35 000 (323.6～343.2)					
	－M2	35 000～37 000 (343.2～362.8)					

注：海平面静止状态，国际标准大气条件，无功率提取。

1.8.3 D－436

乌克兰伊夫琴科-进步设计局研制的 D－436 系列涡扇发动机由原 D－36 发动机衍生发展而来，采用高涵道比三转子构型，其轴流式压缩系统包括风扇和 1 级低压增压级、6 级中压压气机和 7 级高压压气机，环形燃烧室的外部机匣前端带有高压压气机的出口扩压器并强化了导流叶片结构，后端带有高压涡轮进口导向器，并完善了涡轮等高温部件；重新设计了具有反推装置的结构部件以及具有机械液压备份的发动机电子控制系统。D－436 发动机可尾掉在机身两侧的发动机短舱内，也可安装于机翼上部、机翼下部或机身内。D－436－T1 型发动机原计划于 1996 年取证，但是出于多种因素而推迟至 2001 年 8 月。该系列最新改进型 D－436－148 发动机及其应用机型 An－148 运输机如图 1.8.3 所示。

D－436－T1 三转子发动机基本构型如下：

图 1.8.3　D‐436‐148 涡扇发动机及其应用机型 An‐148 运输机

左图引自：http://ivchenko-progress.com
右图引自：https://www.antonov.com/en/an-148-201

（1）1 级风扇，1 级低压增压压气机，6 级中压压气机，7 级高压压气机。

（2）环形燃烧室。

（3）1 级高压涡轮，1 级中压涡轮，3 级低压涡轮。

该发动机的技术参数、推力设置、应用机型及关键节点日期如表 1.8.5 和表 1.8.6 所示。

表 1.8.5　D‐436 发动机的技术参数

发动机型号	D‐436‐T1	发动机型号	D‐436‐T1
风扇直径/mm	1 373.12	巡航耗油率/[kg/(kgf · h)]	0.635～0.645
涵道比	4.91～4.97	发动机干质量/kg	1 451.44
总压比	22.7～26.1	长度/mm	3 191.76～3 469.64
质量流量/(kg/s)	255～265		

表 1.8.6　D‐436 发动机的推力设置、应用机型及关键节点日期

型　号	起飞推力/lbf(kN)	平直推力设置/℃	应用机型	首次试车日期	取证日期	服役日期
‐T1	16 540 (73.6)	ISA+15	Tu‐334‐100		2001 年 5 月	
‐TP	16 865 (75.0)	ISA+15	Be‐200		2001 年 5 月	2001 年 5 月
D‐436 ‐T1‐134	16 865 (75.0)	ISA+15	Tu‐134M			
‐T2	18 430 (82.0)	ISA+15	Tu‐334‐100/200/220			

（续表）

型　号	起飞推力/lbf(kN)	平直推力设置/℃	应用机型	首次试车日期	取证日期	服役日期
－T3	20 613 (91.7)		Tu－230/Tu－334－200			
D－436 －148B	14 484 (64.4)	ISA＋20	An－148/158		2007 年 2 月	
－148D	15 454 (68.7)	ISA＋20	An－148/158		2007 年 2 月	
－148FM	15 587 (69.3)		An－178			

注：海平面静止状态，国际标准大气条件，无功率提取。

　　D－436－T1 发动机的项目合作伙伴包括乌克兰伊夫琴科-进步设计局和马达西奇发动机制造联合股份公司以及俄罗斯乌法发动机生产联合体和莫斯科礼炮航空发动机联合体（莫斯科机械制造厂）。

1.8.4　D－36

　　D－36 是乌克兰伊夫琴科-进步设计局研制的苏联第一款高涵道比三转子涡扇发动机，首台原型机于 1971 年首次运转后进入地面台架测试，1974 年首飞后进行了飞行测试，1977 年量产。相对于当时的技术条件，该发动机具备可靠性高、使用寿命长、燃油经济性好、运营维护成本低等优点；其噪声和污染物排放指标满足相应的 ICAO 标准要求。该发动机及其典型应用机型安东诺夫 An－74 货运飞机如图 1.8.4 所示。

　　D－36 三转子高涵道比涡扇发动机基本构型如下：

图 1.8.4　D－36 涡扇发动机结构外观图及其应用机型 An－74 货运飞机

左图引自：http://ivchenko-progress.com

右图引自：https://en.wikipedia.org/wiki/Antonov_An-74

(1) 1 级轴流式风扇(含 29 片叶中带减振凸肩的跨声速钛合金叶片和 1 级增压级),6 级轴流式中压压气机,7 级轴流式高压压气机。

(2) 环形燃烧室(含 24 个燃油喷嘴和 2 个点火器)。

(3) 1 级轴流式高压涡轮,1 级轴流式中压涡轮,3 级轴流式低压涡轮。

(4) 机械液压控制系统。

该发动机的技术参数、推力设置、应用机型及关键节点日期如表 1.8.7 和表 1.8.8 所示。

表 1.8.7　D‑36 发动机的技术参数

风扇直径/mm	1 373	耗油率(起飞/巡航)/[kg/(kgf·h)]	0.36/0.65
涵道比(起飞/巡航)	5.6/6.2	发动机干质量/kg	1 106
总压比(起飞/巡航)	20.2/19.8	长度/mm	3 470
涡轮前温度(起飞/巡航)/℃	1 177/972	最大直径/mm	1 711
质量流量(起飞/巡航)/(kg/s)	253/148		

表 1.8.8　D‑36 发动机的推力设置、应用机型及关键节点日期

	型　号	起飞推力/kN	平直推力设置/℃	应用机型	首次试车日期	取证日期	服役日期
D‑36	Series Ⅰ	57.07	ISA+15	Yak‑42,An‑72,An‑74	1971 年	N/A	1977 年
	Series Ⅰ‑A	63.74	ISA+15	An‑72,An‑74			
	Series Ⅱ‑A	63.74	ISA+15	An‑72A			
	Series Ⅲ‑A	63.74	ISA+15	An‑74T/TK‑100/200			

注:海平面静止状态,国际标准大气条件,无功率提取。

1.8.5　AI‑22

AI‑22 中等推力双转子涡扇发动机源自苏联时期乌克兰与捷克联合研制的 DV‑2 型涡扇发动机(见 2.6.4 节),在原核心机的基础上改进研制,即 DV‑22 的乌克兰版本,主要用于 Tu‑324 和 Yak‑48 等中短程支线客机或公务机,如图 1.8.5 所示。AI‑22 发动机主要由乌克兰扎波罗热伊夫琴科-进步设计局负责研制并由马达西奇公司生产,于 20 世纪 90 年代末完成设计,并于

2000 年 9 月进入整机试验。该发动机采用了模块化设计，共包括 10 个结构模块，并引入了发动机数字电子控制系统和健康监测与故障诊断系统。

　　另外，在此核心机的基础上进一步衍生出了 AI - 222 系列小涵道比军用涡扇发动机，见 2.8.2 节。Tu - 324 支线客机的增程型 Tu - 414 则配装了原宝马-罗罗公司的 BR700 - 710 - 48 型涡扇发动机，见 1.1.23 节。

图 1.8.5　AI - 22 发动机及其应用机型 Tu - 324 支线客机

左图引自：http://ivchenko-progress.com
右图引自：https://en.wikipedia.org/wiki/Tupolev_Tu-324

AI - 22 双转子涡扇发动机的基本构型如下：

（1）1 级轴流式风扇，5 级轴流式低压增压级，7 级高压压气机。

（2）环形燃烧室，16 个气动雾化喷嘴。

（3）1 级轴流式高压涡轮，采用对流冷却。

（4）3 级轴流式低压涡轮，采用带冠叶片、无冷却。

（5）内外涵道混合排气尾喷管。

（6）具有机械液压备份的数字电子发动机控制器。

　　该发动机的技术参数、推力设置、应用机型及关键节点日期如表 1.8.9 和表 1.8.10 所示。

表 1.8.9　AI - 22 发动机的技术参数

风扇直径/mm	1 020	巡航耗油率/[kg/(kgf·h)]	0.66
涵道比	5.6	发动机干质量/kg	765
总压比	22.5	长度/mm	3 010
空气质量流量/(kg/s)	159.6	最大高度/mm	1 548
起飞耗油率/[kg/(kgf·h)]	0.36	最大宽度/mm	1 398

表 1.8.10 AI‑22 发动机的推力设置、应用机型及关键节点日期

型 号	最大起飞推力/kgf［kN］(lbf)	最大巡航推力/kgf［kN］(lbf)	应用机型	首次试车日期	取证日期	服役日期
AI‑22	3 820［37.5］(8 422)	775［7.6］(1 709)	Tu‑324、Yak‑48		2001 年	

注：海平面静止状态，国际标准大气条件，无功率提取。

1.9 中国民用涡扇发动机

根据目前国内媒体报道和公开的文献资料等，将目前国内主要先进商用涡扇发动机的基本情况总结如下文所述。

1.9.1 CJ‑1000

长江 1000 系列(CJ‑1000)是我国大型客机发动机重大专项的主承制单位中国航空发动机集团公司所属的上海商用航空发动机有限责任公司研制的大型高涵道比涡扇发动机，将成为我国自主研制的新单通道干线客机 C919 的可选国产动力，如图 1.9.1 所示。

图 1.9.1 长江 1000 涡扇发动机结构纵剖图及其应用机型中国商飞 C919 窄体客机
左图引自：https://en.wikipedia.org/wiki/ACAE_CJ‑1000A
右图引自：https://en.wikipedia.org/wiki/Comac_C919

长江 1000 发动机的风扇直径为 1.95 m，长 3.29 m，推力范围为 100～135 kN，广泛采用了国际先进的技术设计。例如，其 18 片风扇叶片采用小展弦比三维气动造型设计宽弦空心叶片，内部采用瓦伦空心结构，使用 TC4 钛合金超塑成形扩散连接工艺制造；风扇叶片中上部后掠，叶尖前掠，可保证较大稳定裕度，同时可有效提高气动效率；外涵道出口导向叶栅采用后倾设计，可有效降低噪声；风扇机匣采用硬壁包容结构，中介机匣外支板与出口导向叶栅采用非融

合结构设计;燃油喷嘴采用 3D 打印增材制造。长江 1000 发动机由约 35 000 个零件组成,其配套参研单位达 24 家。

首台技术验证机长江 1000AX 于 2017 年底完成装配,同时其核心机台架试验实现了 100%设计转速下的稳定运转;2018 年 3 月 30 日,在上海临港总装试车台完成了整机全部调试工作,4 月 3 日,通过了试验前评审;5 月 18 日,发动机点火成功,首次试运转,初步验证了各级部件及相关系统的功能和匹配性。

长江 1000 系列为双转子高涵道比涡扇发动机,其基本构型如下:

(1) 1 级风扇,3 级低压压气机,10 级高压压气机。

(2) 先进低排放燃烧室。

(3) 2 级高压涡轮,6 级低压涡轮。

(4) 双通道全权限数字电子控制系统。

该发动机的技术参数、推力设置、应用机型及关键节点日期如表 1.9.1 和表 1.9.2 所示。

表 1.9.1　CJ‐1000 发动机的技术参数

风扇直径/mm	1 950	巡航耗油率/[kg/(kgf・h)]	～0.52
涵道比	＞9	发动机干质量/kg	～3 200
总压比	＞40	长度* /mm	3 290
质量流量(起飞状态)/(kg/s)	＞450		

　* 从风扇机匣前法兰端面至涡轮后支撑尾部法兰端面的距离。

表 1.9.2　CJ‐1000 发动机的推力设置、应用机型及关键节点日期

型　号		起飞推力/kN	平直推力设置/℃	应用机型	首次试车日期	取证日期	服役日期
CJ‐1000	‐AX	111	ISA+15		2018 年5 月 18 日		
	‐A	125	ISA+15	COMAC C919		待定	待定
	‐B	131	ISA+15	COMAC C919‐ER		待定	待定

　注:海平面静止状态,国际标准大气条件,无功率提取。

1.9.2　CJ‐2000

长江 2000 系列(CJ‐2000)是我国大型客机发动机重大专项的主承制单位中国航空发动机集团公司所属的上海商用航空发动机有限责任公司拟研制的大

推力高涵道比涡扇发动机,将成为我国和俄罗斯联合研制的新双通道宽体客机 CR929 的可选国产动力,主要技术参数和推力设置等内容见表 1.9.3。CR929 初始动力系统将选取西方成熟产品,如 GE90 或 Trent 1000 等货架发动机;后期将选配中俄自主研制的动力系统。

此系列大推力涡扇发动机将在长江 1000 系列核心机的基础上等比例放大,以获得约 78 000 lbf(350 kN)推力等级的大型核心机,包括 10 级高压压气机和 2 级高压涡轮以及经改进的先进低排放燃烧室。同时,低压转子配备由 7 级低压涡轮驱动的单级风扇和 4 级低压增压级。此基本构型与美国 GE 公司 GEnx‐1B 型和俄罗斯 UEC 公司 PD‐35 型涡扇发动机基本一致(后者采用了 9 级高压压气机)。

长江 2000 系列首台验证机的研制工作预计将于 2023 年前后完成,并进入地面测试,于 2030 年后搭载 CR929 首飞。

该发动机的技术参数、推力设置、应用机型及关键节点日期如表 1.9.3 和表 1.9.4 所示。

表 1.9.3　CJ‐2000 发动机的技术参数

风扇直径/mm	~2 890(估计)	巡航耗油率/[kg/(kgf・h)]	~0.51(估计)
涵道比	>10(估计)	发动机干质量/kg	~6 500(估计)
总压比	>50(估计)	长度*/mm	~5 500(估计)
质量流量(起飞状态)/(kg/s)	~1 500(估计)		

＊ 从风扇机匣前法兰端面至涡轮后支撑尾部法兰端面的距离。

表 1.9.4　CJ‐2000 发动机的推力设置、应用机型及关键节点日期

型　号	起飞推力/kN	平直推力设置/℃	应用机型	首次试车日期	取证日期	服役日期
CJ‐2000‐AX	350	ISA+15	CRAIC CR929	N/A	待定	待定

注: 海平面静止状态,国际标准大气条件,无功率提取。

第2章 军用涡扇发动机

2.1 罗罗公司军用涡扇发动机

罗罗英国公司

2.1.1 Adour Mk106

罗罗-透博梅卡(现法国赛峰集团航空发动机公司)"阿杜尔"(Adour)系列低涵道比双转子涡扇发动机最初是为英法两国联合开发的美洲豹(SEPECAT Jaguar)双发多用途战机研制的动力系统,于1968年首次成功运转,并于1973年服役,之后逐步衍生出加力和非加力的多种型号。

阿杜尔Mk101为首台量产型,配有加力燃烧室,配装美洲豹战机的早期版本,共交付了40台。Mk104为20世纪80年代初进一步发展的增推型,中间状态推力约为5 500 lbf(24.5 kN),最大推力近8 000 lbf(35.6 kN),显著提高了推重比并改善了美洲豹战机的机动性能。其加力状态下起飞推力提高了10%,高亚声速巡航推力提高了27%,有效提升了该战机在较低高度对地攻击的效能。

阿杜尔Mk106是该系列加力型的最新改进型,用以替换美洲豹攻击机原使用的Mk104型发动机,如图2.1.1所示。Mk106采用了Mk871非加力型发动机与Mk104加力燃烧室的组合形式,显著提升了使用性能。2007年5月,随英国皇家空军最后16架美洲豹战机退役,此型发动机全面退出现役。另外,非加力型Mk871和Mk951的美军用衍生型代号为F405-RR-401和-402,分别见2.1.2节和2.1.3节。

阿杜尔Mk106双转子轴流式加力型涡扇发动机的基本构型如下:

(1) 2级低压风扇,5级高压压气机。

(2) 环形燃烧室。

(3) 1级高压涡轮,1级低压涡轮。

图 2.1.1　阿杜尔 Mk104 型发动机外观图及其典型应用机型美洲豹战斗轰炸机

左图引自：https://www.everettaero.com/adour.html

右图引自：https://en.wikipedia.org/wiki/SEPECAT_Jaguar

（4）加力燃烧室及收缩式尾喷口。

该发动机的技术参数、推力设置、应用机型及关键节点日期如表 2.1.1 和表 2.1.2 所示。

表 2.1.1　阿杜尔 Mk106 发动机的技术参数

风扇直径/mm	566.42	耗油率/[kg/(kgf·h)]	0.811
涡轮前温度/K	N/A	基础发动机干质量/kg	809.936
涵道比	0.8	推重比	4.72
总压比	10.4	长度/mm	2 895.6
质量流量(起飞状态)/(kg/s)	43.085		

表 2.1.2　阿杜尔 Mk106 发动机的推力设置、应用机型及关键节点日期

型　号	最大加力推力/lbf(kN)	中间状态推力/lbf(kN)	应用机型	首次试车日期	服役日期
Adour Mk106	8 430 (37.499)	5 600 (24.910)	美洲豹战斗轰炸机	N/A	2002 年

注：海平面静止状态，国际标准大气条件，无功率提取。

2.1.2　Adour Mk951

阿杜尔系列是英国罗罗公司与法国赛峰航空发动机公司（原透博梅卡公司）合作研制的双转子涡扇发动机，具有加力型和非加力型等多个版本，起飞推力范围覆盖 5 000～8 000 lbf(22.2～35.6 kN)，可为路基或舰载军用攻击机和高级教练机提供动力。阿杜尔系列发动机具有稳定性高、使用维护简便等突出特点，在实际应用中逐步验证了其优秀的可靠性。目前，共有约 3 000 台该系列发动机在世界上 9 个国家服役，共累积了近 1 000 万飞行小时。

　　阿杜尔发动机最初是为美洲豹攻击机研制的加力型动力系统,于 1973 年服役,见 2.1.1 节。阿杜尔 Mk871 为非加力型,其美军用衍生型代号为 F405 - RR - 401,可为攻击机和高级教练机提供动力,如日本三菱双发 T2 高级教练机和 F1 战斗轰炸机、英国宇航公司鹰(Hawk)100/200 单发轻型多用途战机以及波音公司 T45 苍鹰(Goshawk)高级教练机,见 2.1.3 节。

　　阿杜尔 Mk951 是该系列非加力型的最新改进型,其美军用衍生型代号为 F405 - RR - 402,主要为前述英国宇航公司鹰系列轻型战机的后期改进型以及为 T45 高级教练机提供动力。另外,该型发动机还为英国航宇系统公司雷电之神(Taranis)和法国达索公司神经元(nEUROn)无人驾驶战斗机(unmanned combat air vehicle,UCAV)技术验证机提供动力。此型发动机增大了风扇进口直径,提高了推力,并显著增加了发动机寿命;采用了全新设计的风扇和燃烧室,并改进了高、低压涡轮,同时引入了全权限数字电子控制系统。

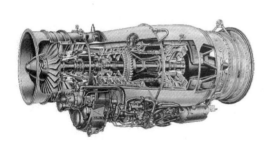 

图 2.1.2　阿杜尔非加力型涡扇发动机结构纵剖图及其应用
机型鹰 200 轻型多用途战机

左图引自:https://en.wikipedia.org/wiki/Rolls-Royce_Turbomeca_Adour
右图引自:https://en.wikipedia.org/wiki/BAE_Systems_Hawk

　　阿杜尔 Mk951 双转子轴流式非加力型涡扇发动机的基本构型如下:

　　(1) 2 级低压风扇,5 级高压压气机。

　　(2) 环形燃烧室。

　　(3) 1 级高压涡轮,1 级低压涡轮。

　　(4) 全权限数字电子控制系统。

　　该发动机的技术参数、推力设置、应用机型及关键节点日期如表 2.1.3 和表 2.1.4 所示。

表 2.1.3　阿杜尔 Mk951 发动机的技术参数

风扇直径/mm	576.58	耗油率/[kg/(kgf·h)]	0.78
涡轮前温度/K	N/A	基础发动机干质量/kg	610.63
涵道比	0.8	推重比	4.83
总压比	12.2	长度/mm	1 955.8
质量流量(起飞状态)/(kg/s)	47.67		

表 2.1.4　阿杜尔 Mk951 发动机的推力设置、应用机型及关键节点日期

型　号	起飞推力 /lbf(kN)	应用机型	首次试车 日期	服役日期
Adour　（F405 - Mk951　RR - 402）	6 500 (28.913)	英国宇航公司鹰系列, 波音 T45 苍鹰系列	N/A	2005 年

注：海平面静止状态，国际标准大气条件，无功率提取。

2.1.3　Adour Mk871

阿杜尔系列是英国罗罗公司与法国赛峰航空发动机公司(原透博梅卡公司)合作研制的双转子涡扇发动机,具有加力型和非加力型等多个版本,可为军用攻击机和高级教练机提供动力。阿杜尔系列发动机具有稳定性高、使用维护简单等突出特点,在实际应用中逐步验证了其优秀的可靠性。目前,共有约 3 000 台该系列发动机在世界上 9 个国家服役,共累积了近 1 000 万飞行小时。

阿杜尔发动机最初是为美洲豹攻击机研制的加力型动力系统,于 1973 年服役,见 2.1.1 节。阿杜尔 Mk871 为后期非加力型,其美军用衍生型代号为 F405 - RR - 401,可为攻击机和高级教练机提供动力,如日本三菱双发 T2 高级教练机和 F1 战斗轰炸机、英国宇航公司鹰 100/200 单发轻型多用途战机以及波音公司 T45 苍鹰高级教练机。非加力系列的阿杜尔发动机初始起飞推力约为 5 845 lbf(26 kN),后逐步增加至 Mk871 的 6 000 lbf(26.7 kN)。其最新改进型为 Mk951,起飞推力为 6 500 lbf(28.9 kN),见 2.1.2 节。

阿杜尔 Mk871 双转子轴流式非加力型涡扇发动机的基本构型如下:

(1) 2 级低压风扇,5 级高压压气机。

(2) 环形燃烧室。

(3) 1 级高压涡轮,1 级低压涡轮。

该发动机的技术参数、推力设置、应用机型及关键节点日期如表 2.1.5 和表 2.1.6 所示。

图 2.1.3 阿杜尔 Mk811 型发动机及其典型应用机型英国宇航公司鹰 100 轻型战机

左图引自：https：//en. wikipedia. org/wiki/HAL_Aerospace_Museum＃/media/File：Adour_
Mk_811_by_Augustus. jpg

右图引自：https：//asianmilitaryreview. com/2018/05/light-combat-aircraft-in-the-asia-pacific

表 2.1.5 阿杜尔 Mk871 发动机的技术参数

风扇直径/mm	566.42	耗油率/[kg/(kgf·h)]	0.78
涡轮前温度/K	N/A	基础发动机干质量/kg	589.746
涵道比	0.8	推重比	4.62
总压比	11.3	长度/mm	1 955.8
质量流量(起飞状态)/(kg/s)	44.719		

表 2.1.6 阿杜尔 Mk871 发动机的推力设置、应用机型及关键节点日期

型号	起飞推力/lbf(kN)	应用机型	首次试车日期	服役日期
Adour （F405-Mk871 RR-401)	6 000 (26.689)	英国宇航公司鹰系列，波音 T45 苍鹰系列	N/A	1992 年

注：海平面静止状态，国际标准大气条件，无功率提取。

2.1.4 Pegasus 11-21

飞马(Pegasus)系列是为英国原布里斯托-西德利公司(Bristol Siddeley)鹞
式(Harrier)系列垂直或短距起降型(vertical/short takeoff and landing,
V/STOL)多用途战机研制的专用推力矢量涡扇发动机,如图 2.1.4 所示。该系
列发动机在北约共有武器开发计划项目框架下研制,原由西德利发动机公司设
计试制后由罗罗公司改进发展,用于美国海军陆战队 AV8-A/B 战机的发动机
代号为 F402 系列。该发动机通过前置和尾部可转向喷口调整风扇和涡轮排气
方向实现推力矢量功能,助力世界上首架固定翼战机实现垂直或短距起降。
1993 年美国机械工程师学会将 1960 年生产的序列号为 BS916 的飞马发动机列

图 2.1.4　飞马发动机结构纵剖图及其应用机型 AV8－B 海鹞Ⅱ战机

左图引自：https://en.wikipedia.org/wiki/Rolls-Royce_Pegasus

右图引自：https://en.wikipedia.org/wiki/McDonnell_Douglas_AV-8B_Harrier_II

为世界历史上第 38 项机械工程里程碑。

飞马系列发动机原型机于 1959 年首次运转,飞马 2 型［推力为 11 500 lbf (51.2 kN)］于 1960 年 10 月随原霍克-西德利(Hawker Siddeley)P.1127 红隼 (Kestrel)原型机首飞。1964 年 3 月,9 架配装飞马 5 型发动机［15 500 lbf (68.9 kN)推力］的红隼战机交付北约用于性能评估,即之后的英国宇航公司鹞式战机。首批量产型发动机(飞马 6 Mk101)推力约为 19 000 lbf(84.5 kN), 1969 年 4 月随该战机进入英国皇家空军服役。飞马 10 Mk102 为过渡状态发动机,此后的飞马 11 Mk103 型推力增加至 21 500 lbf(95.6 kN),为皇家空军所有鹞式战机提供动力。Mk104 为零部件防盐雾侵蚀做了部分调整改进,主要用于英国皇家海军的海鹞(Sea Harrier)战机。另外,F402－RR－401 型发动机 1971 年随 AV8－A 型战机进入美国海军陆战队服役。

飞马 11 型发动机初始起飞推力为 21 000 lbf(93.4 kN),1974 年服役,为英国皇家空军鹞式 GR.3 战机、皇家海军海鹞战机及美国海军陆战队 AV8－A 等第一代鹞式系列战机提供动力。其后期增推型飞马 11－21(Mk105 和 Mk106) 为第二代鹞式战机动力系统,其中鹞Ⅱ和 AV8－B 战机使用的 Mk105 型起飞推力为 21 500 lbf(95.6 kN),海鹞 FA2 战机使用的 Mk106 型起飞推力为 21 750 lbf (96.7 kN)。另外,飞马 11－61(Mk107)为该系列最新改进型发动机,见 2.1.5 节。

自进入服役以来,飞马系列发动机共生产了 1 200 多台,在英国皇家空军、皇家海军、美国海军陆战队、意大利、西班牙、印度和泰国海军服役过程中积累了超过 200 万小时飞行时间;目前仍在为美国海军陆战队使用的 AV8－B＋战机提供动力,但已停产。

飞马系列推力矢量涡扇发动机采用双转子设计,配有 3 级风扇(低压压气机)和 8 级高压压气机,分别由 2 级低压和 2 级高压涡轮驱动,并采用了高低压转子反向旋转构型降低陀螺效应,以平衡滚转力矩。同时,采用如图 2.1.4 所示置于发动机两侧中部和尾部的 4 个可调转向喷口调整发动机推力方向,为鹞式战机提供垂直或短距起降过程中各姿态下所需的升力和推力。其中,中部两侧喷口使用来自低压风扇后的外涵冷气流,而尾部两侧的喷口使用涡轮后的内涵热气流(约为 650℃)。为保证起降过程中飞机的姿态平衡,4 个喷口的转向调整由 2 个空气涡轮驱动(使用引自高压压气机后的压缩空气驱动),并通过正时链同步,可实现 90°/s 的迅速转向。在飞行过程中,前置的两个冷喷口关闭,由尾部的两个热喷口提供前向推力。其次,该发动机未采用当时常见的风扇进口导向叶片即可实现作战状态复杂、进气畸变条件下的压缩系统稳定工作,并且首级风扇位于前轴承之前,省略了额外的径向支撑结构,降低了发动机重量。

另外,由于飞马系列发动机安装在鹞式系列战机机身中部的重心位置,在更换发动机时必须将下反式上单翼机翼移除,整个过程需要至少 8 h。

飞马 11 - 21 型发动机的基本构型如下:

(1) 3 级低压风扇,8 级高压压气机。

(2) 环形燃烧室。

(3) 2 级高压涡轮,2 级低压涡轮。

(4) 可调转向前置和尾部喷口以及姿态控制喷管等。

该发动机的技术参数、推力设置、应用机型及关键节点日期如表 2.1.7 和表 2.1.8 所示。

表 2.1.7　飞马 11 - 21 发动机的技术参数

风扇直径/mm	1 219.2	耗油率/[kg/(kgf·h)]	0.62
涡轮前温度/K	N/A	基础发动机干质量/kg	1 797.84
涵道比	1.4	推重比	5.55
总压比	15.3	长度/mm	3 479.8
质量流量(起飞状态)/(kg/s)	453		

表 2.1.8　飞马 11 - 21 发动机的推力设置、应用机型及关键节点日期

型　号	起飞推力/lbf(kN)	应用机型	首次试车日期	服役日期
Pegasus - 11 - 21　(F402 - RR - 406)	22 000 (97.861)	AV8B 鹞式战机系列	N/A	1986 年

注:海平面静止状态,国际标准大气条件,无功率提取。

2.1.5　Pegasus 11‑61

飞马 11‑61(Mk107)是该系列的最新改进型发动机,可提供 23 800 lbf (105.9 kN)起飞推力,是该系列中推力最大的型号,较早期服役机型推力提高了 15%以上,并可在更高的环境温度下使用;同时显著降低了使用维护成本,其热端部件寿命提高了一倍。这些技术进步帮助鹞 2+式战机极大地提高了作战效能,在保有全昼夜垂直或短距起降优势的同时,通过配装先进雷达系统实现了超视距空战的能力。另外,配装此增推型发动机的海鹞 2+和 AV8‑B+战机,在执行完作战任务后返航时,不再需要将未使用的武器等过载提前丢弃即可在航母甲板着陆。

图 2.1.5　飞马发动机结构纵剖图及其应用机型 AV8‑B 海鹞战机

左图引自:https://aeroart.co.uk/products/harrier-jump-jet-rollls-royce-jet-engine-compressor-table

右图引自:https://en.wikipedia.org/wiki/McDonnell_Douglas_AV-8B_Harrier_II

飞马 11‑61 型发动机的基本构型如下:

(1) 3 级低压风扇,8 级高压压气机。

(2) 环形燃烧室。

(3) 2 级高压涡轮,2 级低压涡轮。

(4) 可调转向前置和尾部喷口以及姿态控制喷管等。

该发动机的技术参数、推力设置、应用机型及关键节点日期如表 2.1.9 和表 2.1.10 所示。

表 2.1.9　飞马 11‑61 发动机的技术参数

风扇直径/mm	1 219.2	耗油率/[kg/(kgf · h)]	0.67
涡轮前温度/K	N/A	基础发动机干质量/kg	1 797.84
涵道比	1.2	推重比	6
总压比	16.3	长度/mm	3 479.8
质量流量(起飞状态)/(kg/s)	459		

表 2.1.10　飞马 11‑61 发动机的推力设置、应用机型及关键节点日期

型　　号	起飞推力 /lbf(kN)	应用机型	首次试车 日期	服役日期
Pegasus （F402‑ 11‑61　RR‑408）	23 800 (105.868)	AV8B 鹞式 战机系列	N/A	1990 年

注：海平面静止状态，国际标准大气条件，无功率提取。

2.1.6　Viper 632

威派尔（Viper）涡喷发动机原是英国阿姆斯特朗‑西德利公司为靶机研制的动力系统，1951 年首次运转，1952 年用于金迪维克（Jindivik）靶机，随后又改型用于喷气式教练机。经几十年发展，逐步衍生出威派尔 100、200、500、600 系列。其中，威派尔 600 系列涡喷发动机进一步由英国罗罗公司与意大利菲亚特公司合作研制，其军用型翻修间隔期达到了 1 000 小时。其中，威派尔 601 为加力型军用涡喷发动机，如图 2.1.6(a)所示；威派尔 632 为非加力型，其典型应用机型如图 2.1.6(b)所示。

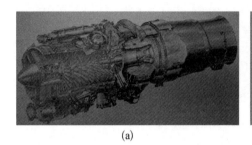 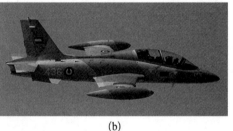

(a)　　　　　　　　　　　　　　　　(b)

图 2.1.6　威派尔 600 涡喷发动机及典型应用机型阿莱尼亚马基 MB339 喷气教练机

左图引自：https://iar99soim.blogspot.com/2015/02/motorul-rolls-royce-viper.html
右图引自：https://www.aircraftcompare.com/aircraft/alenia-aermacchi-mb-339

威派尔 632 非加力型单转子涡喷发动机的基本构型如下：

（1）8 级压气机。

（2）环形燃烧室。

（3）2 级涡轮。

该发动机的技术参数、推力设置、应用机型及关键节点日期如表 2.1.11 和表 2.1.12 所示。

2.1.7　Viper 680

威派尔（Viper）680 非加力型涡喷发动机是该系列中威派尔 632 的后期改

表 2.1.11　威派尔 632 发动机的技术参数

风扇直径/mm	490.22	耗油率/[kg/(kgf·h)]	0.97
涡轮前温度/K	N/A	基础发动机干质量/kg	376.82
涵道比	N/A	推重比	4.8
总压比	5.95	长度/mm	1 805.94
质量流量(起飞状态)/(kg/s)	26.786		

表 2.1.12　威派尔 632 发动机的推力设置、应用机型及关键节点日期

型　号	起飞推力 /lbf(kN)	应 用 机 型	首次试车 日期	服役日期
Viper　632	3 970 (17.659)	MB326K，MB339/339C， IAR93A，鹫式攻击机，海鸥攻击机	N/A	1975 年

注：海平面静止状态，国际标准大气条件，无功率提取。

进型，基本构型一致，加大了发动机进口截面积，修改了叶片高度，并提高了转子转速，使得推力增大了 15%（见图 2.1.7）。

图 2.1.7　威派尔系列早期型号发动机及阿莱尼亚马基 MB339CB 喷气教练机

左图引自：https：//media-cdn.tripadvisor.com/media/photo-s/0f/35/12/8b/rolls-royce-viper-jet.jpg

右图引自：http://www.drakenintl.com/ecom_img/original-8-26-aermacchi-01.jpg

该发动机的技术参数、推力设置、应用机型及关键节点日期如表 2.1.13 和表 2.1.14 所示。

表 2.1.13　威派尔 680 发动机的技术参数

风扇直径/mm	409.22	总压比	6.2
涡轮前温度/K	N/A	质量流量(起飞状态)/(kg/s)	28.602
涵道比	N/A	耗油率/[kg/(kgf·h)]	0.98

（续表）

基础发动机干质量/kg	379.544	长度/mm	1 805.94
推重比	5.1		

表 2.1.14　威派尔 680 发动机的推力设置、应用机型及关键节点日期

型　号	起飞推力 /lbf(kN)	应用机型	首次试车 日期	服役日期
Viper　680	4 270(18.994)	MB339CB/CE/FD	N/A	1991 年

注：海平面静止状态，国际标准大气条件，无功率提取。

2.1.8　其他军用发动机

其他军用发动机的推力设置、应用机型及关键节点日期如表 2.1.15 所示。

表 2.1.15　其他军用发动机的推力设置、应用机型及关键节点日期

发动机系列	型　号	起飞推力/kN (ISA，Sea Level)	应用机型	服役时间
Adour	102/801	22.773/ 32.523(加力)	美洲豹/三菱 T2，F1	1972 年/ 1975 年
	104/804	23.686/ 35.796(加力)	美洲豹/美洲豹国际版	1976 年 7 月
	151/851	23.330	鹰 TMK1/鹰 Mk50 系列	1976 年/ 1980 年
	811/815	24.576/ 37.365(加力)	美洲豹国际版	1977 年/ 1983 年
	861	25.378	鹰 60	1983 年
	871	26.713	鹰 100/200	1991 年
	F405-RR-401	26.713	苍鹰 T45	1992 年
Avon(Turbojet)		53.427	猎人战斗机/堪培拉轰 炸机	1954 年
Conway	301	93.630	维克斯 VC10 加油机	1965 年
Pegasus	II	95.723	鹞式战机 1，海鹞，AV8A	1972 年
RB199	Mk103	71.236	狂风 IDS/ADV(对地攻 击型/防空型)	1983 年
	Mk105	74.352	狂风 ECR 电子支援飞机	1990 年
Spey	250/251	53.404	猎迷 MR 反潜巡逻机	1969 年
	TF41-A2	66.783	海盗 A7	1968 年

（续表）

发动机系列	型 号	起飞推力/kN （ISA，Sea Level）	应 用 机 型	服役时间
Spey	202	91.337	鬼怪 F4 - J/K，飞 豹 JH7/FBC1	1970 年，1997 年
	Mk807	49.108	意大利和巴西 AMX 战机	1989 年
Viper	535	14.959	打击能手	1968 年
	540	14.959	MB326C	1971 年
	663	22.395（加力）	IAR 93，鹫式攻击机	1984 年

注：海平面静止状态，国际标准大气条件，无功率提取。

罗罗德国公司

2.1.9　BR710 - B3 - 40

　　罗罗德国公司（原宝马罗罗公司）BR700 家族双转子涡扇发动机主要为支线客机和公务机提供动力，见 1.1.23 节。其中，BR700 - 710 系列发动机于 1997 年配装湾流 V 型公务机服役，并于 1998 年配装庞巴迪全球快车公务机服役。此系列发动机亦被选为湾流 G550 公务机的动力系统。BR700 - 710 系列采用 48 in（1 219.2 mm）直径单级风扇，并由两级低压涡轮驱动；自 V2500 核心机缩比而来的十级高效高压压气机由两级气冷高压涡轮驱动。该系列中的 BR710 - B3 - 40 型发动机，调整了推力设置并改进了排气系统，被选为英国皇家空军 MRA4 猎迷（Nimrod）反潜巡逻机的动力装置，如图 2.1.8 所示。针对海上特殊飞行环境，对该动力系统相关部件做了技术改进。截至 2017 年 5 月，3 200 余台

图 2.1.8　BR710 发动机结构纵剖图及其应用机型猎迷 MRA4 反潜巡逻机

左图引自：https://www.rolls-royce.com/products-and-services/civil-aerospace/business-aviation/br710.aspx

右图引自：https://abpic.co.uk/pictures/model/Hawker%20Siddeley%20Nimrod%20MRA4

进入服役的该系列发动机共累积运行了超过 1 000 万飞行小时。另外,该家族中 BR725 系列发动机用于美国空军 C37 运输机、E11 BACN 预警机以及 B52 战略轰炸机换发,其军用代号为 F130。

BR710 双转子轴流式涡扇发动机的基本构型如下:

(1) 1 级轴流风扇,10 级高压压气机。

(2) 环形低排放燃烧室。

(3) 2 级高压涡轮,2 级低压涡轮。

(4) 全权限数字电子控制系统。

该发动机的技术参数、推力设置、应用机型及关键节点日期如表 2.1.16 和表 2.1.17 所示。

表 2.1.16　BR710 发动机的技术参数

风扇直径/mm	1 219.2	耗油率/[kg/(kgf·h)]	~0.622
涡轮前温度/K	N/A	基础发动机干质量/kg	2 106.56
涵道比	4.2	推重比	3.35
总压比	24	长度/mm	2 260.6
质量流量(起飞状态)/(kg/s)	202.03		

表 2.1.17　BR710 发动机的推力设置、应用机型及关键节点日期

型　号	起飞推力/lbf(kN)	应 用 机 型	首次试车日期	服役日期
BR710　B3-40(Mk101)	15 550 (69.170)	猎迷 MRA4 反潜巡逻机	N/A	2006 年

注:海平面静止状态,国际标准大气条件,无功率提取。

罗罗北美公司

2.1.10　AE3007-H

罗罗北美公司研制的 AE3007 系列双转子高涵道比涡扇发动机源自原艾利逊燃气涡轮引擎公司为波音(原贝尔直升机)V22 鱼鹰倾旋翼飞机研制的 AE1107-C 自由涡轴发动机。在原核心机基础上改型研制后,AE3007 采用了单级宽弦风扇、14 级高压压气机、发汗冷却环形燃烧室、2 级高压涡轮和 3 级低压涡轮的新构型。

AE3007 系列发动机可提供 8 000 lbf(35.6 kN)等级的起飞推力,其民用型号可为支线客机和高级公务机提供动力,如巴西航空 ERJ135/140/145 和莱格

赛 600/650 以及塞斯纳奖状 X 等,见 1.1.24 节。

其军用型号 AE3007 – H(美军代号 F137)主要为诺斯罗普格鲁曼公司研制的空军型 RQ4 – A/B 全球鹰、海军型 MQ4 – C 海神以及由此衍生的欧洲之鹰和北约 AGS 等高空长航时无人预警侦察机提供动力,如图 2.1.9 所示。采用单台此型发动机,RQ4 全球鹰无人机可在两万米高空连续巡航 32 h。另外,AE3007 – A1P 型为巴西航空 EMB145 爱立眼(Erieye)早期预警与警戒(Airborne Early Warning and Control,AEW&C)飞机的动力系统,见 2.1.11 节。

图 2.1.9　AE3007 发动机结构纵剖图及其典型应用机型 MQ4 – C"海神"无人机

左图引自:https://www.rolls-royce.com/products-and-services/civil-aerospace/business-aviation/ae-3007.aspx

右图引自:https://www.northropgrumman.com/Capabilities/Triton/Pages/default.aspx

AE3007 – H 双转子高涵道比涡扇发动机的基本构型如下:

(1) 1 级宽弦风扇,14 级高压压气机。

(2) 环形燃烧室,16 个燃油喷嘴。

(3) 2 级高压涡轮,3 级低压涡轮。

(4) 全权限数字电子发动机控制系统。

该发动机的技术参数、推力设置、应用机型及关键节点日期如表 2.1.18 和表 2.1.19 所示。

表 2.1.18　AE3007 – H 发动机的技术参数

风扇直径/mm	977.9	耗油率/[kg/(kgf·h)]	0.631
涡轮前温度/K	N/A	基础发动机干质量/kg	720.044
涵道比	4.8	推重比	5.42
总压比	20	长度/mm	2 705.1
质量流量(起飞状态)/(kg/s)	127.12		

表 2.1.19　AE3007 - H 发动机的推力设置、应用机型及关键节点日期

型　号	起飞推力/lbf(kN)	应 用 机 型	首次试车日期	服役日期
AE3007 - H	8 600(38.255)	全球鹰高空长航时无人侦察机	N/A	2003 年

注：海平面静止状态，国际标准大气条件，无功率提取。

2.1.11　AE3007 - A1P

　　AE3007 系列是罗罗北美公司在原艾利逊燃气涡轮引擎公司 AE1107 - C 涡轴发动机核心机的基础上改型研制的中等推力高涵道比双转子涡扇发动机，可为多种支线客机和高级公务机提供动力，见 1.1.24 节。其美军用代号为 F137，主要为诺斯罗普格鲁曼公司 RQ - 4 全球鹰等高空长航时无人预警侦察机提供动力，见2.1.10 节。而在该系列中，AE3007 - A1P 起飞推力为 7 580 lbf(33.7 kN)，主要为巴西航空 EMB145 爱立眼早期预警与警戒飞机提供动力，如图 2.1.10 所示。

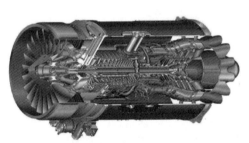

图 2.1.10　AE3007 发动机结构纵剖图及其应用机型巴西航空
EMB145"爱立眼"预警机

左图引自：https://www.rolls-royce.com/products-and-services/civil-aerospace/business-aviation/ae-3007.aspx
右图引自：https://military.wikia.org/wiki/Embraer_EMB-145_AWACS

AE3007 - A1P 双转子高涵道比涡扇发动机的基本构型如下：

（1）1 级宽弦风扇，14 级高压压气机。

（2）环形燃烧室，16 个燃油喷嘴。

（3）2 级高压涡轮，3 级低压涡轮。

（4）全权限数字电子发动机控制系统。

该发动机的技术参数、推力设置、应用机型及关键节点日期如表 2.1.20 和表 2.1.21 所示。

表 2.1.20　AE3007－A1P 发动机的技术参数

风扇直径/mm	977.9	耗油率/[kg/(kgf・h)]	0.631
涡轮前温度/K	N/A	基础发动机干质量/kg	720.044
涵道比	4.8	推重比	4.78
总压比	19	长度/mm	2 705.1
质量流量(起飞状态)/(kg/s)	118.04		

表 2.1.21　AE3007－A1P 发动机的推力设置、应用机型及关键节点日期

型　号	起飞推力/lbf(kN)	应 用 机 型	首次试车日期	服役日期
AE3007　A1P	7 580 (33.718)	巴西航空工业 Emb145 爱立眼早期预警与警戒飞机	N/A	2002 年

注：海平面静止状态，国际标准大气条件，无功率提取。

2.2　普惠公司军用涡扇发动机

普惠美国公司

2.2.1　F135

F135 发动机是普惠公司为 F35 闪电 II 单发联合战斗攻击机(joint strike fighter,JSF)研制的动力系统,属于军用加力型小涵道比涡扇发动机,其最新改进型最大加力推力近 200 kN,具有常规起降型(CTOL)、短距起飞垂直降落型(STOVL)和舰载型(CV)三个版本,分别配装 F35－A、F35－B 和 F35－C 型战斗机,如图 2.2.1 所示。

图 2.2.1(a)　F135－PW－100(CTOL)发动机结构纵剖图
及其应用机型 F35－A 常规起降型战机

左图引自：https://www.pw.utc.com/products-and-services/products/military-engines/f135
右图引自：https://www.lockheedmartin.com/en-us/products/f-35.html

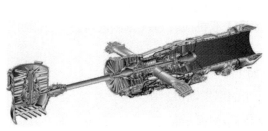

图 2.2.1(b) F135 - PW - 600(STOVL)发动机结构纵剖图及其应用
机型 F35 - B 短距起飞垂直着陆型战机

左图引自：https：//www. pw. utc. com/products-and-services/products/military-engines/f135

右图引自：https：//www. lockheedmartin. com/en-us/products/f-35. html

此发动机源于普惠公司为美国空军 F22 战机提供动力的第五代军用先进技术涡扇发动机 F119 - PW - 100，作为其衍生机型采用了基本相同的核心机，继承了相同的作战效能（超声速巡航、超机动性和低可探测性等），推力提高了 20%（增大了空气流量和涵道比，并提高了涡轮前温度），同时融入了最新的故障监测与健康管理系统，进一步提高了可靠性和待命时间并显著降低了维护成本。装配 F135 发动机的 F35 战机可以以 1.2 马赫速度巡航飞行约 240 公里。

F135 发动机首台样机于 2003 年底首次试车，2006 年 12 月配装 F35 - A 型战机首飞，首台量产型于 2009 年交付，其后随美军 F35 - B 和 F35 - A 型战机分别于 2015 年 7 月和 2016 年 8 月形成初始作战能力。该发动机三级轴流风扇采用超中等展弦比、前掠叶片、线性摩擦焊整体叶盘和失谐技术，在保持 F119 原风扇的高级压比、高效率、大喘振裕度和轻质量的同时，将风扇的截面面积增加了 10%～20%；六级高压压气机基本不变；燃烧室在原三维高湍流度、高旋流结构的浮壁燃烧室的基础上，采用了高油气比燃烧技术，在满足小分布因子和设计要求的径向剖面的同时，提高了燃烧效率；高、低压涡轮采用对转结构，超冷高压涡轮转子和导向叶片采用三维气动设计，动叶采用第二代含铼镍基高温合金单晶铸造，并已在改进的 F119 发动机上得到了验证，在提高耐久性的同时，明显提高了工作温度（提高了近 110℃）。

此后，普惠公司为 F135 发动机开展了至少两项改进计划，包括：① 与美国海军合作，通过更好的涡轮叶片冷却技术将推力进一步提高 7%～10%，同时燃油消耗率降低 5%～7%，这有助于增加发动机寿命并有效降低维护成本；② 与美国空军合作,通过自适应发动机过渡计划(AETP)为推力超过 200 kN 的第六代战机发动机奠定技术基础。截至 2017 年 5 月,改进型 F135(Growth Option 1)发动机已完成测试,可进入量产;在 F35 战机飞行包线范围内,其推力平均增加了 6%～7%,同时燃油消耗率降低了 5%～6%。

F135 发动机的基本构型及特点如下:

(1) 加力型小涵道比轴流式双转子涡扇发动机。

(2) 压缩系统采用 3 级风扇和 6 级高压压气机。

(3) 短环形燃烧室。

(4) 膨胀做功系统采用 1 级高压涡轮、2 级低压涡轮;高、低压涡轮采用对转结构。

(5) 短距起飞垂直降落型配有前置的两级对转升力风扇(最大直径 1 346 mm)和三轴承转向推力矢量喷管以及滚转控制喷管;另外,此型发动机的升力风扇由 2 级低压涡轮驱动。

该发动机的技术参数、推力设置、应用机型及关键节点日期如表 2.2.1 和表 2.2.2 所示。

F135 发动机的项目主要合作伙伴包括普惠公司(主承包商)、罗罗公司(升力系统)、英国宇航公司(全权限数字电子控制系统)、吉凯恩航宇公司(GKN)和联合技术公司(UTC,零部件)。

表 2.2.1　F135 发动机的技术参数

型　　号	F135 - PW - 100/400	F135 - PW - 600
最大直径/mm(in)	1 168.4(46)	1 168.4(46)
风扇进口直径/mm(in)	1 092.2(43)	1 092.2(43)
升力风扇进口直径/mm(in)	N/A	1 295.4(51)
升力风扇最大直径/mm(in)	N/A	1 346.2(53)
涵道比	0.57	0.56(C)/0.51(L)
总压比	28	28(C)/29(L)
质量流量(中间状态)/(kg/s)	139.378(估计)	139.741(估计)
耗油率(中间状态)/[kg/(kgf·h)]	0.885(估计)	0.886(估计)
基础发动机干质量/kg	1 715(估计)	N/A
推重比(中间状态)	7.6	N/A
推重比(最大加力状态)	11.4	N/A
长度/mm(in)	5 590(220)	9 372.6(369)

C:常规推力构型状态。

L:驱动升力风扇构型状态。

表 2.2.2　**F135 发动机的推力设置、应用机型及关键节点日期**

型　号		最大加力推力 /lbf(kN)	中间状态推力 /lbf(kN)	悬停状态推力 /lbf(kN)	短距起降状态 /lbf(kN)	应用机型	首次试车日期	服役日期
F135	PW - 100/400 (CTOL/CV)	43 000 (191.3)	28 000 (128.1)	N/A	N/A	F35 - A/C	2003 年底	2009 年
	PW - 600 (STOVL)	41 000 (182.4)	27 000 (120.1)	40 650 (180.8)	40 740 (181.2)	F35 - B	N/A	2012 年

注：1. 海平面静止状态，国际标准大气条件，无功率提取。
　　2. 上述两个表格参考了普惠公司官方产品介绍资料中的数据。

2.2.2　F119

加力推力为 36 000 lbf(160 kN)级的 F119 发动机(普惠公司内部代号 PW5000)专为第五代战机典型性能要求而设计，其高推重比特性可在非加力状态下为战机提供超声速巡航所需动力，显著提高战场生存力，同时配有二维矢量喷口使战机的超机动性增强，且喷口具有低可探测性设计，如图 2.2.2 所示。

图 2.2.2　F119 发动机结构纵剖图及其应用机型洛克希德马丁 F22 先进战术作战飞机

左图引自：https：//www. pw. utc. com/products-and-services/products/military-engines/f119
右图引自：https：//www. lockheedmartin. com/en-us/products/f-22. html

1981 年，随美国空军先进战术作战飞机(advanced tactical fighter，ATF)项目的实施，普惠公司开始着手研制相应的发动机，第一台技术验证机于 1986 年 10 月进入测试，首台原型机于 1989 年底交付，1996 年 7 月完成第一阶段发动机飞行试验，并于 1997 年装备 F22 战机首飞；F119 - PW - 100 发动机于 2000 年底量产，最终于 2012 年底停产。

自 2003 年进入服役后，使用结果证明该发动机是美国空军历史上安全性最高的战斗机用发动机。作为世界上第一台第五代军用发动机，F119 与第四代战机发动机相比,推力提高了 22%,零件数减少了 40%;其突出的性能和优秀的可靠性可帮助 F22 战机在不降低作战半径的前提下实现卓越的作战能力(最大巡航马赫数为 1.8)。

其后续衍生机型包括:CAESAR 用于部件与整机结构评估研究项目、SE614 和 SE611 分别用于洛克希德-马丁公司和波音公司的联合战斗攻击机(JSF)的验证机、XTE66 用于下一代先进战机发动机 PW7000 原型机测试等。

F119 发动机包含风扇、核心机、低压涡轮、加力燃烧室、尾喷管和附件传动机匣六个单元体以及附件传动系统、FADEC 和健康监测系统等,其基本构型和技术特点如下:

(1) 小涵道比轴流式双转子涡扇发动机。

(2) 小展弦比压缩系统,3 级风扇,6 级高压压气机。

(3) 3 级风扇采用宽弦空心无凸肩钛合金超塑成形扩散连接叶片,叶片通过线性摩擦焊与风扇盘连接,风扇总增压比约为 4:1。

(4) 6 级高压压气机叶片采用小展弦比高负荷叶型设计并采用整体叶盘。

(5) 短环形燃烧室,浮壁式火焰筒,浮壁结构采用耐高温抗氧化钴基材料。

(6) 单级高压涡轮与单级低压涡轮对转,高压涡轮采用单晶叶片和粉末高温合金涡轮盘。

(7) 收缩/扩张喷管,二维矢量喷口(俯仰角度±20°)。

(8) 第四代双冗余全权限数字电子发动机控制系统。

该发动机的技术参数、推力设置、应用机型及关键节点日期如表 2.2.3 和表 2.2.4 所示。

F119 发动机的项目主要合作伙伴包括普惠公司(主承包商)、BAE 公司(全权限数字电子控制系统)、吉凯恩航宇公司(GKN)和联合技术公司(UTC,零部件)。

表 2.2.3　F119 发动机的技术参数

最大直径/mm	1 143(估计)	基础发动机干质量*/kg	1 362
风扇进口直径/mm	N/A	总重/kg	1 700(估计)
涵道比	0.3	推重比(非加力状态)	>6
总压比	35	推重比(加力状态)	>10
质量流量(中间状态)/(kg/s)	90.8	长度*/mm	4 800.6
耗油率(中间状态)/[kg/(kgf·h)]	0.7~0.9	总长度/mm	5 160

＊ 不包含二维矢量喷口。

表 2. 2. 4　F119 发动机的推力设置、应用机型及关键节点日期

型　号	最大加力推力/lbf(kN)	最大无加力推力/lbf(kN)	应用机型	首次试车日期	服役日期
F119　PW-100	37 823. 961 (168. 249)	25 440. 842 (113. 167)	F22, YF23	1986 年 10 月	2003 年

注: 1. 海平面静止状态,国际标准大气条件,无功率提取。
　　2. 上述两个表格参考了普惠公司官方产品介绍资料中的数据。

2.2.3　F117-PW-100

普惠公司 F117-PW-100 双转子轴流式高涵道比涡扇发动机是配装波音 757 客机的 PW2040 发动机(见 1.3.12 节)的军用衍生型号;其起飞推力范围为 37 000~43 000 lbf(164. 6~191. 3 kN),是波音(原麦道)C17 环球霸王-Ⅲ (Globemaster-Ⅲ)战略运输机的唯一指定动力系统,如图 2.2.3 所示。

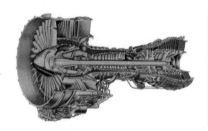

图 2.2.3　普惠 F117-PW-100 发动机结构纵剖图及其应用机型 C17 战略运输机
左图引自: https://www. pw. utc. com/products-and-services/products/military-engines/f117
右图引自: https://en. wikipedia. org/wiki/Boeing_C-17_Globemaster_III

PW2000 系列发动机的普惠公司内部初始代号为 JT10D,最早于 1984 年进入航线服役,是全球首台采用全权限数字电子控制系统的商用发动机。该系列中 PW2037 的军用衍生版本于 1985 年进入测试阶段,随后推力更大的 PW2040 型(起飞推力为 180 kN)为最终军用选型,即 F117-PW-100。该发动机于 1991 年 9 月 15 日搭载 C17 原型机首飞。由四台该发动机提供动力的 C17 运输机装载约 75 t 的货物,无需空中加油即可飞行 4 400 km。

F117 系列的后期升级型,即低温构型(RTC),充分利用了新的技术和革新材料,包括第二代单晶涡轮叶片、增强的空气冷却系统和热障涂层等;其可靠性、寿命和在翼时长等技术指标得到了显著提高。另外,该系列发动机配有满状态反推力装置,可将发动机尾部排气导向上方和前方,帮助 C17 运输机在较短的跑道上迅速减速,甚至向后滑跑。

目前,C17 系列战略运输机在美国、英国、澳大利亚、加拿大、印度、卡塔尔、

阿联酋等国空军服役。随第 279 架(即最后一架)C17 于 2015 年底交付美国空军,普惠公司为该系列运输机共交付了 1 313 台 F117 - PW - 100 系列发动机;而为波音 757 提供动力的 PW2040 型也于 2004 年结束量产。这标志着成功的 PW2000 系列动力飞行时代逐渐结束。

F117 - PW - 100 双转子轴流式高涵道比涡扇发动机的基本构型如下:

(1) 1 级风扇,4 级轴流增压级,12 级轴流高压压气机(采用前缘较厚的高效叶型,前 5 级导叶可调,后 8 级动叶采用主动间隙控制)。

(2) 环形燃烧室,采用镍基高温合金火焰筒和 24 个气动雾化喷嘴。

(3) 2 级轴流气冷高压涡轮,5 级无冷却低压涡轮。

(4) 全权限数字电子控制系统。

该发动机的技术参数、推力设置、应用机型及关键节点日期如表 2.2.5 和表 2.2.6 所示。

表 2.2.5　F117 发动机的技术参数

最大直径/mm	2 146	耗油率(巡航状态)/[kg/(kgf·h)]	0.593
风扇进口直径/mm	1 993	基础发动机干质量/kg	3 223.4
涵道比	5.9	推重比	5.69
总压比	30.8	长度/mm	3 728.72
质量流量(巡航状态)/(kg/s)	569.77		

表 2.2.6　F117 发动机的推力设置、应用机型及关键节点日期

型　号	起飞推力/lbf(kN)	应 用 机 型	首次试车日期	服役日期
F117　PW - 100	37 000～43 000 (164.6～191.3)	C17 环球霸王Ⅲ	N/A	1993 年

注:海平面静止状态,国际标准大气条件,无功率提取。

F117 - PW - 100 发动机的研制项目合作伙伴包括普惠公司、意大利艾维欧航空技术公司(附件传动齿轮箱)、吉凯恩航宇发动机系统(瑞典)公司(机匣)、霍尼韦尔公司(引气系统与控制阀)、日本石川岛播磨重工业公司(主轴)、美国凯旋航宇结构公司沃特航空事业部(短舱)、美国联合技术公司航宇系统分公司(FADEC)、美国优尼森航空工业公司诺维奇事业部(点火器等)、美国怀曼-戈登熔模铸造公司(涡轮叶片及相关硬件)。

2.2.4　F100 - PW - 232

普惠 F100 系列小涵道比双转子加力型军用涡扇发动机主要为 F15 鹰式双

发制空战机和 F16 战隼单发多用途战机提供动力,已在全球 23 个国家和地区的空军服役。目前,已交付 7 200 余台该系列发动机,并累积了近 3 000 万飞行小时,展现了优秀的安全性和可靠性以及良好的使用维护经济性。

自首批服役以来,该系列发动机不断融入技术革新,目前最新衍生型号为 F100 - PW - 232,如图 2.2.4 所示。此型发动机引入了 F119(见 2.2.2 节)和 F135(见 2.2.1 节)采用的部分先进技术,包括采用源自 F119 的先进技术风扇(显著增加了空气流量),增强的核心机,改进的加力燃烧室和双通道全权限数字电子发动机控制系统等。这些第五代军用发动机革新技术的应用显著提高了 F100 系列最新型号的性能、安全性和可靠性;其大修间隔期提高了近 40%,由原来的 7 年提高到了超过 10 年,这相当于从每三次大修中减少了一次;同时发动机返厂检测间隔期由原来的 4 300 增加到了 6 000 个飞行循环,是美国空军第一型实现此检测间隔指标的发动机。

图 2.2.4　F100 - PW - 232 发动机结构纵剖图及其典型应用
机型 F15 - E 双发重型战机

左图引自：https：//www.pw.utc.com/products-and-services/products/military-engines/f100
右图引自：https：//en.wikipedia.org/wiki/McDonnell_Douglas_F-15E_Strike_Eagle

F100 - PW - 232 小涵道比双转子加力型涡扇发动机的基本构型如下：
(1) 3 级轴流式风扇,10 级高压压气机。
(2) 环形燃烧室。
(3) 2 级高压涡轮,2 级低压涡轮。
(4) 全权限数字电子控制系统。

该发动机的技术参数、推力设置、应用机型及关键节点日期如表 2.2.7 和表 2.2.8 所示。

2.2.5　F100 - PW - 229

普惠 F100 系列小涵道比双转子加力型涡扇发动机,主要用于波音(原麦道)F15 系列鹰式双发制空战机和洛克希德-马丁 F16 系列战隼单发多用途战机,

表 2.2.7　F100‑PW‑232 发动机的技术参数

最大直径/mm	1 181.14	耗油率(中间状态)/[kg/(kgf·h)]	0.65
涵道比	0.34	基础发动机干质量/kg	1 861.4
总压比	35	推重比	7.93
质量流量(中间状态)/(kg/s)	122.58	长度/mm	4 843.78
耗油率(最大加力状态)/[kg/(kgf·h)]	1.5(估计)		

表 2.2.8　F100‑PW‑232 发动机的推力设置、应用机型及关键节点日期

型　号	最大加力推力/lbf(kN)	中间状态推力/lbf(kN)	应用机型	首次试车日期	服役日期
F100‑PW‑232	32 530 (144.7)	22 020 (97.9)	F15‑E, F16‑C/D	N/A	2002 年

注：海平面静止状态,国际标准大气条件,无功率提取。

配装 99％的美国空军 F15 系列战机以及全球 62％的 F16 系列战机,为美国等 23 个国家的海空军事力量提供重要动力。F100 系列发动机具有优秀的可靠性和安全性。目前,共生产了超过 7 000 台该系列发动机。截至 2018 年 7 月,仍有 3 800 余台发动机在役,已累积运行了超过 2 800 万飞行小时。

　　该系列中较新型号 F100‑PW‑229 型发动机于 1989 年首飞并于 1991 年服役,是由较早的 F100‑PW‑220 型增推改进而来(后者于 1985 年年底服役,见 2.2.6 节)。F100‑PW‑229 型发动机采用了当时的先进技术,可产生 29 000 lbf(129 kN)加力推力,主要配装 F15‑E 攻击鹰和 F16‑C/D 战隼战机,如图 2.2.5 所示。由于采用了模块化维护方式,并采用了当时最先进的具备实时状态监测和故障隔离能力的全权限数字电子控制系统,此改进型发动机待命率达到了前所未有的高度。

图 2.2.5　F100‑PW‑229 发动机结构纵剖图及其典型应用
机型 F15‑E"攻击鹰"重型战机

左图引自：https://www.pw.utc.com/products-and-services/products/military-engines/f100
右图引自：https://en.wikipedia.org/wiki/McDonnell_Douglas_F-15E_Strike_Eagle

　　F100 - PW - 229 型发动机的最新技术升级(engine enhancement package, EEP)于 2004 年启动(即上节中介绍的 F100 - PW - 232 型),通过引入第五代军用发动机的部分先进技术,将此型发动机返厂检测间隔期由原来的 4 300 飞行循环提高到了 6 000 循环,相当于将典型返厂大修间隔期由 7 年延长至 10 年,并将发动机全寿命周期费用缩减 30%。这是当时美国空军首台达到 6 000 循环翻修间隔期的发动机。F100 - PW - 229EEP 型发动机采用的技术升级主要源自第五代军用涡扇发动机 F119 - PW - 100 和 F135 的热端部件技术革新,已应用于 2009 年后量产的所有发动机,同时早前生产的 F100 - PW - 229 型发动机也可通过更换零部件完成升级。

　　F100 - PW - 229 小涵道比双转子加力型涡扇发动机的基本构型如下:

　　(1) 3 级轴流式风扇,10 级高压压气机。

　　(2) 环形燃烧室。

　　(3) 2 级高压涡轮,2 级低压涡轮。

　　(4) 全权限数字电子控制系统。

　　该发动机的技术参数、推力设置、应用机型及关键节点日期如表 2.2.9 和表 2.2.10 所示。

表 2.2.9　F100 - PW - 229 发动机的技术参数

最大直径/mm	1 181.1	耗油率(中间状态)/[kg/(kgf·h)]	0.65
涵道比	0.36	基础发动机干质量/kg	1 722.93
总压比	32.4	推重比	7.67
质量流量(中间状态)/(kg/s)	122.58	长度/mm	4 856.48
耗油率(最大加力状态)/[kg/(kgf·h)]	1.5		

表 2.2.10　F100 - PW - 229 发动机的推力设置、应用机型及关键节点日期

型　　号	最大加力推力/lbf(kN)	中间状态推力/lbf(kN)	应用机型	首次试车日期	服役日期
F100 - PW - 229	29 126 (129.6)	17 816 (79.2)	F15 - E, F16 - C/D	N/A	1991 年

注:海平面静止状态,国际标准大气条件,无功率提取。

2.2.6　F100 - PW - 220

　　普惠 F100 系列小涵道比双转子加力型军用涡扇发动机,公司内部初始代号 JTF22,主要为 F15 鹰式双发空中优势战机和 F16 战隼单发多用途战机提供动力,见下图。1967 年,美国海军与空军为当时的 F14 战机和在研机型 FX 提出联合发动机技术要求；随后 FX 项目逐步演进为 1970 年的 F15 研制方案。相应的初步发动机研发计划取名为初始发动机研发项目（initial engine development program，IEDP），通过减轻重量并增加推力逐步实现推重比 8∶1 的预期目标，由通用电气公司和普惠公司各自提出的研制方案竞争选型。主机与发动机的研制进度与技术状态由位于美国莱特－帕特森空军基地（Wright-Patterson Airforce Base）的航空系统部（aeronautical systems division，ASD）集中管理，同时空军推进技术实验室的涡轮发动机部门为该型号的工程技术风险提供评估与支持；由此构成了后期的 F15 系统研制项目部。随后，普惠公司的技术方案在 IEDP 项目中获胜，即此后的 F100 系列，包括初期的 F100－PW－100 空军型和 F401－PW－400 海军型，但后者因海军取消订单而未获量产。

图 2.2.6　F100－PW－220 发动机结构纵剖图及其典型应用
机型 F16"战隼"单发战机

左图引自：https：//www.pw.utc.com/products-and-services/products/military-engines/f100
右图引自：https：//en.wikipedia.org/wiki/General_Dynamics_F-16_Fighting_Falcon

F100－PW－100 型发动机搭载 F15 战机于 1972 年首飞，并实现了 23 930 lbf（106.4 kN）加力推力。由于当时的主机和发动机设计概念超前，在飞行试验中遇到诸多技术难题，如高损耗、发动机停车、加力燃烧室硬重启等。后者可由点火失败或点火后熄灭等原因造成，再次点火时加力燃烧室内部易出现剧烈的压力震荡，严重时反向传播，可造成上游核心机失速停车。此后，这些技术问题得到逐步解决，提高了发动机的可靠性和寿命，并降低了维护成本，同时引入了数字电子发动机控制系统，于 1985 年年底定型为 F100－PW－220。目前，F100 系列发动机仍在美国空军机队中服役。

另外，受研制和采购成本限制，美国空军于 1984 年提出了可互换战机发动机研制计划，相应的 F16－C/D 型战机的第 30～第 32 批次首先开始采用通用发动机舱，可配装普惠公司 F100 或通用电气公司 F110 发动机。其中，F100－PW－200 型主要为 F16 战机提供动力，与上述型号仅有局部差别。相应的由 F100－PW－100 和F100－

PW-200 型升级为 F100-PW-220 技术状态的发动机命名为 F100-PW-220E。

F100 系列的另一个衍生型号 F100-PW-220U 最大推力 16 000 lbf（71.2 kN），主要配装诺斯罗普-格鲁曼 X47B 技术验证机，用于美国海军舰载无人驾驶战斗系统研制计划。

F100-PW-220 小涵道比双转子加力型涡扇发动机的基本构型如下：

（1）3 级轴流式风扇，10 级高压压气机。

（2）环形燃烧室。

（3）2 级高压涡轮，2 级低压涡轮。

（4）数字电子控制系统。

该发动机的技术参数、推力设置、应用机型及关键节点日期如表 2.2.11 和表 2.2.12 所示。

表 2.2.11　F100-PW-220 发动机的技术参数

最大直径/mm	1 181.1	耗油率(中间状态)/[kg/(kgf·h)]	0.69
涵道比	0.6	基础发动机干质量/kg	1 482.31
总压比	24.5	推重比	7.56
质量流量(中间状态)/(kg/s)	115.316	长度/mm	4 856.48
耗油率(最大加力状态)/[kg/(kgf·h)]	N/A		

表 2.2.12　F100-PW-220 发动机的推力设置、应用机型及关键节点日期

型　号	最大加力推力/lbf(kN)	中间状态推力/lbf(kN)	应用机型	首次试车日期	服役日期
F100-PW-220	23 791 (105.8)	14 383 (64.0)	F15-C/D/E, F16-A/B/C/D	N/A	1985 年 10 月

注：海平面静止状态，国际标准大气条件，无功率提取。

普惠加拿大公司

2.2.7　PW545

PW500 系列是普惠加拿大公司为中型公务机成功研制的中小推力高涵道比双转子涡扇发动机动力系统，最大推力为 2 900~4 500 lbf(12.9~20.0 kN)，其民用型号见 1.3.21 节。此系列发动机是原 JT15D 的升级替代型号，可配装改进型公务机执行特殊军事任务，如 PW530A 和 PW535A/B 型配装塞斯纳奖状系列可执行医护救援等军事任务，见 2.2.8 节。PW545 是此系列发动机的较新型号，采用了与 PW535 类似的一级低压增压级，并额外增加了一级低压涡轮，以驱动更大直径的风扇,实现更大的推力。其中,545A 型主要用于塞斯纳奖状优胜(Excel)公务机,可军用;类似的,545B/C 型主要用于奖状 XLS/XLS+。

图 2.2.7 PW545 发动机外观图及其应用机型瑞士空军奖状优胜救援飞机

左图引自: https://www. pwc. ca/en/products-and-services/products/business-aviation-engines/pw500

右图引自: https://www. vtg. admin. ch/en/einsatzmittel/luft/citation-excel. html

PW545A 中等推力高涵道比双转子涡扇发动机基本构型如下:

(1) 1 级轴流风扇,1 级低压增压级,3 级高压压气机(2 级轴流和 1 级离心组合式)。

(2) 环形回流式高效燃烧室。

(3) 1 级高压涡轮,3 级低压涡轮。

(4) 内外涵强制排气混合器。

(5) 全权限数字电子控制系统。

该发动机的技术参数、推力设置、应用机型及关键节点日期如表 2.2.13 和表 2.2.14 所示。

表 2.2.13　PW545A 发动机的技术参数

风扇进口直径/mm	812.8	耗油率(起飞状态)/[kg/(kgf·h)]	0.44
涵道比	4.1	基础发动机干质量/kg	375.004
总压比	N/A	推重比	4.4
质量流量(起飞状态)/(kg/s)	N/A	长度/mm	1 727.2

表 2.2.14　PW545A 发动机的推力设置、应用机型及关键节点日期

型　号	起飞推力/lbf(kN)	应 用 机 型	首次试车日期	服役日期
PW545A	3 653(16.3)	赛斯纳奖状优胜	N/A	1998 年

注:海平面静止状态,国际标准大气条件,无功率提取。

2.2.8　PW530

普惠加拿大公司成功研制了多种涡桨、涡轴发动机和中小推力涡扇发动机，包括为中型公务机研制的 PW500 系列高涵道比双转子涡扇发动机，最大推力为 2 900～4 500 lbf(12.9～20.0 kN)，其民用型号见 1.3.21 节。该系列发动机源自普惠加拿大公司早期研制的 JT15D 双转子涡扇发动机(见 1.3.18 和 2.2.11 节)，但引入了更先进的技术设计，包括整体叶盘结构设计和高精度动平衡数字计算技术。

1995 年 12 月推出的 PW530A 发动机的最大推力为 2 887 lbf(12.8 kN)，主要用于塞斯纳奖状-布拉沃，经改进可用于特殊军事用途，如医护救援等，如图 2.2.8 所示。1999 年 6 月推出的 PW535A 与前者共用核心机，主要用于塞斯纳奖状 Ultra 和奖状安可(Encore)，也可军用；类似的，后期型号 PW535B 则主要用于奖状安可＋(Encore＋)，而 PW535E 则用于庞巴迪飞鸿 300。因 PW535 型增加了一级低压增压级，其长度较 PW530 增加了约 203 mm，但采用了略小的涵道比(约 3.5∶1)，最大推力提高到 3 360 lbf(14.9 kN)。

图 2.2.8　PW530A 发动机结构外观图及其应用机型塞斯纳
奖状-布拉沃医护救援飞机

左图引自：https://www. pwc. ca/en/products-and-services/products/business-aviation-engines/pw500

右图引自：https://www. planespotters. net/photo/300094/oe-gaa-tyrol-air-ambulance-cessna-560-citation-v

PW530A 中小推力高涵道比双转子涡扇发动机基本构型如下：

(1) 1 级轴流风扇，3 级高压压气机(2 级轴流和 1 级离心组合式)。

(2) 环形回流式高效燃烧室。

(3) 1 级高压涡轮，2 级低压涡轮。

(4) 内外涵排气强制混合器。

（5）全权限数字电子控制系统。

该发动机的技术参数、推力设置、应用机型及关键节点日期如表 2.2.15 和表 2.2.16 所示。

表 2.2.15　PW530A 发动机的技术参数

风扇进口直径/mm	701.04	耗油率(起飞状态)/[kg/(kgf·h)]	0.48
涵道比	3.92	基础发动机干质量/kg	280.118
总压比	N/A	推重比	4.6
质量流量(起飞状态)/(kg/s)	N/A	长度/mm	1 524

表 2.2.16　PW530A 发动机的推力设置、应用机型及关键节点日期

型　号	起飞推力 /lbf(kN)	应用机型	首次试车 日期	服役日期
PW530A	2 752(12.2)	赛斯纳奖状 布拉沃	N/A	1997 年

注：海平面静止状态，国际标准大气条件，无功率提取。

2.2.9　PW305A

普惠加拿大公司研制的 PW300 系列中小推力高涵道比双转子涡扇发动机的最大推力为 4 700～8 000 lbf(20.9～35.6 kN)，主要用于中型公务机，其民用型号见 1.3.22 节。此系列发动机采用 5 级高压压气机，并由 2 级气冷高压涡轮驱动，单级先进技术风扇由 3 级低压涡轮驱动；环形通流式 TALON 燃烧室采用普惠专利技术，可实现高效低排放燃烧；内外涵强制排气混合器可进一步提高推进效率降低油耗，并显著抑制噪声排放。另外，此系列是该公司第一代采用全权限数字电子控制系统的涡轮动力系统，使得飞行员的工作负荷显著降低，并可根据飞行环境变化，通过精确的燃油供给实现准确的推力控制。该系列较新型号采用的最新的全权限数字电子控制系统还具备发动机健康监测与故障诊断功能，可有效提高发动机的在翼时长。PW305A 是该系列的早期型号，可配装改进的利尔喷气 60 中型公务机，执行特殊军事任务，如图 2.2.9 所示。该机具备当时中型公务机中最快的飞行速度和最高的实用升限。

PW305A 中等推力高涵道比双转子涡扇发动机的基本构型如下：

（1）1 级轴流式风扇，5 级高压压气机（4 级轴流和 1 级离心组合式）。

（2）环形通流式燃烧室。

（3）2 级高压涡轮，3 级低压涡轮。

图 2.2.9　PW305A 发动机结构外观图及其应用机型利尔喷气 60 医护救援飞机

左图引自：https://www. pwc. ca/en/products-and-services/products/business-aviation-engines/pw300

右图引自：https://grubenmann. ai/tag/lj60/

（4）全权限数字电子控制系统。

该发动机的技术参数、推力设置、应用机型及关键节点日期如表 2.2.17 和表 2.2.18 所示。

表 2.2.17　PW305A 发动机的技术参数

风扇进口直径/mm	970.28	耗油率（起飞状态）/[kg/(kgf · h)]	0.388
涵道比	4.3	基础发动机干质量/kg	450.822
总压比	12.9	推重比	4.71
质量流量（起飞状态）/(kg/s)	81.72	长度/mm	1 650（估计）

表 2.2.18　PW305A 发动机的推力设置、应用机型及关键节点日期

型　号	起飞推力/lbf(kN)	应 用 机 型	首次试车日期	服役日期
PW305A	4 683(20.8)	利尔喷气 60	N/A	1993 年

注：海平面静止状态，国际标准大气条件，无功率提取。

2.2.10　PW305B

PW300 系列是普惠加拿大公司研制的中小推力高涵道比双转子涡扇发动机，最大推力为 4 700～8 000 lbf(20.9～35.6 kN)，主要用于中型公务机，其民用型号见 1.3.22 节。PW305 是该系列中较早期的型号，其中 PW305A 型主要用于利尔喷气 60 公务机，其改进型可用于特殊军事用途，见 2.2.9 节。而 PW305B 型则主要用于豪客 1000 公务机，也可军用，如图 2.2.10 所示。

PW305B 中小推力高涵道比双转子涡扇发动机的基本构型如下：

图 2.2.10　PW300 系列较新型号结构外观图及 PW305B 应用
机型豪客 1000 医护救援飞机

左 图 引 自：https：//www. pwc. ca/en/products-and-services/products/business-aviation-
engines/pw300
右图引自：https：//zh. flightaware. com/photos/view/2790557-fe73d6fd8cea11c3817ce33035
ecffa8ebff611d/aircraft/OYJJC/sort/votes/page/1/size/fullsize

（1）1 级轴流式风扇,5 级高压压气机(4 级轴流和 1 级离心组合式)。

（2）环形通流式燃烧室。

（3）2 级高压涡轮,3 级低压涡轮。

（4）全权限数字电子控制系统。

该发动机的技术参数、推力设置、应用机型及关键节点日期如表 2.2.19 和
表 2.2.20 所示。

表 2.2.19　PW305B 发动机的技术参数

风扇进口直径/mm	977.9	耗油率(起飞状态)/[kg/(kgf·h)]	0.392
涵道比	4.3	基础发动机干质量/kg	450.822
总压比	12.9	推重比	5.3
质量流量(起飞状态)/(kg/s)	81.72	长度/mm	2 070.1

表 2.2.20　PW305B 发动机的推力设置、应用机型及关键节点日期

型　号	起飞推力/lbf(kN)	应 用 机 型	首次试车日期	服役日期
PW305B	5 271(23.4)	豪客 1000	N/A	1992 年

注：海平面静止状态,国际标准大气条件,无功率提取。

2.2.11　JT15D

JT15D 是普惠加拿大公司研制的轴流与离心组合式双转子中等涵道比小

推力涡扇发动机,推力范围为 2 200～3 350 lbf(9.8～14.9 kN),主要为喷气式公务机提供动力,其民用型号见 1.3.18 节。普惠加拿大公司于 20 世纪 50 年代中期开始研制小型燃气涡轮发动机,首台为 JT12 涡喷发动机,此后应用广泛的 PT6 系列于 1964 年搭载比奇(Beechcraft)空中国王(King Air)双涡桨通航飞机成功首飞。JT15D 于 1966 年开始研制,主要用于塞斯纳奖状 1 等初级商务机,并于 1969 年首飞。此型发动机具有结构简单、使用维护成本低等突出特点。

JT15D‐1B 型发动机于 1982 年 9 月获得型号认证,主要配装塞斯纳奖状 1 型军用特殊用途飞机,如图 2.2.11 所示。此型发动机采用了单级风扇和单级离心式高压压气机的组合形式;风扇采用 28 片带减振凸肩的钛合金叶片,涵道比为 2∶1～3.3∶1;高压压气机钛合金离心叶轮采用 16 片主叶片和 16 片小叶片的组合形式,增压比为 7.4∶1～12.6∶1,内涵道空气流量为 7.93 kg/s。燃烧室为环形回流式,火焰筒采用镍基高温合金,燃烧室机匣采用耐热钢。单级轴流式高压涡轮采用 71 片定向结晶叶片,通过枞树型榫槽与涡轮盘连接。两级轴流式低压涡轮采用镍基合金,第一级为铸造整体叶盘,共 61 片动叶,第二级 55 片叶片通过枞树型榫槽与盘连接。另外,JT15D‐4/5 型发动机在风扇后增加了一级低压增压级,而 JT15D‐5 型则改用了无凸肩的宽弦风扇叶片,涵道比为 2.8∶1。

图 2.2.11　JT15D 发动机结构外观图及其应用机型塞斯纳奖状 1 特殊用途飞机

左图引自：https://en.wikipedia.org/wiki/Pratt_%26_Whitney_Canada_JT15D

右图引自：https://upload.wikimedia.org/wikipedia/commons/d/d5/CN_Air_Cessna_501_Citation_I_SP.jpg

JT15D‐1B 型中等涵道比双转子涡扇发动机基本构型如下:

(1) 1 级轴流式风扇,1 级离心式高压压气机。

（2）环形回流式燃烧室。

（3）1 级轴流式高压涡轮，2 级轴流式低压涡轮。

该发动机的技术参数、推力设置、应用机型及关键节点日期如表 2.2.21 和表 2.2.22 所示。

表 2.2.21　JT15D 发动机的技术参数

风扇进口直径/mm	693.42	耗油率(起飞状态)/[kg/(kgf·h)]	0.56
涵道比	3.3	基础发动机干质量/kg	235.63
总压比	13	推重比	4.2
质量流量(起飞状态)/(kg/s)	34.05	长度/mm	1 506.22

表 2.2.22　JT15D 发动机的推力设置、应用机型及关键节点日期

型　号	起飞推力/lbf(kN)	应 用 机 型	首次试车日期	服役日期
JT15D-1B	2 202(9.8)	赛斯纳奖状 1	N/A	1982 年

注：海平面静止状态，国际标准大气条件，无功率提取。

2.3　通用电气公司军用涡扇发动机

2.3.1　F136

F136 发动机是美国 GE 公司和英国罗罗公司为 F35 闪电 II 联合战斗攻击机(JSF)研制的动力系统，可与美国普惠公司研制的 F135 发动机互换，满足三型 F35 战机的动力需求，如图 2.3.1(a)所示。

图 2.3.1(a)　F136 发动机外观图及其应用机型 F35-B 短距起飞垂直降落型战机

左图引自：https://www.bizjournals.com/dayton/news/2011/12/02/ge-cuts-funding-for-f-35-fighter-jet.html

右图引自：https://www.lockheedmartin.com/en-us/news/features/history/f35b.html

　　该发动机在通用电气公司 YF120 变循环发动机基础上研制,通用电气公司负责高压压气机、高低压涡轮以及加力燃烧室的研制,罗罗公司负责轴流风扇、燃烧室、第 2 和第 3 级低压涡轮以及齿轮传动系统的研制,如图 2.3.1(b)所示(F35 - B 短距起飞垂直起降型战机配装的前置升力风扇由罗罗公司另外独立研制)。

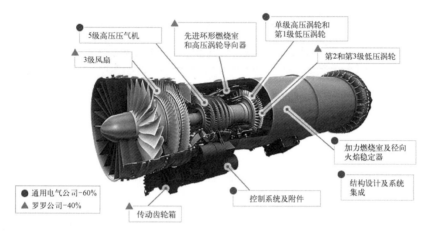

图 2.3.1(b)　F136 发动机结构纵剖图及联合研制合作分工

图片引自：http：//eaglet. skr. jp/MILITARY/PICTURE/F-35_F136_2. jpg

　　F136 发动机首台样机于 2004 年进入试车,2008 年 3 月完成高空台试验,并于 2008 年 7 月完成短距起飞垂直降落试验,2010 年底用于飞行试验的首台工程样机开始总装,并原计划于 2012 年年底在飞行测试平台上开展飞行试验。但由于多种因素,作为 JSF 可选动力的替代发动机项目在 2011 年秋被美国政府最终取消,随后通用电气公司和罗罗公司终止了该发动机的进一步研发;截至 2011 年,共试制了 6 台 F136 发动机样机,包括 2 台初始样机和 4 台系统研发与验证机。

　　F136 发动机的基本构型和特点如下：

　　(1) 军用加力型小涵道比轴流式双转子可变循环发动机。

　　(2) 采用钛合金整体叶盘宽弦轴流风扇(第 1 级为空心叶片、第 2 级和第 3 级为实心叶片)。

　　(3) 5 级高压压气机全部采用整体叶盘。

　　(4) 单环形燃烧室,多层多孔层板式火焰筒。

　　(5) 1 级高压涡轮,3 级低压涡轮。

　　该发动机的技术参数、推力设置、应用机型及关键节点日期如表 2.3.1 和表 2.3.2 所示。

表 2.3.1   F136 发动机的技术参数

最大直径/mm	1 200	基础发动机干质量/kg	N/A
风扇进口直径/mm	N/A	推重比(非加力状态)	N/A
涵道比	变循环/可调	推重比(加力状态)	N/A
总压比	N/A	长度/mm	5 600
质量流量(起飞状态)/(kg/s)	N/A		

表 2.3.2   F136 发动机的推力设置、应用机型及关键节点日期

型　号	最大加力推力/kN	最大无加力推力/kN	应用机型	首次试车日期	服役日期
F136	>180	>110	F35 - A/B/C	2004 年	2011 年秋被取消

注：海平面静止状态，国际标准大气条件，无功率提取。

F136 发动机的项目合作伙伴包括美国 GE 公司和英国罗罗公司。

2.3.2   F110 - GE - 132

通用电气公司 F110 小涵道比双转子加力型军用涡扇发动机系列中最新型号 F110 - GE - 132 的最大推力为 32 000 lbf(142.3 kN)，主要为洛克希德-马丁公司 F16 系列最新改进型 E/F 提供动力(见图 2.3.2)，也可配装 F15 - E 或 F16 - C/D。

图 2.3.2   F110 - GE - 132 发动机结构外观图及其典型应用
机型 F16 - E/F 先进战机

左图引自：https://www.geaviation.com/military/engines/f110-engine
右图引自：https://en.wikipedia.org/wiki/General_Dynamics_F-16_Fighting_Falcon_variants

F16 系列战机首先配装普惠公司 F100 早期型号于 20 世纪 70 年代服役，见 2.2.6 节。因受使用和采购成本限制，美国空军于 1984 年提出可互换战机引擎计划，并引入选型竞争机制。通用电气公司 F110 - GE - 100 型发动机比普惠 F100 - PW - 200 型推力增大约 4 000 lbf(17.8 kN)，空气流量也相应增大，因此需要更大的发动机进气道截面积。为此，F16 - C/D 型战机的第 30 批和第 32 批次开始采用通用的发动机舱，以容纳这两型发动机。其中，第 30 批次采用增大的进气道，而第 32 批次则仍采用标准进气道。此时，F110 - GE - 100 型发动机加力推力约为 28 000 lbf(125 kN)。经不断改进，F110 - GE - 129 型推力提高到了 29 400 lbf(131 kN)，于 1992 年服役，见 2.3.3 节；而 F110 - GE - 132 型加力推力进一步增大，达到了 32 000 lbf(142.3 kN)，并于 2003 年服役。截至 2005年 6 月，约有 86% 的美国空军 F16 - C/D 战机由 F110 系列发动机提供动力。另外，阿联酋空军使用的第 60 批次的 F16 型战机也采用了 F110 - GE - 132 最新批次发动机，其最大加力推力可达 32 500 lbf(144.6 kN)。这也是 F110 系列发动机中推力最大的演进版本。

在性能改进型 F110 - GE - 129 服役后，以此为技术基础，并引入了综合高性能涡轮发动机技术计划（integrated high performance turbine engine technology，IHPTET）等预先研究和部件改进计划的成果，通用电气公司进一步开发了 F110 - GE - 132 发动机，通过采用复合材料风扇机匣、改进的涡轮叶片材料及冷却系统等措施，其推重比、可靠性和耐久性显著提高，同时使用维护成本更低。其验证机 F110 - X 在早期的台架试验过程中，最大推力曾达到了162 kN，推重比接近 9.5∶1。

此增强型发动机的风扇采用了基于 F118 发动机和 IHPTET 项目中的风扇技术成果全新设计的 3 级整体叶盘结构，并通过三维计算流体力学数值模拟技术优化风扇叶片气动造型设计，使得空气流量增大了 7%，同时效率也显著提高；风扇总增压比由 3.4∶1 提高到了 4.2∶1。此型发动机的加力燃烧室衍生自 F414 和 YF120 发动机的技术方案，以径向火焰稳定器取代原三圈环形稳定器，结构得到简化，同时零件数减少 15% 并减重 3%。尾喷管则在原设计的基础上通过热防护外衬套将冷却空气引入末端调节片和密封片中，明显改善了寿命和可靠性；同时，通过结构改进具备了配装引射喷管或三维矢量喷管的能力。采用的双通道全权限数字电子控制系统可实现燃油系统的精确调节，并可连续调节尾喷管的喉道截面积、降低阻力，使得推力和风扇喘振裕度进一步增大，并明显改善了全包线范围内的发动机操控性。

F110 - GE - 132 小涵道比双转子加力型涡扇发动机的基本构型如下：

（1）3 级轴流风扇，9 级高压压气机。

（2）环形燃烧室。

（3）1 级高压涡轮，2 级低压涡轮。

（4）双通道全权限数字电子控制系统。

该发动机的技术参数、推力设置、应用机型及关键节点日期如表 2.3.3 和表 2.3.4 所示。

表 2.3.3 F110‑GE‑132 发动机的技术参数

最大直径/mm	1 181.1	加力状态耗油率/[kg/(kgf · h)]	N/A
涡轮前温度/K	N/A	中间状态耗油率/[kg/(kgf · h)]	0.642
涵道比	0.68	基础发动机干质量/kg	1 838.7
总压比	33.3	推重比	8.02
质量流量/(kg/s)	125.122	长度/mm	4 620.26

表 2.3.4 F110‑GE‑132 发动机的推力设置、应用机型及关键节点日期

型 号	最大加力推力/lbf(kN)	中间状态推力/lbf(kN)	应用机型	首次试车日期	服役日期
F110‑GE‑132	32 529 (144.7)	19 117 (85.0)	F15‑E, F16‑E/F	N/A	2003 年

注：海平面静止状态，国际标准大气条件，无功率提取。

2.3.3 F110‑GE‑129

F110 系列是通用电气公司于 20 世纪 70 年代开始研制的小涵道比双转子加力型军用涡扇发动机，主要为 F15 鹰式双发重型制空战机和 F16 战隼单发多用途战机提供动力，如图 2.3.3 所示。该系列是以 F101(见 2.3.9 节)的核心机和 F404(见 2.3.10 节~2.3.16 节)的风扇与尾喷管等为技术基础研制的推重比 8 等级的军用涡扇发动机。

如 2.3.2 节所述，该系列早期型号 F110‑GE‑100 配装采用通用发动机舱

图 2.3.3 F110‑GE‑129 发动机结构外观图及其典型应用
机型 F16‑C/D 单发多用途战机

左图引自：https://www.geaviation.com/military/engines/f110-engine
右图引自：https://en.wikipedia.org/wiki/General_Dynamics_F-16_Fighting_Falcon

的 F16 - C/D 型战机于 1986 年服役。此型发动机的风扇由 F404 等比例收缩而来,并由原来的 2 级增加为 3 级,风扇压比由原来的 2.0∶1 提高到 3.2∶1;涵道比由 2.01∶1 缩小到 0.87∶1,风扇直径减小到 0.97 m。核心机与 F101 相同,但在其基础上重新设计了低压涡轮,仍采用 2 级。为适应新的风扇工作特性,提高了低压转子转速。另外,加力燃烧室自 F101 缩比而来,而尾喷管则由 F404 改进而来(因采用通用发动机舱,F16 - C/D 战机第 30 批次和第 32 批次及其后继型也可换装普惠公司 F100 系列发动机,见 2.2.6 节)。

在此基础上,进一步改进研制的 29 000 lbf(129 kN)推力等级的 F110 - GE - 129 发动机继承了 80% 以上原零部件设计,其涵道比由 0.87∶1 降为 0.76∶1,并通过采用新的热端部件材料将涡轮进口温度提高了 50℃ 以上,推重比、可靠性、耐久性和使用维护性都有了明显改善;返厂检修间隔期提高到了 6 000 次飞行循环,返厂次数同比降低 40%。同时,引入了改进性能的全权限数字式电子控制系统,以替代早期的模拟式电子控制器及其机械液压备份。此型发动机于 1992 年配装 F16 - C/D 和 F15 - A/C 战机服役,明显提升了作战效能。例如,在低空作战任务状态中,发动机推力提高了 30% 以上,显著增强了战机的机动性。

目前,此系列发动机仍为美国空军 75% 以上的 F16 - C/D Block 50/52 单发战机提供动力,并被韩国、沙特、新加坡等国空军选为 F15 战机的动力系统。另外,日本三菱公司开发的 F2 战机也采用此型发动机。

F110 - GE - 129 小涵道比双转子加力型涡扇发动机的基本构型如下:

(1) 3 级轴流风扇,9 级高压压气机。

(2) 环形燃烧室。

(3) 1 级高压涡轮,2 级低压涡轮。

(4) 全权限数字电子控制系统。

该发动机的技术参数、推力设置、应用机型及关键节点日期如表 2.3.5 和表 2.3.6 所示。

表 2.3.5　F110 - GE - 129 发动机的技术参数

最大直径/mm	1 181.1	加力状态耗油率/[kg/(kgf·h)]	N/A
涡轮前温度/K	N/A	中间状态耗油率/[kg/(kgf·h)]	0.642
涵道比	0.76	基础发动机干质量/kg	1 806.92
总压比	30.7	推重比	7.3
质量流量/(kg/s)	122.58	长度/mm	4 620.26

表 2.3.6　F110 - GE - 129 发动机的推力设置、应用机型及关键节点日期

型　号	最大加力推力/lbf(kN)	中间状态推力/lbf(kN)	应 用 机 型	首次试车日期	服役日期
F110 - GE - 129	29 026 (129.1)	17 015 (75.7)	F15 - E/K/SA/SG，F16 - C/D Block 50，三菱 F2	N/A	1992 年

注：海平面静止状态，国际标准大气条件，无功率提取。

2.3.4　F110 - GE - 400

通用电气公司 F110 小涵道比双转子加力型军用涡扇发动机系列中海军型号为 F110 - GE - 400。此型发动机最初用于美国海军原 F14 - A 熊猫双发重型战机换发计划，即 1984 年升级的 F14 - B。同时，此系列发动机也被选为改进型 F14 - D 超级熊猫战机的动力系统，如图 2.3.4 所示。

图 2.3.4　F110 - GE - 400 发动机外观图及其应用机型 F14 - D
超级熊猫变后掠翼重型战机

左图引自：https://www.geaviation.com/military/engines/f110-engine
右图引自：https://en.wikipedia.org/wiki/Grumman_F-14_Tomcat

美国海军 F14 - A 型战机于 1973 年服役，最初配装两台普惠公司 TF30 系列发动机。因此型发动机及配装 F15 和 F16 战机的普惠 F100 系列发动机的早期型号出现的诸多技术问题，美国军方启动了可互换战机发动机研制计划。1979 年，通用电气公司研制的 F101 - X 衍生型发动机配装 F14 战机首飞，后命名为 F110 - GE - 400，于 1987 年服役；其海平面静止状态最大加力推力约为 23 400 lbf(约 104 kN)，0.9 马赫巡航状态最大加力推力可达 30 200 lbf(约 134 kN)，较最初的 TF30 最大推力显著提高。另一方面，F110 - GE - 100 则主要为美国空军 F15 和 F16 战机提供动力(见 2.3.3 节)。两者的主要区别在于 F110 - GE - 400 为配装 F14 较长的发动机舱，增加了尾喷口的延长段，并根据

海上作战环境对零部件进行了技术改进。配装该型发动机的 F14 系列战机最终于 2006 年退役,并由 F/A18 系列大黄蜂和超级大黄蜂战机取代。

F110 - GE - 400 小涵道比双转子加力型涡扇发动机的基本构型如下:

(1) 3 级轴流风扇,9 级高压压气机。

(2) 环形燃烧室。

(3) 1 级高压涡轮,2 级低压涡轮。

(4) 全权限数字电子控制系统。

该发动机的技术参数、推力设置、应用机型及关键节点日期如表 2.3.7 和表 2.3.8 所示。

表 2.3.7　F110 - GE - 400 发动机的技术参数

最大直径/mm	1 181.1	加力状态耗油率/[kg/(kgf · h)]	N/A
涡轮前温度/K	N/A	中间状态耗油率/[kg/(kgf · h)]	0.677
涵道比	0.76	基础发动机干质量/kg	1 997.6
总压比	29.9	推重比	6.09
质量流量/(kg/s)	120.31	长度/mm	5 900.42

表 2.3.8　F110 - GE - 400 发动机的推力设置、应用机型及关键节点日期

型　号	最大加力推力/lbf(kN)	中间状态推力/lbf(kN)	应用机型	首次试车日期	服役日期
F110 - GE - 400	26 824 (119.3)	16 094 (71.6)	F14 - B/D	N/A	1987 年

注:海平面静止状态,国际标准大气条件,无功率提取。

2.3.5　F414 - EDE/EPE

通用电气公司 F414 系列性能增强型(enhanced performance engine,EPE)小涵道比双转子加力型涡扇发动机,在该系列早期型号基础上,引入了当时最新的技术革新,推力进一步增大 18%,并显著改善了热端部件耐久性和可靠性,主要用于美国海军 F/A18 - E/F 超级大黄蜂和 EA18 - G 咆哮者战机,如图 2.3.5 所示。截至 2010 年,共交付了 1 000 余台该系列发动机并累积了超过 100 万飞行小时。

因风险和成本控制,通用电气公司在原 F404 系列发动机基础上改型研制了 F414 发动机。后者主要源自用于原麦道 A12 复仇者 2 攻击机的 F412 - GE - 400 型发动机,即 F404 系列的后期非加力版本,见 2.3.13 节。F414 采用了与 F412 相同的核心机并升级了双通道全权限数字电子控制系统,同时引入了为第

图 2.3.5　F414 发动机结构纵剖图及其应用机型 F/A18 - E/F 超级大黄蜂战机

左图引自：http：//www.sohu.com/a/205992400_655347

右图引自：https://en.wikipedia.org/wiki/Boeing_F/A-18E/F_Super_Hornet

五代军用涡扇发动机开发的部分先进技术。F414 的低压风扇采用了比 F404 系列更大的涵道比,空气流量增大 16%,但风扇直径仍小于 F412;风扇模块长度增加了约 13 cm。为保持与 F404 系列类似的结构外形,F414 发动机加力燃烧室缩短了约 10 cm,主燃烧室缩短了约 2.5 cm。F414 高压压气机前 3 级采用了整体叶盘结构,减重约 23 kg。加力燃烧室采用了与 YF120 类似的气冷径向火焰稳定器,减小了温度梯度,提高了可靠性,并改善了燃烧组织形式。另外,其加力燃烧室后的收缩扩张尾喷口的液压调节机构采用燃油作为液压油,而不需要另设一套液压油路系统,简化了结构并降低了重量。相较于 F404 - GE - 400,F414 - GE - 400 型的推力增加了 35%,推重比接近 9：1,可靠性和耐久性显著提高,并改善了油耗,详见 2.3.6 节。

通用电气公司通过公司内部研制计划和美国国家级研究项目对 F414 系列发动机进行了持续的技术升级。2006 年,采用新的先进核心机的 F414 耐久性增强型(enhanced durability engine,EDE)发动机进入测试。新的发动机通过热端部件升级,可实现 15% 的推力增长或在相同推力等级下实现更长的使用寿命。此型发动机将高压压气机由原来的 7 级缩减为 6 级并全部采用整体叶盘结构,在减重的同时显著减少了零件数。前三级动叶采用前掠设计,提高了抗进气畸变的鲁棒性,提高了在较小失速裕度下的效率。另外,高压压气机转子引入了叶尖间隙控制,降低了动叶对畸变的敏感性,静子采用了弓形和倾斜设计,释放了端壁的气动负荷、延迟了端壁分离、提高了畸变条件下的稳定性。其次,高压压气机采用了先进的三维气动叶型,提高了性能并改善了稳定性。通过这些技术升级后,压气机流量增加了约 5%,效率提高了约 3%。升级的单级高压涡轮采用了新一代单晶涡轮叶片,表面采用物理气相沉积涂层,并引入了新的气膜冷却技术,可承受更高的使用温度(提高了约 83℃)。此 EDE 型发动机具备更低的油耗和更好的抗外物损伤能力。2009 年,EDE 型发动机进行了美国海军低油耗技术验证机的系统测试。

在此基础上,结合美国联邦综合高性能涡轮发动机技术计划取得的最新技术成果,通用电气公司开展的 F414 性能增强型(EPE)研制计划将推力进一步提高 20%或等价于热端部件耐久性再翻三番作为主要目标,以期推重比达到 10∶1。其中,通过线性摩擦焊制造的两级先进整体叶盘风扇将逐步替代原三级传统工艺风扇;风扇叶片采用前掠设计提高了气动性能,叶身采用金属基复合材料和空心叶型,在增大空气流量的同时显著降低了制造成本。高压涡轮采用新的大流量高负荷涡轮设计,叶片采用三维有黏气动外形设计,改善了流量分布,削弱了端壁尾流造成的主流迁移,降低了叶尖温度。采用了更先进的叶片冷却技术,改进了二次流,可在更小的流动损失下实现高效空气冷却。另外,为降低发动机噪声,尾喷管引入了机械结构与气动性能综合设计的锯齿形尾缘射流增混机制,可根据发动机不同工作状态调整机械结构及外涵道低速冷气在不同周向位置的流量,通过精确控制掺混过程以有效抑制超声速喷流噪声。其次,为降低污染物排放,EPE 型发动机采用了驻涡燃烧室,通过更充分的燃烧组织形式实现更低的氮氧化物排放。

另外,通用电气公司通过在 F414 发动机后部增加第二级低压涡轮的方式验证了其陶瓷基复合材料(CMC)应用于发动机旋转部件的可行性。此项测试验证了陶瓷基复合材料在涡轮内部高温高压的复杂工况条件下,抗离心应力和热应力的耐久性。此项技术的优势在于陶瓷基复合材料涡轮叶片的质量只有传统高温合金叶片的 1/3,可显著降低发动机重量;并可在无空气冷却的条件下工作,显著降低冷却空气用量,提高整机效率和燃油经济型。这是国际上首次成功地将 CMC 应用在涡轮动叶上。

F414 - EDE/EPE 小涵道比双转子加力型军用涡扇发动机的基本构型如下:

(1) 3/2 级低压风扇,6 级高压压气机。

(2) 环形燃烧室。

(3) 1 级高压涡轮,1 级低压涡轮。

(4) 双通道全权限数字电子控制系统。

该发动机的技术参数、推力设置、应用机型及关键节点日期如表 2.3.9 和表 2.3.10 所示。

表 2.3.9　F414‑GE‑EDE/EPE 发动机的技术参数

参数	值	参数	值
最大直径/mm	889	加力状态耗油率/[kg/(kgf·h)]	N/A
风扇进口直径/mm	790	中间状态耗油率/[kg/(kgf·h)]	N/A
涡轮前温度/K	N/A	基础发动机干质量/kg	1 200(估计)
涵道比	0.27(估计)	推重比	10
总压比	30	长度/mm	3 911.6
质量流量/(kg/s)	85		

表 2.3.10　F414‑GE‑EDE/EPE 发动机的推力设置、应用机型及关键节点日期

型　号	最大加力推力/lbf(kN)	中间状态推力/lbf(kN)	应用机型	首次试车日期	服役日期
F414‑GE‑EPE/EDE	26 424 (117.5)	15 013 (66.8)	F/A18‑E/F, EA18‑G		2009 年

注：海平面静止状态，国际标准大气条件，无功率提取。

2.3.6　F414‑GE‑400

通用电气公司 F414‑GE‑400 小涵道比双转子加力型涡扇发动机推力等级为 22 500 lbf(100 kN)，推重比约为 9∶1，主要用于波音公司 F/A18‑E/F 超级大黄蜂和 EA18‑G 咆哮者战机，如图 2.3.6 所示。此系列发动机衍生自原 F404 系列后期改进型 F412 非加力型涡扇发动机，见 2.3.13 节。基于 F404 系列已经验证具有良好的可靠性、维护性和使用性能，F414‑GE‑400 型发动机融合了更先进的技术和材料，将最大推力提高了约 35%，可明显改善战机的机动性和战场生存能力，同时可显著增加有效载荷。

F414 系列发动机与时俱进地采用了诸多先进技术特征，其全权限数字电子

图 2.3.6　F414‑GE‑400 发动机结构外观图及其应用机型
F/A18‑E/F 超级大黄蜂战机

左图引自：https://www.aereo.jor.br/2010/05/07/1-000-f414-entregues/
右图引自：https://en.wikipedia.org/wiki/Boeing_F/A-18E/F_Super_Hornet

控制系统可显著提升发动机操控特性,而先进材料和热端部件冷却技术可明显提高性能并延长部件的使用寿命。该系列发动机的后期性能和耐久性增强计划可进一步降低使用维护成本,将推力再增加 20% 左右并改善油耗,见 2.3.5 节。

另外,F414-GE-INS6 被选为印度光辉 Mk-Ⅱ 轻型战机的动力系统。F414-G 型(F414-GE-39E)则主要用于瑞典萨博 JAS39 鹰狮战机升级计划。此衍生型发动机是 F414-GE-400 的单发战机动力系统版本,可助推鹰狮战机实现 1.2 马赫超声速巡航。该发动机系列中的降推力版本 F414-M 型则主要用于欧洲宇航防务集团研制的马可(Mako)轻型战斗教练机。

F414-GE-400 小涵道比双转子加力型军用涡扇发动机的基本构型如下:

(1) 3 级低压风扇,7 级高压压气机。

(2) 环形燃烧室。

(3) 1 级高压涡轮,1 级低压涡轮。

(4) 双通道全权限数字电子控制系统。

该发动机的技术参数、推力设置、应用机型及关键节点日期如表 2.3.11 和表 2.3.12 所示。

表 2.3.11　F414-GE-400 发动机的技术参数

最大直径/mm	889	加力状态耗油率/[kg/(kgf·h)]	N/A
风扇进口直径/mm	790	中间状态耗油率/[kg/(kgf·h)]	N/A
涡轮前温度/K	N/A	基础发动机干质量/kg	1 121.38
涵道比	0.27	推重比	8.91
总压比	30	长度/mm	3 911.6
质量流量/(kg/s)	77.18		

表 2.3.12　F414-GE-400 发动机的推力设置、应用机型及关键节点日期

型　号		最大加力推力/lbf(kN)	中间状态推力/lbf(kN)	应用机型	首次试车日期	服役日期
F414-GE	-400	22 020 (97.9)	14 769 (65.7)	F/A18-E/F, EA18-G	N/A	2001 年
	-M	16 850 (75.0)	12 566 (55.9)	EADS 马可轻型战斗教练机		

注:海平面静止状态,国际标准大气条件,无功率提取。

2.3.7　F118-GE-100

通用电气公司 F118 系列是该公司 F110 双转子军用涡扇发动机的非加力

型衍生版本,主要用于配装美国空军 B2 - A 幽灵隐身战略轰炸机和换发的 U2 - S 高空侦察机,如图 2.3.7 所示。F118 发动机也采用了 F101 的核心机,并重新设计了低压系统,为目标应用提供定制的使用性能。F101 系列小涵道比军用涡扇发动机于 20 世纪 70 年代开始研制,主要用于 B1 系列先进技术战略轰炸机,见 2.3.9 节。F110 和 F118 的核心机都源于此。

图 2.3.7　F118 发动机结构外观图及其典型应用机型 B2 幽灵隐身战略轰炸机

左图引自：https：//www. geaviation. com/sites/default/files/datasheet-F118_1. pdf

右图引自：https：//en. wikipedia. org/wiki/Northrop_Grumman_B-2_Spirit

1988 年,美国空军正式启动了诺斯罗普 B2 隐身轰炸机研制项目,并由四台 F118 - GE - 100 型发动机提供动力。B2 隐身轰炸机的飞翼气动外形设计与诺斯罗普公司于较早前(20 世纪 40 年代)研制的 YB49A 型试验飞机类似。后者由 GE 公司 J35 涡喷发动机提供动力。F118 发动机的研制于 1989 年年中进入飞行试验阶段,并于 1991 年随 B2 轰炸机获得美国国家航空学会科利尔奖,以表彰其在航空领域所取得的突出的成就。F118 - GE - 100 发动机单台最大推力为 19 000 lbf(84.5 kN),为降低红外可探测性舍去了加力燃烧室。此后,GE 公司为此系列发动机开展了延长服役寿命的升级计划（service life extension program,SLEP),以期提高 B2 轰炸机动力系统的耐久性并将在翼时长增加一倍。另外,也可与后期生产的 F101 和 F110 系列发动机共用部分零部件,以显著提高维修保障的灵活性。

F118 - GE - 100 非加力型轴流式小涵道比双转子军用涡扇发动机的基本构型如下：

（1）1 级风扇,2 级低压增压级,9 级高压压气机。

（2）环形燃烧室。

（3）1 级高压涡轮,2 级低压涡轮。

（4）全权限数字电子控制系统。

该发动机的技术参数、推力设置、应用机型及关键节点日期如表 2.3.13 和表 2.3.14 所示。

表 2.3.13　F118‑GE‑100 发动机的技术参数

最大直径/mm	1 181.1	耗油率（最大状态）/[kg/(kgf·h)]	0.67
涡轮前温度/K	N/A	基础发动机干质量/kg	1 452.8
涵道比	0.8	推重比	5.94
总压比	35.1	长度/mm	2 552.7
质量流量/(kg/s)	131.66		

表 2.3.14　F118‑GE‑100 发动机的推力设置、应用机型及关键节点日期

型　号	最大推力/lbf(kN)	应 用 机 型	首次试车日期	服役日期
F118‑GE‑100	19 017 (84.6)	B2 幽灵隐身战略轰炸机	N/A	1993 年

注：海平面静止状态，国际标准大气条件，无功率提取。

F118 系列发动机的另一个主要应用是 U2‑S 高空侦察机，同于 U2‑R 的换发升级机型，采用了 F118‑GE‑101 型发动机，见 2.3.8 节。

2.3.8　F118‑GE‑101

通用电气公司 F118‑GE‑101 军用非加力型双转子涡扇发动机主要用于洛克希德‑马丁 U2 高空长航时侦察机，如图 2.3.8 所示。源自 F110 系列的非加力衍生型号，F118‑GE‑100 发动机原为诺斯罗普 B2 幽灵（Spirit）隐身战略

图 2.3.8　F118 发动机结构外观图及其典型应用机型 U2‑S 高空长航时侦察机

左图引自：https://www.geaviation.com/sites/default/files/datasheet-F118_1.pdf

右图引自：https://www.ainonline.com/aviation-news/defense/2017-03-20/reprieve-likely-u-2-dragon-lady

轰炸机设计研制。类似的,F118 采用了原 F101 的核心机并针对目标应用重新定制了低压系统,其先进技术风扇则源自美国空军综合高性能涡轮发动机技术计划(IHPTET)。F118 - GE - 101 型发动机将最大推力限定在 17 000 lbf (75.6 kN),并略微减轻了重量。此型发动机改进了热端部件设计,扩展了大修间隔期,并降低了使用维护成本。通过这些具有针对性的动力技术改进,U2 - S 系列第二代高空长航时侦察机具备了更高的升限和更宽的飞行包线,同时其操控性和安全性也得到了有效改善。

1994 年,洛克希德-马丁公司向美国空军交付首批第二代高空长航时预警侦察机 U2 - S。该机采用了当时最先进的探测传感设备,并换装了 F118 - GE - 101 型发动机,具备全天候执勤能力。同时,原美国空军 U2 - R 侦察机及美国国家航空宇航局 ER2 技术试验机也进行了类似的技术升级。截至 1998 年,F118 - GE - 101 发动机已全部装备该系列飞机,并替代原 J75 发动机成为新的可靠动力系统。1998 年,U2 - S 侦察机亦获得了科利尔奖。

F118 - GE - 101 非加力型轴流式小涵道比双转子军用涡扇发动机的基本构型如下:

(1) 1 级风扇,2 级低压增压级,9 级高压压气机。

(2) 环形燃烧室。

(3) 1 级高压涡轮,2 级低压涡轮。

(4) 全权限数字电子控制系统。

该发动机的技术参数、推力设置、应用机型及关键节点日期如表 2.3.15 和表 2.3.16 所示。

表 2.3.15 F118 - GE - 101 发动机的技术参数

最大直径/mm	1 193.8	最大状态耗油率/[kg/(kgf·h)]	0.66
涡轮前温度/K	N/A	基础发动机干质量/kg	1 430.1
涵道比	0.8	推重比	5.4
总压比	32.2	长度/mm	2 794
质量流量/(kg/s)	131.66		

表 2.3.16 F118 - GE - 101 发动机的推力设置、应用机型及关键节点日期

型 号	最大推力 /lbf(kN)	应 用 机 型	首次试车 日期	服役日期
F118 - GE - 101	17 015(75.7)	U2 - S 高空侦察机	N/A	1989 年

注:海平面静止状态,国际标准大气条件,无功率提取。

2.3.9　F101 - GE - 102

F101 系列是美国 GE 公司研制的中等涵道比双转子加力式军用涡扇发动机,1974 年首飞并于 1985 年进入服役,主要用于美国空军 B1 - A/B 型枪骑兵战略轰炸机,如图 2.3.9 所示。

图 2.3.9　通用电气 F101 - GE - 102 发动机及其应用机型 B1 - B 战略轰炸机

左图引自：https://www.geaviation.com/sites/default/files/datasheet-F101_1.pdf

右图引自：https://airman.dodlive.mil/2018/05/17/b1-b-lancer/

该系列发动机原自通用电气公司 GE9 原型机。20 世纪 60 年代末,通用电气公司为美国空军研发了可用于先进战略作战飞行平台的 GE9 非加力型双转子涡扇发动机,具有结构紧凑的突出特点。在此基础上,通用电气公司研发了该公司第一款加力型双转子涡扇发动机 F101 - GE - 100,用于配装早期的四架 B1 - A 原型机。尽管 B1 - A 的量产计划于 1977 年最终取消,但是由 F101 - GE - 100 发动机提供动力的四架原型机仍然完成了全部飞行测试项目。

此后,100 架 B1 - B 型战略轰炸机的量产计划促使通用电气公司在美国国防装备研制合同的框架下进一步改进研制了 F101 - GE - 102 型发动机。其推力设置保持不变,基本构型保留了原有的设计特点,如涵道比约为 2：1 的双转子构型,优化了加力燃烧室和尾喷管的设计,并减轻了重量。首台发动机于 1983 年交付,随后 B1 - B 飞行试验于 1984 年开展;美国空军于 1985 年正式接收该型轰炸机入役。截至 1987 年 12 月,共生产了 469 台该型发动机。至今,美国空军仍保有 65 架由 F101 系列发动机提供动力的在役 B1 - B 战略轰炸机。

F101 - GE - 102 加力型轴流式双转子军用涡扇发动机的基本构型如下：

(1) 1 级风扇,2 级低压增压级,9 级高压压气机。

(2) 环形燃烧室。

(3) 1 级高压涡轮,2 级低压涡轮。

　　该发动机的技术参数、推力设置、应用机型及关键节点日期如表 2.3.17 和表 2.3.18 所示。

表 2.3.17　F101‒GE‒102 发动机的技术参数

最大直径/mm	1 402.08	加力状态耗油率/[kg/(kgf·h)]	N/A
涡轮前温度/K	N/A	中间状态耗油率/[kg/(kgf·h)]	0.661
涵道比	2.01	基础发动机干质量/kg	2 007
总压比	26.8	推重比	6.9
质量流量/(kg/s)	159.808	长度/mm	4 589.78

表 2.3.18　F101‒GE‒102 发动机的推力设置、应用机型及关键节点日期

型　号	最大加力推力/lbf(kN)	中间状态推力/lbf(kN)	应 用 机 型	首次飞行试验日期	服役日期
F101‒GE‒102	30 808 (137.0)	17 015 (75.7)	枪骑兵 B1‒B 轰炸机	1974 年 12 月 23 日	1985 年

　　注：海平面静止状态、国际标准大气条件、无功率提取。

2.3.10　F404‒GE‒IN20

　　F404‒GE‒IN20 是通用电气公司 F404 系列小涵道比双转子加力型军用涡扇发动机的后期衍生型号，主要为印度光辉(Tejas LCA)单发轻型战机提供动力，如图 2.3.10 所示。此型发动机采用了通用电气公司当时最先进的热端部件材料和技术，并配有全权限数字电子控制系统，具有可靠的动力输出和优秀的使用效能。

　　F404‒GE‒IN20 小涵道比双转子加力型军用涡扇发动机基本构型如下：

图 2.3.10　F404‒GE‒IN20 发动机结构外观图及其应用机型
印度光辉单发轻型战机

左图引自：https://www.geaviation.com/military/engines/f404-engine
右图引自：https://en.wikipedia.org/wiki/HAL_Tejas

（1）3 级轴流风扇，7 级高压气机。

（2）环形燃烧室。

（3）1 级高涡轮，1 级低压涡轮。

（4）全权限数字电子控制系统。

该发动机的技术参数、推力设置、应用机型及关键节点日期如表 2.3.19 和表 2.3.20 所示。

表 2.3.19　F404 - GE - IN20 发动机的技术参数

最大直径/mm	883.92	加力状态耗油率/[kg/(kgf·h)]	N/A
风扇直径/mm	710	中间状态耗油率/[kg/(kgf·h)]	0.84
涡轮前温度/K	N/A	基础发动机干质量/kg	1 071.44
涵道比	0.27	推重比	7.63
总压比	28	长度/mm	3 911.6
质量流量/(kg/s)	66.284		

表 2.3.20　F404 - GE - IN20 发动机的推力设置、应用机型及关键节点日期

型　号	最大加力推力/lbf(kN)	中间状态推力/lbf(kN)	应 用 机 型	首次试车日期	服役日期
F404 - GE - IN20	18 016 (80.1)	12 261 (54.5)	印度光辉单发轻型战机	N/A	N/A

注：海平面静止状态，国际标准大气条件，无功率提取。

2.3.11　F404 - GE - RM12

F404 - GE - RM12 是通用电气公司 F404 系列小涵道比双转子加力型军用涡扇发动机的后期衍生型号，由通用电气公司与瑞典沃尔沃航空技术公司联合研制，主要用于瑞典萨博鹰狮单发多用途战机，如图 2.3.11 所示。此型发动机具备单引擎战机所必需的安全特性并采用了全权限数字电子控制系统。

F404 - GE - RM12 小涵道比双转子加力型军用涡扇发动机基本构型如下：

（1）3 级轴流风扇，7 级高压压气机。

（2）环形燃烧室。

（3）1 级高压涡轮，1 级低压涡轮。

（4）全权限数字电子控制系统。

该发动机的技术参数、推力设置、应用机型及关键节点日期如表 2.3.21 和表 2.3.22 所示。

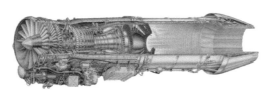

图 2.3.11　F404 - GE - RM12 发动机结构纵剖图及其应用机型
瑞典 JAS39 鹰狮战机

左图引自：https://www.researchgate.net/figure/The-full-RM12-jet-engine_fig1_283676568
右图引自：https://en.wikipedia.org/wiki/Saab_JAS_39_Gripen

表 2.3.21　F404 - GE - RM12 发动机的技术参数

最大直径/mm	889	加力状态耗油率/[kg/(kgf·h)]	N/A
风扇直径/mm	710	中间状态耗油率/[kg/(kgf·h)]	0.842
涡轮前温度/K	N/A	基础发动机干质量/kg	1 051.01
涵道比	0.27	推重比	7.82
总压比	27	长度/mm	4 038.6
质量流量/(kg/s)	69.008		

表 2.3.22　F404 - GE - RM12 发动机的推力设置、应用机型及关键节点日期

型　　号	最大加力推力/lbf(kN)	中间状态推力/lbf(kN)	应用机型	首次试车日期	服役日期
F404 - GE - RM12	18 116 (80.6)	12 151 (54.0)	JAS39 鹰狮	N/A	1993 年

注：海平面静止状态，国际标准大气条件，无功率提取。

2.3.12　F404 - GE - 102

　　通用电气公司 F404 系列小涵道比双转子加力型军用涡扇发动机可为多种不同用途的固定翼战机提供动力，如低空亚声速攻击机、制空战机或高空截击机等。F404 最初是为波音(原麦道)F/A18 双发战机研制的动力系统，原型机于 1976 年首次运转；其非加力衍生型号为世界上首架亚声速隐身战机 F117A 提供动力(见 2.3.16 节)，另外还用于新加坡 A4SU 超级天鹰攻击机(见 2.3.15 节)。

　　F404 - GE - 102 是该系列的最新改进型，主要是为韩国 KAI/LMTAS T/A50 金鹰高级教练机/轻型攻击机研制的推进系统，如图 2.3.12 所示。配装此型发动机的 T50 高级教练机于 2002 年 8 月首飞,并于半年后实现首次超声速飞行;2005 年开始批产交付。此改进型发动机引入了单发战机所必需的安全特征并采用了源自 F414 发动机的全权限数字电子控制系统。该型发动机热端部件采用的先进技术和革新材料显著提高了使用性能,也秉承了良好的耐久性。其所采用的简洁的模块化设计具有良好的可靠性和可维护性。此型发动机后由韩国三星集团通过型号授权生产。

图 2.3.12　F404 发动机结构外观图及其应用机型韩国 T50 高级教练机

左图引自：https://www.geaviation.com/military/engines/f404-engine

右图引自：https://en.wikipedia.org/wiki/KAI_T-50_Golden_Eagle

此外,用于美国海军 F/A18 - C/D 的该型发动机则命名为 F404 - GE - 402,见 2.3.13 节。相较于大黄蜂系列战机早期机型配装的动力系统,F404 - GE - 402 可提供更大的推力和更低的油耗,显著地提高了战机作战效能。而 F404 - GE - 102D 型则被选为美国国防部高级研究计划局和美国空军主导的 X45B 无人驾驶作战飞行平台的动力系统,进一步采用了低可探测性设计特征。另外,该系列的衍生型号 F404 - GE - RM12 主要用于瑞典鹰狮(Gripen)单发战机,见 2.3.11 节;而 F404 - GE - IN20 型则是专门为印度光辉轻型战机研制的动力系统,见 2.3.10 节。

F404 - GE - 102 小涵道比双转子加力型军用涡扇发动机的基本构型如下:

(1) 3 级轴流风扇,7 级高压压气机。

(2) 环形燃烧室。

(3) 1 级高压涡轮,1 级低压涡轮。

(4) 全权限数字电子控制系统。

该发动机的技术参数、推力设置、应用机型及关键节点日期如表 2.3.23 和表 2.3.24 所示。

表 2.3.23 F404 - GE - 102 发动机的技术参数

最大直径/mm	883.92	加力状态耗油率/[kg/(kgf·h)]	N/A
风扇直径/mm	710	中间状态耗油率/[kg/(kgf·h)]	0.84
涡轮前温度/K	N/A	基础发动机干质量/kg	1 035
涵道比	0.27	推重比	7.76
总压比	26	长度/mm	3 911.6
质量流量/(kg/s)	66.284		

表 2.3.24 F404 - GE - 102 发动机的推力设置、应用机型及关键节点日期

型号	最大加力推力/lbf(kN)	中间状态推力/lbf(kN)	应用机型	首次试车日期	服役日期
F404 - GE - 102	17 716 (78.8)	11 961 (53.2)	韩国 T/A50	N/A	2003 年

注：海平面静止状态，国际标准大气条件，无功率提取。

2.3.13 F404 - GE - 402

通用电气公司 F404 系列小涵道比双转子加力型军用涡扇发动机海平面静止状态推力范围为 10 500～19 000 lbf(47～85 kN)。此系列发动机具备当时业界标杆的突出性能和可靠性。截至 2018 年 5 月，共累积了超过 1 000 万飞行小时，且仍有 3 700 余台在全球多个国家空军服役，主要应用机型包括 F/A18 大黄蜂双发战机、F117A 亚声速隐身战机（见 2.3.16 节）、新加坡 A4SU 超级天鹰轻型攻击机（见 2.3.15 节）、瑞典萨博 JAS39 鹰狮单发多用途战机（见 2.3.11 节）、韩国 T/A50 高级教练机/轻型攻击机（见 2.3.12 节）以及印度光辉轻型多用途战机等（见 2.3.10 节）。

最初，F404 发动机是为 F/A18 研制的配套动力。在 1966 年为诺斯罗普 YF17 研制的 YJ101 技术验证机的基础上，通用电气公司将新的 F404 的涵道比由原来的 0.2∶1 提高到 0.34∶1，进而获得了更好的燃油经济性。同时，此型发动机是该公司第一台从研制项目启动就开始贯彻可靠性和全寿命周期成本的军用涡扇发动机。F404 原型机于 1976 年 12 月首次运转，1978 年 6 月进入飞行试验，1979 年 12 月交付首台量产型发动机。F404 - GE - 402 为此系列的后期增强型，主要为瑞士空军等 F/A18 国际用户的动力系统需求而研制，并逐步配装美国海军 F/A18 - C/D 及其后继机型，如图 2.3.13 所示。

另外，该系列的衍生机型 F412 - GE - 400 非加力型军用涡扇发动机是专门为原麦道公司 A12 复仇者 Ⅱ 攻击机研制的动力系统。后因该攻击机研制项目

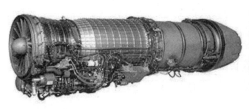 

图 2.3.13　F404 - GE - 402 发动机结构外观图及其应用机型 F/A18 - C/D 战机

左图引自：https：//www. geaviation. com/military/engines/f404-engine

右图引自：https：//en. wikipedia. org/wiki/McDonnell_Douglas_F/A-18_Hornet

取消,F412 发动机未获量产。但在此技术基础上,通用电气公司进一步研制了推力更大的 F414 系列军用涡扇发动机(见 2.3.6 节)和 GE36 民用桨扇试验样机(见 5.3 节)。前者主要用于波音 F/A18 - E/F 超级大黄蜂战机。

F404 - GE - 402 小涵道比双转子加力型军用涡扇发动机的基本构型如下：

(1) 3 级轴流风扇,7 级高压压气机。

(2) 环形燃烧室。

(3) 1 级高压涡轮,1 级低压涡轮。

(4) 全权限数字电子控制系统。

该发动机的技术参数、推力设置、应用机型及关键节点日期如表 2.3.25 和表 2.3.26 所示。

表 2.3.25　F404 - GE - 402 发动机的技术参数

最大直径/mm	883.92	加力状态耗油率/[kg/(kgf · h)]	N/A
风扇直径/mm	710	中间状态耗油率/[kg/(kgf · h)]	0.84
涡轮前温度/K	N/A	基础发动机干质量/kg	1 036.028
涵道比	0.27	推重比	7.76
总压比	26	长度/mm	3 911.6
质量流量/(kg/s)	66.284		

表 2.3.26　F404 - GE - 402 发动机的推力设置、应用机型及关键节点日期

型　号	最大加力推力/lbf(kN)	中间状态推力/lbf(kN)	应用机型	首次试车日期	服役日期
F404 - GE - 402	17 716 (78.8)	11 961 (53.2)	F/A18 - C/D	N/A	1991 年

注：海平面静止状态,国际标准大气条件,无功率提取。

2.3.14 F404‑GE‑400

通用电气公司 F404 系列小涵道比双转子加力型军用涡扇发动机原是为美国海军 F/A18 大黄蜂舰载战机研制的动力系统,采用了包括模块化设计和先进材料在内的诸多当时领先的技术特征,具有优异的性能。F404‑GE‑400 是该系列中较早期的型号,主要用于 F/A18‑A/B 型战机,如图 2.3.14 所示。

图 2.3.14 F404 发动机结构外观图及其主要应用机型
原道格拉斯 F/A18‑A/B 型战机

左图引自:https://www.geaviation.com/military/engines/f404-engine
右图引自:https://en.wikipedia.org/wiki/McDonnell_Douglas_F/A-18_Hornet

F404‑GE‑400 小涵道比双转子加力型军用涡扇发动机的基本构型如下:

(1) 3 级轴流风扇,7 级高压压气机。

(2) 环形燃烧室。

(3) 1 级高压涡轮,1 级低压涡轮。

该发动机的技术参数、推力设置、应用机型及关键节点日期如表 2.3.27 和表 2.3.28 所示。

表 2.3.27 F404‑GE‑400 发动机的技术参数

最大直径/mm	883.92	加力状态耗油率/[kg/(kgf·h)]	N/A
涡轮前温度/K	N/A	中间状态耗油率/[kg/(kgf·h)]	0.81
涵道比	0.27	基础发动机干质量/kg	996.53
总压比	26	推重比	7.3
质量流量/(kg/s)	65.83	长度/mm	3 911.6

表 2.3.28　F404-GE-400 发动机的推力设置、应用机型及关键节点日期

型　号	最大加力推力/lbf(kN)	中间状态推力/lbf(kN)	应 用 机 型	首次试车日期	服役日期
F404-GE-400	16 014 (71.2)	11 010 (49.0)	F/A18-A/B/C/D, X29，MBB X31	N/A	1981 年

注：海平面静止状态，国际标准大气条件，无功率提取。

2.3.15　F404-GE-100D

通用电气公司 F404-GE-100D 型小涵道比双转子非加力型军用涡扇发动机主要用于新加坡空军 A4SU 超级天鹰轻型攻击机，见下图。原道格拉斯 A4S 天鹰战机于 1975 年入役，后逐步进行了全面的系统升级并换装了新的发动机，重命名为 A4SU 超级天鹰并于 1988 年服役。其所换装的 F404-GE-100D 型具备更高的推重比，显著增加了战机的有效载荷，明显提高了机动性和战场生存力。超级天鹰的起飞滑跑距离缩短了近 30%，动力系统维护时长缩短了约 25%。

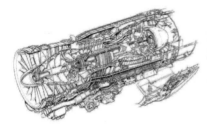

图 2.3.15　F404 发动机结构纵剖图及其应用机型 A4SU 超级天鹰攻击机

左图引自：www.flightglobal.com

右图引自：https://en.wikipedia.org/wiki/ST_Aerospace_A-4SU_Super_Skyhawk

F404-GE-100D 小涵道比双转子非加力型军用涡扇发动机的基本构型如下：

（1）3 级轴流风扇，7 级高压压气机。

（2）环形燃烧室。

（3）1 级高压涡轮，1 级低压涡轮。

该发动机的技术参数、推力设置、应用机型及关键节点日期如表 2.3.29 和表 2.3.30 所示。

2.3.16　F404-GE-F1D2

通用电气公司 F404-GE-F1D2 非加力型双转子小涵道比军用涡扇发动

表 2.3.29　F404‐GE‐100D 发动机的技术参数

最大直径/mm	883.92	最大状态耗油率/[kg/(kgf·h)]	0.8
涡轮前温度/K	N/A	基础发动机干质量/kg	826.28
涵道比	0.27	推重比	6
总压比	24	长度/mm	2 260.6
质量流量/(kg/s)	66.284		

表 2.3.30　F404‐GE‐100D 发动机的推力设置、应用机型及关键节点日期

型　　号	最大推力 /lbf(kN)	应 用 机 型	首次试车 日期	服役日期
F404‐GE‐100D	11 010 (49.0)	T/A4SU 超级天鹰	N/A	1988 年

注：海平面静止状态，国际标准大气条件，无功率提取。

机是专门为洛克希德 F117A 夜鹰隐身战机研制的动力系统，是用于 F/A18 战机的 F404‐GE‐400（见 2.3.14 节）的衍生型号。为满足 F117A 战机的隐身性能要求，其机身两侧的发动机短舱及进排气系统做了相应的设计调整。其中，进气道进口迎风面由小于常规雷达波长的格栅覆盖，格栅表面及进气道内部采用吸波涂层，可有效降低发动机进气系统及旋转的风扇产生的雷达回波，进而实现迎风面极低的雷达反射截面积。但因格栅阻滞效应，进气流量受到影响，因此在进气道上方增设了进气活门，以补偿起飞和低速飞行状态时所需的空气流量。类似的，排气系统采用了更复杂的低可探测设计。首先，机身尾部的扁平尾喷口设有 12 段 6 in 见方的格栅，以减小后缘雷达反射截面积，同时也补偿了尾喷管的结构强度。其次，尾喷口从后缘和下方被机身尾部蒙皮结构遮挡，尾喷口下游的机身表面采用陶瓷瓦片覆盖，以降低机身表面温度，并使用发动机外涵道气流冷却尾部机身，从而有效降低红外可探测性。

F404‐GE‐F1D2 小涵道比双转子非加力型军用涡扇发动机的基本构型如下：

（1）3 级轴流风扇，7 级高压压气机。

（2）环形燃烧室。

（3）1 级高压涡轮，1 级低压涡轮。

该发动机的技术参数、推力设置、应用机型及关键节点日期如表 2.3.31 和表 2.3.32 所示。

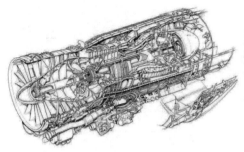 

图 2.3.16　F404 发动机结构纵剖图及其应用机型 F117A 隐身战机

左图引自：www. flightglobal. com

右图引自：https：//en. wikipedia. org/wiki/Lockheed_F-117_Nighthawk

表 2.3.31　F404‐GE‐F1D2 发动机的技术参数

最大直径/mm	883.92	最大状态耗油率/[kg/(kgf·h)]	0.79
涡轮前温度/K	N/A	基础发动机干质量/kg	785.42
涵道比	0.27	推重比	6.1
总压比	24	长度/mm	2 108.2
质量流量/(kg/s)	66.284		

表 2.3.32　F404‐GE‐F1D2 发动机的推力设置、应用机型及关键节点日期

型　号	最大推力/lbf(kN)	应用机型	首次试车日期	服役日期
F404‐GE‐F1D2	10 550 (47.0)	F117A 夜鹰	N/A	N/A

注：海平面静止状态，国际标准大气条件，无功率提取。

2.3.17　TF34‐GE‐100A

　　TF34 系列是 GE 公司研制的双转子轴流式高涵道比军用涡扇发动机，推力等级为 9 000 lbf(40 kN)，在当时等同推力级别发动机中具有最高的推重比和较低的油耗。TF34‐GE‐100A 型的最大推力为 9 073 lbf(40.4 kN)，主要用于美国空军 A10 雷电 2 亚声速对地攻击与近距支援飞机，如图 2.3.17 所示。另外，TF34‐GE‐400A 型则主要用于美国海军 S3‐A/B 维京反潜战机，见 2.3.18节。TF34 系列发动机于 1972 年 1 月首飞。截至目前，通用电气公司共交付了约 2 100 台该系列发动机，并累积了超过 1 300 万飞行小时。经过长期服役，TF34 系列优秀的可靠性和维护性得到充分验证。通过热端部件的升级改进，

图 2.3.17　TF34 - GE - 100A 发动机结构纵剖图及其应用机型 A10 雷电 2 攻击机

左图引自：http://www.airwar.ru/enc/engines/tf34-100.html

右图引自：https://en.wikipedia.org/wiki/Fairchild_Republic_A-10_Thunderbolt_II

其大修间隔期显著增加，在翼时长超过 2 000 小时。目前，仍有约 566 台该型发动机在美国空军服役。

TF34 - GE - 100A 双转子轴流式高涵道比军用涡扇发动机的基本构型如下：

（1）1 级风扇，14 级高压压气机。

（2）环形燃烧室。

（3）2 级高压涡轮，4 级低压涡轮。

该发动机的技术参数、推力设置、应用机型及关键节点日期如表 2.3.33 和表 2.3.34 所示。

表 2.3.33　TF34 - GE - 100A 发动机的技术参数

最大直径/mm	1 244.6	耗油率(起飞状态)/[kg/(kgf · h)]	0.371
涡轮前温度/K	N/A	基础发动机干质量/kg	653.76
涵道比	6.2	推重比	6.3
总压比	21	长度/mm	2 540
质量流量/(kg/s)	176.152		

表 2.3.34　TF34 - GE - 100A 发动机的推力设置、应用机型及关键节点日期

型　　号	最大推力/lbf(kN)	应 用 机 型	首次试车日期	服役日期
TF34 - GE - 100A	9 073 (40.4)	A10 - A 雷电 2 攻击机	N/A	1976 年

注：海平面静止状态，国际标准大气条件，无功率提取。

2.3.18 TF34-GE-400A

TF34 系列是通用电气公司 20 世纪 70 年代研制的双转子高涵道比军用涡扇发动机，最大推力等级为 9 000 lbf(40 kN)，具有当时等同推力发动机中最高的推重比和较低的油耗，主要用于费尔柴尔德(仙童，Fairchild)A10 雷电 2 攻击机和洛克希德 S3-A/B 维京反潜机，如图 2.3.18 所示。配装后者的 TF34-GE-400A 型发动机单台最大推力为 9 275 lbf(41.3 kN)。首台发动机于 1971 年 2 月交付，并于 1972 年 1 月随维京首飞，1975 年正式服役。2009 年维京反潜机退役。

图 2.3.18 TF34 发动机结构外观图及其应用机型 S3-A/B"维京"反潜机

左图引自：https://www.geaviation.com/sites/default/files/datasheet-TF34_1.pdf
右图引自：http://www.military-today.com/aircraft/lockheed_s3_viking.htm

同时，TF34 系列的民用子系列 CF34 主要用于高级公务机和支线客机，见 1.2.11 节~1.2.14 节。另外，通用电气 LM500 型舰用燃气涡轮发动机是 TF34 无风扇的衍生产品，并换用了与 LM2500 舰用燃气涡轮类似的耐腐蚀材料和改进设计。

TF34-GE-400A 双转子轴流式高涵道比军用涡扇发动机的基本构型如下：

(1) 1 级风扇，14 级高压压气机。

(2) 环形燃烧室。

(3) 2 级高压涡轮，4 级低压涡轮。

该发动机的技术参数、推力设置、应用机型及关键节点日期如表 2.3.35 和表 2.3.36 所示。

表 2.3.35 TF34-GE-400A 发动机的技术参数

最大直径/mm	1 320.8	涵道比	6.2
涡轮前温度/K	N/A	总压比	21

（续表）

质量流量/(kg/s)	153.452	推重比	6.3
耗油率(起飞状态)/[kg/(kgf·h)]	0.36	长度/mm	2 540
基础发动机干质量/kg	671.012		

表 2.3.36　TF34-GE-400A 发动机的推力设置、应用机型及关键节点日期

型　　号	最大推力/lbf(kN)	应 用 机 型	首次试车日期	服役日期
TF34-GE-400A	9 283(41.3)	S3-A/B维京反潜机	N/A	1975 年

注：海平面静止状态，国际标准大气条件，无功率提取。

2.4　霍尼韦尔公司军用涡扇发动机

2.4.1　F124(TFE1042-75)

TFE1042/TFE1088 系列，军用代号 F124，是美国霍尼韦尔公司在 TFE731 的基础上改型研制的小涵道比军用涡扇发动机，加力型为 F125，见 2.4.2 节。该系列发动机主要由原盖瑞特发动机公司设计，并由霍尼韦尔公司和中国台湾国际涡轮引擎公司制造，1979 年首次运转。

F124-GA-100(TFE1042-75)为基本型，最大推力为 6 306 lbf(28 kN)，主要配装捷克航空 L159 ALCA(advanced light combat aircraft)先进轻型战斗机/高级教练机(见图 2.4.1)和波音 X45 验证机。F124-GA-200 在前者基础上进行了微调，最大推力略降至 6 250 lbf(27.8 kN)，同时发动机干质量减轻约 13 kg，并采用全新的附件齿轮箱以及其他局部改进升级，主要配装阿莱尼亚马

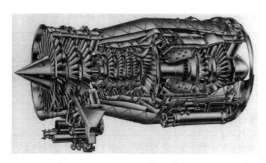

图 2.4.1　F124 发动机结构纵剖图及其应用机型捷克航空 L159 高级教练机

左图引自：http://www.leteckemotory.cz/motory/f124
右图引自：https://everipedia-storage.s3-accelerate.amazonaws.com/ProfilePics/69691007317.PNG

基 M346 高级教练机。F124 - GA - 400 是主要为配装波音(原麦道)T45 苍鹰高级教练机的改进型号,最大推力为 6 300 lbf(28 kN),最终因美国海军取消换发计划而未获量产。

F124 双转子小涵道比军用涡扇发动机的基本构型如下:

(1) 3 级轴流式风扇,4 级轴流式和 1 级离心式组合高压压气机。

(2) 环形前导内渗式燃烧室。

(3) 1 级高压涡轮,1 级低压涡轮。

(4) 全权限数字电子发动机控制系统(后期改进型)。

该发动机的技术参数、推力设置、应用机型及关键节点日期如表 2.4.1 和表 2.4.2 所示。

表 2.4.1　F124 发动机的技术参数

最大直径/mm	762	最大状态耗油率/[kg/(kgf · h)]	0.81
涡轮前温度/K	N/A	基础发动机干质量/kg	503.94
涵道比	0.4	推重比	5.68
总压比	18.45	长度/mm	1 696.72
质量流量/(kg/s)	42.721		

表 2.4.2　F124 发动机的推力设置、应用机型及关键节点日期

型　号		最大推力 /lbf(kN)	应 用 机 型	首次试车 日期	服役日期
F124	GA - 100	6 306 (28.0)	捷克 Aero L159 Alca, 波音 X45	1979	1998 年
F124	GA - 200	6 250 (27.8)	阿莱尼亚马基 M346		
F124	GA - 400	6 300 (28.0)	T45 苍鹰, BAE 鹰		

注:海平面静止状态,国际标准大气条件,无功率提取。

2.4.2　F125(TFE1042 - 70)

TFE1042/TFE1088 双转子小涵道比军用涡扇发动机系列中加力型军用代号为 F125,由霍尼韦尔公司在 TFE731(见 1.4.3 节和 2.4.3 节)系列发动机的基础上改型研制而来;非加力型代号 F124,见 2.4.1 节。

1978 年 4 月,霍尼韦尔公司(原盖瑞特发动机公司)与瑞典沃尔沃航空发动机公司合作,将其民用 TFE731 改型为军用小涵道比涡扇发动机,并配装沃尔沃公司研制的加力燃烧室,以期替代通用电气公司 J85 和罗罗公司威派尔等涡轮喷气发动机。在该系列中,采用 TFE731 核心机的 1042 - 5 非加力型推力为 3 630 lbf(16.1 kN),改用新高效核心机的 1042 - 6 非加力型推力为 4 260 lbf (18.9 kN),其加力型 1042 - 7 最大推力为 6 796 lbf(30.2 kN)、中间状态推力为 4 134 lbf(18.4 kN)。

　　1982 年,因中国台湾地区自制防御战机(indigenous defence fighter,IDF)经国号的研制要求需大幅提高 1042 - 7 使用性能,改进研制修改幅度过大已是全新型号,故赋予代号 TFE1042 - 70,即 F125 - GA - 100,如图 2.4.2 所示。其后期衍生型的推力进一步提升,包括 TFE1088 - 11,其海平面静止状态最大推力为 9 600 lbf(42.7 kN);TFE1088 - 12,海平面静止状态最大推力为 12 000 lbf (53.4 kN)。后者亦称 TFE1042 - 70A,用于经国号 FCK - 1 战机性能提升。

图 2.4.2　F125 - GA - 100 发动机结构纵剖图及其应用机型
中国台湾经国号战机

　　另外,F125 - IN 为印度空军美洲豹攻击机提供动力,F125 - X 和 F125 - XX 为该系列的后期深入改进增推型。

　　F125 双转子小涵道比加力型军用涡扇发动机的基本构型如下:

　　(1) 3 级轴流式风扇,4 级轴流式和 1 级离心式组合高压压气机。

　　(2) 环形前导内渗式燃烧室。

　　(3) 1 级高压涡轮,1 级低压涡轮。

　　(4) 全权限数字电子发动机控制系统(后期改进型)。

　　该发动机的技术参数、推力设置、应用机型及关键节点日期如表 2.4.3 和表 2.4.4 所示。

表 2.4.3　F125 - GA - 100 发动机的技术参数

最大直径/mm	590.55	加力状态耗油率/[kg/(kgf·h)]	N/A
涡轮前温度/K	N/A	中间状态耗油率/[kg/(kgf·h)]	0.8
涵道比	0.4	基础发动机干质量/kg	617.44
总压比	18.45	推重比	6.8
质量流量/(kg/s)	43.312	长度/mm	3 561.08

表 2.4.4　F125 - GA - 100 发动机的推力设置、应用机型及关键节点日期

型　号	最大加力推力/lbf(kN)	中间状态推力/lbf(kN)	应 用 机 型	首次试车日期	服役日期
F125 - GA - 100 (TFE1042 - 70)	9 258 (41.2)	6 031 (26.8)	中国台湾经国战斗机	N/A	1991 年
F125 - IN	9 080 (40.4)	5 760 (25.6)	印度美洲豹攻击机升级版		
F125 - X	12 500 (55.6)	N/A			
F125 - XX	16 400 (73.0)	10 800 (48.0)			

注：海平面静止状态，国际标准大气条件，无功率提取。

2.4.3　TFE731 - 20

　　TFE731 系列是霍尼韦尔公司研制的中小推力齿轮传动双转子涡扇发动机，其民用型号见 1.4.3 节。首台量产型 TFE731 - 2 型于 1972 年获得型号许可证，见 2.4.5 节。该系列的第二代发动机，如 TFE731 - 20/40/50/60 型，进行了深入的现代化改进，采用三维气动设计、先进材料和制造工艺以及全权限数字电子发动机控制系统等，显著增推降耗。其中，TFE731 - 20 型于 1997 年 4 月获得 FAA 适航认证，主要用于利尔喷气 45 型公务机，可军用，如图 2.4.3 所示。TFE731 - 40 型于 1995 年 7 月获得 FAA 型号许可证，主要用于银河(Galaxy) SPX 公务机。TFE731 - 60 型则于 1995 年 5 月取得 FAA 适航证，主要用于达索猎鹰 50EX 和 900EX。TFE731 - 50R 型于 2006 年 10 月获得适航认证，主要用于豪客 800XPR。

　　TFE731 - 20 型发动机的基本构型如下：

　　(1) 1 级齿轮传动风扇。

　　(2) 行星式齿轮传动机构。

　　(3) 4 级轴流式低压压气机，1 级离心式高压压气机。

图 2.4.3　TFE731 - 20BR 发动机及其应用机型爱尔兰空军利尔喷气 45 公务机

左图引自：https：//aerospace. honeywell. com/en/learn/products/engines/tfe731

右图引自：https：//commons. wikimedia. org/wiki/File：Learjet_45,_Ireland_-_Air_Force_
AN1603890. jpg

（4）环形回流式燃烧室。

（5）1 级高压涡轮，3 级低压涡轮。

（6）全权限数字电子发动机控制系统。

该发动机的技术参数、推力设置、应用机型及关键节点日期如表 2.4.5 和
表 2.4.6 所示。

表 2.4.5　TFE731 - 20 发动机的技术参数

最大直径/mm	847.09	巡航状态耗油率/[kg/(kgf·h)]	0.725
涡轮前温度/K	N/A	基础发动机干质量/kg	406.33
涵道比	3.1	推重比	4.0
总压比	14.3	长度/mm	1 547.114
质量流量/(kg/s)	66.284		

表 2.4.6　TFE731 - 20 发动机的推力设置、应用机型及关键节点日期

型　　号	最大推力/lbf(kN)	应 用 机 型	首次试车日期	服役日期
TFE731 - 20	3 503(15.6)	利尔喷气 45	N/A	1996 年

注：海平面静止状态，国际标准大气条件，无功率提取。

2.4.4　TFE731 - 5

TFE731 系列是霍尼韦尔公司研制的中小推力齿轮传动双转子涡扇发动
机，其民用型号见 1.4.3 节。首台量产型 TFE731 - 2 型于 1972 年获得适航认
证，见 2.4.5 节。TFE731 - 5 和 TFE731 - 5A 型采用更大的涵道比，并改进了
低压压气机等部件，显著提高了推力和使用性能，分别于 1982 年和 1983 年取得

适航认证,起飞推力分别为 4 304 lbf(19.1 kN)和 4 500 lbf(20.0 kN)。
TFE731-5B 型则通过增大风扇空气流量及部件性能改进,进一步提高了起飞、
爬升和巡航推力,于 1991 年获得型号许可证,起飞推力为 4 750 lbf(21.1 kN)。
同年底,由 TFE731-5 型成功的动力部分与-3A 型的高效风扇模块组成的
TFE731-4 型发动机亦获得型号许可证,并用于塞斯纳奖状 650/750 系列以及
豪客系列公务机,可军用。

图 2.4.4　TFE731-5 型结构纵剖图及其应用机型豪客 800XP 空中救援飞机

左图引自: https://aerospace.honeywell.com/en/learn/products/engines/tfe731
右图引自: https://www.airliners.net/photo/Air-Ambulance-Sun-Air-of-Scandinavia/
Raytheon-Hawker-800XP/2528817/L

TFE731-5 型发动机的基本构型如下:
(1) 1 级齿轮传动风扇。
(2) 行星式齿轮传动机构。
(3) 4 级轴流式低压压气机,1 级离心式高压压气机。
(4) 环形回流式燃烧室。
(5) 1 级高压涡轮,3 级低压涡轮。
(6) 具有机械液压备份的数字电子发动机控制系统。

该发动机的技术参数、推力设置、应用机型及关键节点日期如表 2.4.7 和
表 2.4.8 所示。

表 2.4.7　TFE731-5 发动机的技术参数

最大直径/mm	858.266	巡航状态耗油率/[kg/(kgf·h)]	0.78
涡轮前温度/K	N/A	基础发动机干质量/kg	386.81
涵道比	3.48	推重比	5
总压比	14.6	长度/mm	1 651.762
质量流量/(kg/s)	64.922		

型　号	最大推力 /lbf(kN)	应 用 机 型	首次试车 日期	服役日期
TFE731-5	4 308 (19.1)	BAE 125，C101，猎鹰 20，豪客 800	N/A	1983 年

注：海平面静止状态，国际标准大气条件，无功率提取。

2.4.5　TFE731-2

TFE731 系列是霍尼韦尔公司针对 20 世纪 70、80 年代喷气式公务机动力系统需求研制的推力较小的齿轮传动双转子涡扇发动机，见 1.4.3 节。TFE731-2 为首台量产型，1972 年 8 月总装下线，主要用于利尔喷气 35/36 和达索猎鹰 10 公务机，可军用。自量产以来，该系列共有超过 20 种不同型号的发动机，累积生产了超过 13 000 台，并配装 30 多种不同型号的飞行器，积累了超过 1 亿飞行小时。该系列发动机还用于军用教练机和轻型攻击机，军用型号包括 TFE731-2/5/20、F124-GA-100/200（见 2.4.1 节）、F125-IN（见 2.4.2 节）等。

图 2.4.5　TFE731-2 型结构纵剖图及其应用机型芬兰空军利尔喷气 35A 侦察机
左图引自：https://aerospace.honeywell.com/en/learn/products/engines/tfe731
右图引自：https://www.airliners.net/photo/Finland-Air-Force/Gates-Learjet-UC-35A/1854694

TFE731-2 型发动机的基本构型如下：

（1）1 级齿轮传动风扇。

（2）行星式齿轮传动机构。

（3）4 级轴流式低压压气机，1 级离心式高压压气机。

（4）环形回流式燃烧室。

（5）1 级高压涡轮，3 级低压涡轮。

（6）机械液压式发动机控制系统。

该发动机的技术参数、推力设置、应用机型及关键节点日期如表 2.4.9 和表 2.4.10 所示。

表 2.4.9 TFE731‒2 型发动机的技术参数

最大直径/mm	868.68	巡航状态耗油率/[kg/(kgf·h)]	0.79
涡轮前温度/K	N/A	基础发动机干质量/kg	337.32
涵道比	2.66	推重比	4.71
总压比	14	长度/mm	1 521.968
质量流量/(kg/s)	51.302		

表 2.4.10 TFE731‒2 型发动机的推力设置、应用机型及关键节点日期

型 号	最大推力/lbf(kN)	应 用 机 型	首次试车日期	服役日期
TFE731‒2	3 503(15.6)	C101，IA63，K8，AT3，猎鹰 10	N/A	1972 年

注：海平面静止状态，国际标准大气条件，无功率提取。

2.5 赛峰公司军用涡扇发动机

2.5.1 M88‒3

法国赛峰集团航空发动机公司（原斯奈克玛公司）研制的 M88 系列小涵道比双转子加力型军用涡扇发动机是专门为空中优势和对地攻击等多用途先进战机开发的动力系统。

1983 年，达索公司计划推出新一代空中作战平台（advanced combat experimental，ACX）的技术验证机并计划于三年后首飞。为此配套的 M88 系列发动机研制项目也已正式启动。后因发动机研制周期较长，进度滞后，此新型阵风（Rafale）战机的初始动力系统选择了美国通用电气公司的 F404 发动机，作为过渡。后因法国空军大量列装阵风战机，M88 系列发动机得到了广泛的应用，如图 2.5.1 所示。为满足该先进战机的性能需求，M88 发动机必须具备高推重比、低耗油率、长服役时间以及简便的使用维护特性。

1990 年 2 月 27 日，M88‒2 型发动机（见 2.5.2 节）在替换了阵风 A 型原型机的左发 F404 发动机后，首飞升空。此时该型发动机已累积了 1 600 小时地面试车。此后该型发动机在达索‒布雷盖幻影 2000 飞行试验平台上开展了系列化的飞行测试。阵风 A 原型机在换装 M88‒2 型发动机后实现了非加力状态超声

图 2.5.1　M88 发动机及其应用机型阵风战机

速飞行，升限达到 15 000 m，过载可达－2g 至＋9g，最大攻角可达 30°。

在上述基础上，M88-3 发动机升级了全新的低压风扇（源自斯奈克玛公司 CENTOR-LP 压气机研究计划），通过增大空气流量将最大加力推力增大到近 20 000 lbf(89 kN)。同时，外涵道采用了新的可调出口导向叶片，使得新发动机可在飞行包线更广的范围内以最优的状态工作，并在部分包线范围内降低了燃油消耗率。这些改进使得配装 M88-3 型发动机的阵风战机具备更灵活的多任务作战能力。

另外，M88-4E 型（即 M88 Pack CGP）的研制项目在研究型合同框架下于 2008 年启动，旨在进一步降低发动机的全寿命周期总使用维护成本，并通过提升热端和旋转部件的使用寿命进一步增加发动机的大修间隔期，以有效提高发动机的待命时长。此改进型于 2010 年 3 月 22 日首飞。

M88-3 型发动机的基本构型如下：

（1）3 级低压风扇，6 级高压压气机。

（2）环形燃烧室。

（3）1 级低压涡轮，1 级高压涡轮。

（4）全权限数字电子控制系统。

该发动机的技术参数、推力设置、应用机型及关键节点日期如表 2.5.1 和表 2.5.2 所示。

表 2.5.1　M88-3 型发动机的技术参数

最大直径/mm	789.94	涵道比	0.3
风扇进口直径/mm	N/A	总压比	26.6
涡轮前温度/K	1 850	质量流量/(kg/s)	72.64

（续表）

加力状态耗油率/[kg/(kgf・h)]	N/A	推重比	9.9
中间状态耗油率/[kg/(kgf・h)]	0.78	长度/mm	3 649.98
基础发动机干质量/kg	913.902		

表 2.5.2　M88‑3 型发动机的推力设置、应用机型及关键节点日期

型　号	最大加力推力/lbf(kN)	中间状态推力/lbf(kN)	应用机型	首次试车日期	服役日期
M88‑3	19 859 (88.3)	13 502 (60.1)	阵风 Mk2	N/A	2006 年

注：海平面静止状态，国际标准大气条件，无功率提取。

2.5.2　M88‑2

　　M88 系列双转子小涵道比加力型军用涡扇发动机是法国赛峰集团斯奈克玛公司为该国达索集团阵风先进战机研制的专用发动机，如图 2.5.2 所示。该发动机研制项目起源于斯奈克玛公司 20 世纪 70 年代末的先进战斗机发动机研制计划。M88 发动机项目于 1980 年正式启动，其设计目标包括最大加力推力为 16 860～20 233 lbf(75～90 kN)，推重比较该公司的阿塔 09K50 发动机增大 50% 以上。

图 2.5.2　M88‑2 发动机及其应用机型"阵风"战机

左图引自：https://www.safran-group.com/diaporama/m88-rafale-engine
右图引自：http://i.ndtvimg.com/i/2016-01/dassault-rafale-2-planes-650_650x400_41452768636.jpg

　　M88‑2 型发动机于 1996 年初完成考核，首批量产发动机于同年底交付。该型发动机推重比超过 8.5∶1，中间状态推力约为 11 250 lbf(50 kN)，最大加力推力为 16 850 lbf(75 kN)。在交付前，该发动机经过了严格的试车和飞行试验考核，表现出了优异的可靠性，共累积了 16 400 小时运行时间，包括 6 200 小时飞行试验。该发动机广泛采用了同期的最先进技术，包括单晶高压涡轮叶片、粉

末高温合金涡轮盘和全权限数字电子控制系统等。在飞行包线的各个区域,该发动机都表现出了迅速的油门响应、较低的可探测性及突出的多任务能力。M88-2型发动机采用模块化设计,共有21个模块,并且在替换过程中无须重新校准或平衡,极大地提高了外场维修效率和可待命时长。

另外,斯奈克玛公司在M88-2标准型的基础上进一步开发了第四阶段机型,其推力配置与标准型一致,但进一步提高了发动机寿命并降低了燃油消耗率,使得使用维护成本大幅降低。同时,也有效提高了低烈度对抗时的渗透作战能力。第四阶段型号采用了全三维气动设计的高压压气机和高压涡轮叶片,并采用了整体叶盘技术,改进了高压涡轮叶片的热障涂层以及火焰筒的冷却技术。

M88-2型发动机的基本构型如下:

(1) 3级低压风扇(含进口导向叶片),6级高压压气机(前3级静子叶片可调)。

(2) 环形燃烧室。

(3) 1级气冷低压涡轮,1级气冷高压涡轮。

(4) 全权限数字电子控制系统。

(5) 加力燃烧室采用径向火焰稳定器。

(6) 可变截面收缩尾喷管。

该发动机的技术参数、推力设置、应用机型及关键节点日期如表2.5.3和表2.5.4所示。

表 2.5.3　M88-2 型发动机的技术参数

最大直径/mm	769.62	加力状态耗油率/[kg/(kgf·h)]	1.67
风扇进口直径/mm	698.5	中间状态耗油率/[kg/(kgf·h)]	0.78
涡轮前温度/K	1 850	基础发动机干质量/kg	871.68
涵道比	0.3	推重比	8.8
总压比	24.5	长度/mm	3 634.74
质量流量/(kg/s)	67.192		

表 2.5.4　M88-2 型发动机的推力设置、应用机型及关键节点日期

型　号	最大加力推力/lbf(kN)	中间状态推力/lbf(kN)	应用机型	首次试车日期	服役日期
M88-2	16 887 (75.1)	11 260 (50.1)	阵风-C/D/M	1990 年	2006 年

注: 海平面静止状态,国际标准大气条件,无功率提取。

2.5.3　M53-P2

法国赛峰集团航空发动机公司(原斯奈克玛公司)研制的M53系列单转子

小涵道比加力型军用涡扇发动机为在世界上多个国家和地区服役的单发幻影 (Mirage)2000 全系列战机提供动力,包括其最新改进型幻影 2000 - 5 和 2000 - 9 型多用途战机。M53 - P2 发动机是该系列的最新改进型,结合了先进的性能和卓越的可靠性,可产生 21 000 lbf(93.4 kN)的加力推力,可为幻影 2000 - 9 战机提供充沛的动力,如图 2.5.3 所示。

图 2.5.3　M53 - P2 发动机及其典型应用机型幻影 2000 - 9 战机

左图引自：https：//www. safran-aircraft-engines. com/sites/snecma/files/fiche_m53_ang_ 2011. pdf

右图引自：http：//www. picture-worl. org/_media/img/large/mirage-2000-9--abu-dhabi-air- force-4. jpg

M53 - P2 配有全权限数字电子控制系统,具备优秀的操控性,其飞行包线涵盖对飞行员无额外约束或要求的极低速飞行区域至可达马赫数 2.2 的高速区域。同时,斯奈克玛公司为此改进型发动机引入了当时更先进的技术设计,使其使用维护成本更低。这些突出特点使得该发动机成为现代作战飞机的理想动力系统之一。截至目前,该系列发动机共累积了超过 200 万飞行小时,并在实战任务中验证了其卓越的性能。

M53 - P2 型单转子小涵道比加力型军用涡扇发动机的基本构型如下：

(1) 3 级低压风扇,5 级高压压气机。

(2) 环形燃烧室。

(3) 2 级涡轮。

(4) 全权限数字电子控制系统。

该发动机的技术参数、推力设置、应用机型及关键节点日期如表 2.5.5 和表 2.5.6 所示。

2.5.4　M53 - 5

M53 系列单转子小涵道比加力型军用涡扇发动机由法国赛峰集团斯奈克

表 2.5.5　M53 - P2 发动机的技术参数

最大直径/mm	1 066.8	加力状态耗油率/[kg/(kgf·h)]	2.06
风扇进口直径/mm	796.036	中间状态耗油率/[kg/(kgf·h)]	0.88
涡轮前温度/K	1 600	基础发动机干质量/kg	1 501.378
涵道比	0.36	推重比	6.5
总压比	9.8	长度/mm	5 069.84
质量流量/(kg/s)	93.978		

表 2.5.6　M53 - P2 发动机的推力设置、应用机型及关键节点日期

型　号	最大加力推力/lbf(kN)	中间状态推力/lbf(kN)	应用机型	首次试车日期	服役日期
M53 - P2	21 404 (95.2)	14 479 (64.4)	幻影 2000 - 5	N/A	1984 年

注：海平面静止状态，国际标准大气条件，无功率提取。

玛公司研制，主要用于配装 20 世纪 80 年代的高速高性能多任务战斗轰炸机，如图 2.5.4 所示。该发动机研制项目起始于 20 世纪 60 年代末，原代号为超级阿塔。相较于斯奈克玛公司 TF306 发动机，M53 结构设计更紧凑，使用维护成本更低。

图 2.5.4　M53 发动机及其典型应用机型幻影 2000 战机

左图引自：https://en.wikipedia.org/wiki/Snecma_M53

右图引自：https://www.dassault-aviation.com/wp-content/blogs.dir/2/files/2018/05/Mirage-2000-N-Armee-de-lair-%C2%A9Defense-Armee-de-lair-EMA.jpg

M53 - 5 型单转子小涵道比加力型军用涡扇发动机的基本构型如下：

(1) 3 级低压风扇，5 级高压压气机。

(2) 环形燃烧室。

(3) 1 级涡轮。

（4）采用机械液压执行机构的电子式发动机控制系统，并有计算机监控。

该发动机的技术参数、推力设置、应用机型及关键节点日期如表 2.5.7 和表 2.5.8 所示。

表 2.5.7　M53‑5 型发动机的技术参数

最大直径/mm	1 066.8	加力状态耗油率/[kg/(kgf·h)]	N/A
风扇进口直径/mm	N/A	中间状态耗油率/[kg/(kgf·h)]	0.87
涡轮前温度/K	N/A	基础发动机干质量/kg	1 470.96
涵道比	0.35	推重比	6.12
总压比	9.3	长度/mm	5 069.84
质量流量/(kg/s)	85.08		

表 2.5.8　M53‑5 型发动机的推力设置、应用机型及关键节点日期

型　号	最大加力推力/lbf(kN)	中间状态推力/lbf(kN)	应用机型	首次试车日期	服役日期
M53‑5	19 848 (88.3)	12 241 (54.5)	幻影 2000/4000	N/A	1980 年

注：海平面静止状态，国际标准大气条件，无功率提取。

2.5.5　Larzac 04‑C20/R20

拉扎克（Larzac）双转子小涵道比军用涡扇发动机由法国赛峰集团斯奈克玛公司和透博梅卡公司联合研制，主要用于亚声速军用教练机、攻击机及其他战术支援飞机。该发动机及其典型应用机型达索（原道尼尔，Dornier）阿尔法教练/攻击机如图 2.5.5 所示。该发动机的研制工作起始于 20 世纪 60 年代末，透博

图 2.5.5　拉扎克 04 型发动机及其应用机型阿尔法教练/攻击机

左图引自：https://www.mtu.de/fileadmin/_processed_/b/5/csm_Larzac04_Main_8738285eba.jpg

右图引自：https://www.mtu.de/fileadmin/EN/2_Engines/2_Military_Aircraft_Engines/1_Fighter_Aircraft/Larzac04/General/Larzac04_AlphaJet.jpg

梅卡公司负责风扇、压气机和附件传动齿轮箱的研制,斯奈克玛公司负责燃烧室、涡轮和燃油控制系统的研制。

拉扎克04发动机的基本构型如下:

(1) 2级低压风扇,4级高压压气机。

(2) 环形燃烧室。

(3) 1级低压涡轮,1级高压涡轮。

(4) 计算机辅助机械液压式控制系统(后期型号)。

该发动机的技术参数、推力设置、应用机型及关键节点日期如表2.5.9和表2.5.10所示。

表2.5.9　拉扎克04型发动机的技术参数

最大直径/mm	601.98	质量流量/(kg/s)	28.148
风扇直径/mm	452.12(估计)	最大状态耗油率/[kg/(kgf·h)]	0.74
涡轮前温度/K	1 433(估计)	基础发动机干质量/kg	299.64
涵道比	1.15	推重比	4.8
总压比	10.6	长度/mm	1 178.56

表2.5.10　拉扎克04型发动机的推力设置、应用机型及关键节点日期

型　号	最大推力/lbf(kN)	应用机型	首次试车日期	服役日期
Larzac - 04　C20/R20	3 178 (14.1)	阿尔法攻击教练机, MiG - AT	N/A	1984年

注:海平面静止状态,国际标准大气条件,无功率提取。

2.5.6　Atar

法国赛峰集团航空发动机公司(原斯奈克玛公司)研制的阿塔(Atar)系列涡喷发动机为达索公司幻影F1、幻影50(Atar 09K50)和幻影5(Atar 09C)战斗机提供动力。该系列最新改进海军型Atar 08K50为超级军旗(Super-Etendard)舰载机提供动力。

在多年的实战使用中,阿塔系列发动机共累积了超过800万飞行小时并证明了其突出的可靠性。该系列最新改进型09K50(空军型)和08K50(海军型)共交付了1 100余台。因配装了具有电子控制器和机械液压执行机构的控制系统,此改进型具备了更好的操控性和灵活性,最高飞行马赫数可达2.2。

阿塔系列发动机起源于二战后期德国BMW018发动机设计,初期由原

BMW 工程师负责研制推力更大的衍生型号。此系列发动机为法国在战后的诸多喷气式战斗机提供动力,包括秃鹰(Vautour)战斗轰炸机、军旗(Etendard)战斗机、超神秘(Super Mystere)战斗机以及上述幻影系列等多种机型。

图 2.5.6　阿塔发动机外观图及其应用机型幻影 F1 战机

左图引自:https://defence.pk/pdf/threads/engines-used-in-different-fighters.118218/page-2

右图引自:https://theaviationgeekclub.com/wp-content/uploads/2017/11/Mirage-F1-Draken.jpg

Atar 09K50 为单转子加力式涡喷发动机,基本构型如下:

(1) 9 级轴流式压气机。

(2) 环形燃烧室。

(3) 2 级轴流式涡轮,气冷空心导向叶片。

该发动机的技术参数、推力设置、应用机型及关键节点日期如表 2.5.11 和表 2.5.12 所示。

表 2.5.11　阿塔发动机的技术参数

最大直径/mm	1 024	中间状态耗油率/[kg/(kgf·h)]	0.96
涡轮前温度/K	1 203	基础发动机干质量/kg	1 583
总压比	6.5	推重比	4.5
质量流量/(kg/s)	71.7	长度/mm	5 943
加力状态耗油率/[kg/(kgf·h)]	1.96		

表 2.5.12　阿塔发动机的推力设置、应用机型及关键节点日期

型　号	最大加力推力/lbf(kN)	中间状态推力/lbf(kN)	应用机型	首次试车日期	服役日期
Atar 08K50/09K50	15 884 (70.7)	11 065 (49.2)	幻影 F1/幻影 50	N/A	1977

注:海平面静止状态,国际标准大气条件,无功率提取。

2.6　国际合资企业军用涡扇发动机

欧洲喷气发动机联合公司

2.6.1　EJ200

EJ200 是欧洲喷气发动机联合公司于 20 世纪末研制的推重比 9∶1 等级的新一代小涵道比军用涡扇发动机,最大加力推力为 20 000 lbf(88.9 kN),可满足严苛作战环境下的动力需求和使用条件,并兼顾了低油耗和全寿命周期使用维护成本,主要用于欧洲战机台风(Typhoon)等多用途高效能作战飞机,如图 2.6.1 所示。自 2001 年开始为北约欧洲战机和狂风战机管理局(NATO Eurofighter & Tornado Management Agency,NETMA)成员英国、意大利、西班牙和德国使用的欧洲战机提供 1 382 台发动机。

EJ200 采用模块化设计并具有充裕的增推潜力;与已有等同推力级别发动机相比,其构型更简洁、结构更紧凑、推重比更高。该发动机采用了高稳定裕度的风扇设计,无需进口导向叶片即可适应严苛使用环境下的复杂进气畸变条件。同时,还采用了多种先进技术设计,如压气机整体叶盘和宽弦叶片、涡轮转子单晶叶片、配备气动雾化喷嘴的先进燃烧室等,并配有集成了发动机状态监控与故障诊断功能的先进全权限数字电子控制系统,可有效降低飞行员操作负荷并提高机队综合管理效能。

图 2.6.1　EJ200 发动机及其典型应用机型 EF2000 台风战机

左图引自：https://www.virtualmarket.ila-berlin.com/en/EJ200-Engine,p1440469
右图引自：https://en.wikipedia.org/wiki/Eurofighter_Typhoon

EJ200 发动机的基本构型和技术特点包括：

(1) 3 级风扇(低压压气机),全部采用整体叶盘结构,无进口导向叶片。

（2）5 级高压压气机，前 3 级采用整体叶盘结构，第 1 级进口导向叶片可调。

（3）短环形燃烧室，采用气动雾化喷嘴和先进燃烧组织形式。

（4）1 级高压涡轮（单晶带冠叶片），1 级低压涡轮（叶片带冠）。

（5）全权限数字电子发动机控制系统，集成了状态监控和故障诊断功能。

该发动机的技术参数、推力设置、应用机型及关键节点日期如表 2.6.1 和表 2.6.2 所示。

表 2.6.1　EJ200 发动机的技术参数

风扇直径/mm	736.6	加力状态耗油率/[kg/(kgf·h)]	1.659~1.729
涡轮前温度/K	~1 800	中间状态耗油率/[kg/(kgf·h)]	0.741~0.812
涵道比	0.4	基础发动机干质量/kg	989.72
总压比	26	推重比	9
质量流量（起飞状态）/(kg/s)	74.91~77.18	长度/mm	3 987.8

表 2.6.2　EJ200 发动机的推力设置、应用机型及关键节点日期

型　号	最大加力推力/lbf(kN)	中间状态推力/lbf(kN)	应用机型	首次试车日期	服役日期
EJ200	20 000 (88.964)	13 500 (60.051)	EF2000 台风		2004 年

注：海平面静止状态，国际标准大气条件，无功率提取。

EJ200 发动机的项目研制合作伙伴包括英国罗罗公司、德国摩天宇航空发动机公司、意大利艾维欧航空航天动力公司和西班牙涡轮发动机工业公司。

2.6.2　RB199

RB199 系列军用加力型三转子涡扇发动机是欧洲涡轮联合公司为狂风（Tornado）变后掠翼双发战机研制的动力系统，参与该发动机研制的项目合作伙伴包括英国罗罗公司、德国摩天宇航空发动机公司和意大利艾维欧航空航天动力公司。该系列发动机随狂风战机在英国、德国、意大利和沙特阿拉伯空军服役。自 1979 年批量生产以来，共交付了 2 500 余台该系列发动机，并累积了近 700 万小时的飞行时长。

RB199 发动机原由英国于 1965 年提出设计方案，1969 年欧洲涡轮联合公司开始详细设计。1971 年首台发动机首次地面试车，1973 年 4 月首次试飞。1974 年 8 月配装狂风原型机首飞，1978 年 11 月通过 150 小时定型试车，1980

年投入服役使用;即此后的 RB199 Mk101 和 Mk103 标准型发动机。

　　RB199 Mk104 型进一步增加了加力燃烧室长度,使得加力推力增加的同时燃油消耗率降低。此型发动机于 1985 年首批交付使用。该系列中的最新改进型 RB199 Mk105 主要用于德国狂风 ECR 电子战飞机。此型发动机在 Mk103 的基础上,重新设计了低压压气机,以提高空气流量并伴随提高总增压比;发动机推力增加 10%,并显著降低了全寿命周期使用成本。该系列发动机的其他衍生型号还有 RB199 - 01/02/03/04、RB199 Mk104 - D、RB199 - 122 和 RB199/B。其中,RB199 - 122 为 Mk104 的衍生型号,用于推动欧洲战机台风的原型机进行初期飞行测试。

　　该系列发动机采用了先进的技术设计,包括先进的三转子加力构型、模块化结构设计和数字式发动机控制系统,引入了可视情维护技术特征,并采用了先进的单晶涡轮叶片和反推力装置。这使得狂风战机的先进性能得以充分发挥。至今,RB199 仍被视为具有非常现代化设计特点的军用发动机,并具备良好的改进潜力以满足未来战机的动力需求。

图 2.6.2　RB199 发动机结构纵剖图及其应用机型狂风战斗机

左图引自:https://www.mtu.de/fileadmin/_processed_/2/1/csm_RB199_Main_846ad21af1.jpg
右图引自:https://www.urbanghostsmedia.com/wp-content/uploads/2015/10/Panavia-Tornado-GR4-ZD749-3.jpg

RB199 三转子加力式高推重比军用涡扇发动机的基本构型如下:

(1) 3 级轴流式低压压气机,3 级轴流式中压压气机,6 级轴流式高压压气机。

(2) 环形燃烧室,T 形蒸发管燃油喷嘴。

(3) 1 级轴流式高压涡轮,1 级轴流式中压涡轮,2 级轴流式低压涡轮;高压和中压涡轮转静子叶片采用气膜冷却,低压涡轮转子叶片采用带冠空心叶片、无冷却,静子叶片采用气膜冷却。

（4）全状态可调整体式加力燃烧室，内外涵气流同时燃烧，无混合段。

（5）收敛式尾喷管采用主副各 14 块调节板，喉道截面积可调。

（6）整体式反推力装置由空气涡轮驱动。

（7）较新型号采用全权限数字式电子发动机控制系统。

（8）附件传动齿轮箱位于中介机匣下方，其他附件装置包括主燃烧室和加力燃烧室燃油调节系统、滑油系统及燃气涡轮起动机。

该发动机的技术参数、推力设置、应用机型及关键节点日期如表 2.6.3 和表 2.6.4 所示。

表 2.6.3　RB199 发动机的技术参数

发 动 机 型 号	RB199 Mk103	RB199 Mk104	RB199 Mk105
风扇直径/mm	N/A	718.82	N/A
最大直径/mm	731	N/A	752
涡轮前温度/K	~1 600	~1 600	~1 600
涵道比	1.1	1.1	1.1
总压比	23	23.5	24.5
质量流量/(kg/s)	70	72.575	75.3
加力状态耗油率/[kg/(kgf·h)]	N/A	N/A	N/A
中间状态耗油率/[kg/(kgf·h)]	0.65	0.65	0.65
基础发动机干质量/kg	1 084*	976.554	991
推重比	7.6	7.6	7.7
长度/mm	3 300	3 606.8	3 302

* 含反推力装置。

表 2.6.4　RB199 发动机的推力设置、应用机型及关键节点日期

型　号		最大加力推力/lbf(kN)	中间状态推力/lbf(kN)	应用机型	首次试车日期	服役日期
RB199	Mk103	15 736.626 (70)	8 992.358 (40)	狂风 IDS 截击机/GR.4		
	Mk104	16 400 (72.951)	9 100 (40.479)	狂风 F3 ADV 空防型战机		1980 年
	Mk105	16 800 (74.731)	9 650 (42.925)	狂风 ECR 电子战飞机		

注：海平面静止状态，国际标准大气条件，无功率提取。

RB199 发动机由英国、德国和意大利三国联合研制，发动机研制项目合作伙伴包括英国罗罗公司、德国摩天宇航空发动机公司和意大利艾维欧航空航天动

力公司。其中,罗罗公司负责低压压气机、燃烧室及机匣、高压涡轮及机匣、加力燃烧室和燃油系统的研制;德国摩天宇航空发动机公司负责中压和高压压气机、中压涡轮及轴、中介机匣及齿轮箱、反推力装置及其调节系统的研制;艾维欧公司负责低压涡轮及轴、尾喷管及可调喷口、转子后轴承的研制。

威廉姆斯与罗罗合资公司

2.6.3　FJ44‑1C(F129)

FJ44 系列是美国威廉姆斯国际公司与英国罗罗公司于 1990 年成立的威廉姆斯‑罗罗合资公司共同开发的小推力双转子涡扇发动机。FJ44 以威廉姆斯国际公司研制的巡航导弹发动机为基础改型研制而来,可配装轻型公务机,其美国军用代号为 F129。该发动机由威廉姆斯公司负责总体设计方案,但罗罗公司在该项目伊始就参与了大量研制工作,主要负责设计和研制该发动机所需的高、低压涡轮等部件。

FJ44 发动机于 1988 年 7 月 12 日搭载比奇凯旋(Triumph)轻型公务机首飞。FJ44‑1A 型发动机于 1992 年量产,起飞推力为 1 900 lbf(8.45 kN),风扇直径为 531 mm,耗油率为 0.456 kg/(kgf・h)。推力略小的‑1C 型起飞推力为 1 500 lbf(6.672 kN),耗油率为 0.460 kg/(kgf・h)。

增推型 FJ44‑2A 于 1997 年问世,起飞推力为 2 300 lbf(10.23 kN),采用更大的风扇直径(551 mm),并增加了两级增压级以提高内涵道空气流量。受应力限制,略微降低了高压压气机增压比。另外,增加了内外涵排气强制混合器及电子式燃油控制单元。起飞推力为 2 400 lbf(10.68 kN)的 FJ44‑2C 型采用了机械液压式燃油控制单元。

进一步现代化改进型包括:2004 年推出的 FJ44‑3A[起飞推力为 2 819 lbf(12.54 kN)],采用了双通道全权限数字式发动机控制系统;FJ44‑3A‑24[起飞推力为 2 490 lbf(11.08 kN)]为相应的降推力版本。低推力版 FJ44‑1AP 于 2005 年推出,起飞推力为 1 965 lbf(8.74 kN),其基本构型与 FJ44‑1A 类似,但采用了更高的风扇增压比和全新设计的燃烧室及低压涡轮,内部温度场得到有效控制,引入了全长度外涵道和强制排气混合器,并采用全权限数字电子式发动机控制系统,燃油消耗率降低了 5%。2007 年问世的最新改进型 FJ44‑4 采用直径更大的先进技术风扇,起飞推力提高到 3 600 lbf(16.01 kN),主要用于塞斯纳奖状 CJ4 和皮拉图斯 PC24 轻型公务机。

该系列发动机中的美国军用型号为 F129,即 FJ44‑1C,起飞推力为 1 500 lbf(6.672 kN),配装塞斯纳 526 奖状喷气式教练机,可用于特技飞行,如

图 2.6.3 所示。该发动机还用于为瑞典皇家空军萨博 SK60W 双发教练机换发;该机配装新发动机后于 1995 年 10 月 6 日首飞,并于 1996 年 9 月入役。另外,更小推力的 FJ33 发动机由 FJ44 基本型缩比而来。而 WR44 系列则是为福克斯喷气(Foxjet)公司轻型公务机及通航飞机提供动力的改型版本,采用较小的涵道比和较高的总压比。

图 2.6.3 FJ44 发动机及其应用机型塞斯纳 526 奖状喷气式教练机

左图引自:http://www.leteckemotory.cz/motory/williams/

右图引自:http://www.proelasi.org/wp-content/uploads/2018/02/USA_Cessna-526-Citation-Jet-C1.jpg

FJ44 - 1C 双转子小推力涡扇发动机的基本构型如下:

(1)1 级整体叶盘轴流风扇,1 级轴流增压级,1 级离心式高压压气机(后期改进型号采用 3 级轴流增压级)。

(2)环形燃烧室,冲击冷却火焰筒,旋转式甩油盘。

(3)1 级高压涡轮,2 级低压涡轮。

(4)全长度外涵道及固定截面积尾喷管。

(5)较新型号采用双通道全权限数字电子控制系统。

该发动机的技术参数、推力设置、应用机型及关键节点日期如表 2.6.5 和表 2.6.6 所示。

表 2.6.5 FJ44 - 1C 发动机的技术参数

风扇直径/mm	533.4	耗油率/[kg/(kgf·h)]	>0.46
涡轮前温度/K	N/A	基础发动机干质量/kg	208.386
涵道比	3.4	推重比	3.3
总压比	10.3	长度/mm	1 193.8
质量流量(起飞状态)/(kg/s)	26.5		

表 2.6.6　FJ44-1C 发动机的推力设置、应用机型及关键节点日期

型　　号	起飞推力 /lbf(kN)	应 用 机 型	首次试车 日期	服役日期
FJ44-1C	1 500(6.672)	军用轻型教练机	1991	1992 年 3 月

注：海平面静止状态，国际标准大气条件，无功率提取。

乌克兰与捷克斯洛伐克合作

2.6.4　Lotarev DV-2

洛塔列夫(Lotarev)DV-2，即之后的 PSLM DV-2，是苏联时期乌克兰与捷克斯洛伐克合作研制的双转子军用涡扇发动机；以 AI-25-TL 发动机为基础，原由乌克兰伊夫琴科-进步设计局设计、捷克斯洛伐克 ZVL 生产，后由捷克 PSLM 制造。该发动机型号命名取为双方所在的河流流域，其中 D 指乌克兰第聂伯河、V 则是斯洛伐克瓦赫河。该发动机最大推力为 4 850 lbf(21.574 kN)，海平面静止状态标准大气条件下最大状态燃油消耗率为 0.593 kg/(kgf·h)，主要配装捷克斯洛伐克 L39/MS 信天翁(Albatros)和 L59 超级信天翁(Super Albatros)军用教练机，如图 2.6.4 所示。

图 2.6.4　DV-2 发动机及其应用机型捷克航空 L59 超级信天翁高级教练机

左图引自：http://www.leteckemotory.cz/motory/dv-2/
右图引自：http://www.milinternational.eu/wp-content/gallery/l-59-super-albatros/l59-03.jpg

DV-2 与常见的军用涡扇发动机相比，其独特之处在于只采用了单级风扇。战斗机及军用教练机所使用的发动机则多采用多级风扇构型，而单级风扇构型则多用于军用或民用运输机所使用的高涵道比涡扇发动机。选择单级风扇的原因在于 DV-2 发动机采用了低比推力的整机热力循环，其中单级风扇即可实现所需的风扇增压比。此风扇增压比高于上述常规单级风扇设计，同时其涵道比高于常规军用小涵道比构型。

DV-2 系列发动机的其他型号包括 DV-2A、DV-2A.2、DV-2S/X、DV-2C.2、DV-2F、DV-2.40、DV-22 等。其中,俄罗斯"克里莫夫"设计局于 1993 年通过协议获得了 DV-2S 许可证授权,即之后的俄罗斯 RD-35 发动机,计划用于雅克 130 高级教练机。由于多种因素,乌克兰伊夫琴科-进步设计局将此系列发动机中 DV-22 的乌克兰版本,即 AI-22,进一步改进成为 AI-222 发动机(见 2.8.2 节),主要用于配装雅克 130 和中航工业洪都 L15 猎鹰高级教练机。

DV-2 双转子军用涡扇发动机采用模块化设计,其基本构型如下:

(1) 1 级前置风扇,2 级低压增压级,7 级高压压气机。

(2) 环形燃烧室。

(3) 1 级高压涡轮,2 级低压涡轮。

该发动机的技术参数、推力设置、应用机型及关键节点日期如表 2.6.7 和表 2.6.8 所示。

表 2.6.7　PSLM DV-2 发动机的技术参数

风扇进口直径/mm	993.902	耗油率/[kg/(kgf·h)]	0.588
涵道比	1.34	基础发动机干质量/kg	474.43
总压比	13.5	推重比	4.6
质量流量(起飞状态)/(kg/s)	49.245	长度/mm	3 772.916

表 2.6.8　PSLM DV-2 发动机的推力设置、应用机型及关键节点日期

型　号	起飞推力 /lbf(kN)	应 用 机 型	首次试车 日期	服役日期
PSLM DV-2	4 856(21.6)	L39/59	N/A	1986 年

注:海平面静止状态,国际标准大气条件,无功率提取。

2.7　俄罗斯军用涡扇发动机

2.7.1　AL-41F

这里的 AL-41F 发动机是指俄罗斯 UEC 集团土星(NPO Saturn)公司和乌法(UMPO)生产联合体为该国第五代隐身战机苏 57 研制的小涵道比双转子加力型军用涡扇发动机,如图 2.7.1 所示。此系列发动机是在原 AL-31F/FP 发动机的基础上,经现代化改进研制而来,内部代号为 117,最大加力推力超过 150 kN,并可配装三元推力矢量喷口,偏转角全转向可达 15°,偏转角速度为 60°/s。同时,发动机翻修间隔期提高到了 1 000 小时,寿命增加至 4 000 小时。

值得注意的是用于配装苏 35 战机的 AL－41F1S(117S)型是全球首款已经进入
服役的具备三元推力矢量尾喷口的发动机。

图 2.7.1   AL－41F1S 发动机及俄罗斯第五代战机 PAK－FA 原型机 T－50 战机
左图引自：http：//www. leteckemotory. cz/motory/al-41
右图引自： http： //www. indiandefencereview. com/wp-content/uploads/2016/02/The-
Sukhoi-T-50-PAK-FA-at-a-Russian-Air-Show. jpg

据分析，在 AL－31F/FP 技术的基础上，为增大推力，新发动机增加了风扇
进口直径和空气流量，并为此重新设计了低压压缩系统；燃烧室和低压涡轮进行
了改进，采用了更先进的材料和新的冷却系统，以增加发动机翻修间隔期和使用
寿命；同时改进了高压系统，并采用了先进的发动机数字电子控制系统。其中，
土星公司主要负责低压系统的研制以及总装，乌法公司主要负责核心机、加力燃
烧室及尾喷口的研制。

为可替换俄罗斯现役苏 27/30 家族战机原动力系统，新研发动机保留了类
似于 AL－31F 原有的安装节点和外廓尺寸。其中，AL－41F1 型发动机研制项
目于 2001 年 8 月莫斯科航展期间正式启动，主要用于俄罗斯第五代战机原型机
PAK－FA(T－50)；进一步增推型产品 30 将配装量产型苏 57。而该系列中推力较
小的 AL－41F1S 型则主要配装俄罗斯苏 27SM2 及出口型苏 35 系列战机。

在此之前，AL－41F 曾被用作土星公司研制的可变涵道比军用涡扇发动
机，主要为苏联原"多用途前线战机计划"(multifunctional frontline fighter,
MFI)，即后来的米格 1.44 提供动力。此发动机研制项目于 1982 年启动，首台
发动机于 20 世纪 80 年代末搭载米格 25 飞行试验平台首飞。但最终因 MFI 计
划取消，该战机和发动机的原型机未再获得发展。此时的 AL－41F 发动机类似
于美国通用电气公司研制的可变循环发动机 YF120(见 4.2 节)，因尺寸过大，在
俄重启第五代战机研制计划时未被直接采用。但此研制项目中获得的先进技术
成果在上述新发动机中得到了部分应用。另外，在此基础上，土星公司仍在继续

为俄罗斯下一代战机研制推重比可达 15∶1 的先进可变循环发动机,可为类似于美国 F35 联合战斗攻击机的单发战机提供更强劲的动力。

AL‑41F 发动机的基本构型如下:

(1) 3 级采用宽弦风扇叶片的低压压气机,6 级高压压气机。

(2) 环形燃烧室。

(3) 2 级低压涡轮,1 级高压涡轮。

(4) 三元推力矢量尾喷管,偏转角全转向可达 15°。

(5) 全权限数字电子控制系统,具备自动故障诊断功能。

该发动机的技术参数、推力设置、应用机型及关键节点日期如表 2.7.1 和表 2.7.2 所示。

表 2.7.1　AL‑41F 发动机的技术参数

最大直径/mm	1 300(估计)	加力状态耗油率/[kg/(kgf·h)]	1.78~1.85
风扇进口直径/mm	932	中间状态耗油率/[kg/(kgf·h)]	0.77~0.79
涡轮前温度/K	1 850	基础发动机干质量/kg	1 604
涵道比	0.6	推重比	~11
总压比	23	长度/mm	4 942
质量流量(起飞状态)/(kg/s)	120~150(估计)		

表 2.7.2　AL‑41F 发动机的推力设置、应用机型及关键节点日期

	型　号	最大加力推力/kN	中间状态推力/kN	应用机型	首次试车日期	服役日期
AL‑41	F1S(117S)	140	86	Su‑35	2010 年	
	F1(117)	150		Su‑57(原型机)		
	F3/FU(产品 30)	180		Su‑57(量产型)		

注:海平面静止状态,国际标准大气条件,无功率提取。

2.7.2　AL‑31F

AL‑31F 是苏联留里卡设计局在 20 世纪 70 年代末开始研制的小涵道比加力型军用涡扇发动机,主要为苏霍伊设计局研制的苏 27 系列空中优势战机提供动力,使得该战机的优秀气动设计性能得以充分发挥并表现出卓越的机动性能,如图 2.7.2 所示。

AL‑31F 发动机研制过程中使用了 51 台试验样机进行了总计约 23 000 小时试验,包括约 17 000 小时台架试验和 6 000 小时飞行试验,共获得 128 项设计

图 2.7.2　AL‐31F 发动机及其应用机型苏 27 制空战机

左图引自：https：//en.wikipedia.org/wiki/Saturn_AL‐31
右图引自：https：//en.wikipedia.org/wiki/Sukhoi_Su‐27

专利。该发动机高压涡轮叶片采用高性能高温合金材料和新的制造工艺，并采用含钴镍铝的先进表面耐高温涂层，同时叶片采用内部旋流冷却回路；这些新技术的应用将涡轮前温度提高到了 1 665 K，显著提高了发动机推力和效率，并有效降低了油耗。

　　AL‐31F 系列的较新型号翻修间隔期可达 1 000 小时，寿命可达 3 000 小时，与机体设计寿命基本一致。同时，该发动机采用了模块化设计，使得绝大多数零件可在外场拆解，并可通过更换模块快速修复损坏的部件，例如更换损伤的压气机叶片。该系列的较新型号引入了发动机电子控制系统。另外，后期改进型 AL‐31F/VCN 还配备了推力矢量喷口。

　　AL‐31F 发动机的基本构型如下：

　　(1) 4 级低压压气机(风扇)，9 级高压压气机。

　　(2) 环形燃烧室。

　　(3) 2 级低压涡轮，1 级高压涡轮。

　　该发动机的技术参数、推力设置、应用机型及关键节点日期如表 2.7.3 和表 2.7.4 所示。

表 2.7.3　AL‐31F 发动机的技术参数

最大直径/mm	1 276.858	加力状态耗油率/[kg/(kgf·h)]	~1.95
风扇进口直径/mm	~905	中间状态耗油率/[kg/(kgf·h)]	0.65~0.75
涡轮前温度/K	~1 685	基础发动机干质量/kg	1 531.342
涵道比	0.571~0.59	推重比	7~8
总压比	23~24	长度/mm	4 953
质量流量(起飞状态)/(kg/s)	112.138		

表 2.7.4　**AL‑31F 发动机的推力设置、应用机型及关键节点日期**

型　号		最大加力推力/kN	中间状态推力/kN	应 用 机 型	首次试车日期	服役日期
AL‑31	F	125	76	Su‑27		1985 年
	FN	128	83	J10		
	FN‑M1	135	103	Su‑27/30/33/34		

注：海平面静止状态，国际标准大气条件，无功率提取。

2.7.3　RD‑33

RD‑33 是俄罗斯克里莫夫设计局研制的加力型小涵道比军用涡扇发动机，由莫斯科切尔内舍夫制造厂生产。该发动机采用单元体结构设计，共有 11 个单元体。针对冷战时期苏联的空防任务需求，该发动机设计突出了高空高速性能，并配有补氧燃烧系统。在高飞行马赫数状态下，其涡轮前温度可进一步提高约 150℃。同时，该机型具有良好的工作稳定性，可在飞行包线内任意状态空中重起动或开启加力。

RD‑33 系列发动机主要配装米格 29 系列战机并在 20 多个国家和地区使用。其基本型最大加力推力为 81.5 kN，推重比接近 8∶1，可为米格 29 战机良好机动性提供动力保障。RD‑33K 为推力增大型，用于米格 29K 舰载机，如图 2.7.3 所示。其应急起飞推力可增加至 92 kN，以适应在航母甲板上滑跃起飞或复飞时的紧急状况。RD‑33‑3 型涡轮前温度约为 1 700 K，推力增大至近 100 kN，并带有二维矢量喷口。该系列后期改进型 RD‑93 可用于我国 FC‑1 轻型单发歼击机等机型，RD‑133 型进一步配置了全方位偏转矢量喷口。

RD‑33 发动机基本构型如下：

(1) 4 级低压压气机，9 级高压压气机。

图 2.7.3　RD‑33MK 型发动机及其应用机型米格 29K 舰载机

左图引自：http://www.aviationunion.org/news_second.php? new＝91
右图引自：https://en.wikipedia.org/wiki/Mikoyan_MiG-29K

（2）环形燃烧室。

（3）1级低压涡轮，1级高压涡轮。

该发动机的技术参数、推力设置、应用机型及关键节点日期如表 2.7.5 和表 2.7.6 所示。

表 2.7.5　RD‐33 发动机的技术参数

发 动 机 型 号	RD‐33	RD‐33K	RD‐133
最大直径/mm	1 000.76	1 040	1 040
风扇进口直径/mm	750	750	750
涡轮前温度/K	N/A	N/A	1 750～1 800(估计)
涵道比	0.49	0.44	0.44
总压比	21	20～21	22(估计)
质量流量/(kg/s)	76.045	N/A	80(估计)
加力状态耗油率/[kg/(kgf·h)]	N/A	1.85	1.8(估计)
中间状态耗油率/[kg/(kgf·h)]	0.77	0.89	0.79
基础发动机干质量/kg	1 218.082	1 100(估计)	1 150(估计)
推重比	6.82	8	8.1(估计)
长度/mm	4 229.1	4 230	4 230

表 2.7.6　RD‐33 发动机的推力设置、应用机型及关键节点日期

型　号		最大加力推力/lbf(kN)	中间状态推力/lbf(kN)	应 用 机 型	首次试车日期	服役日期
RD‐33		18 316 (81.5)	11 120 (49.5)	米格 29	N/A	1981 年
	N	18 299 (81.4)	N/A	米格 29	N/A	N/A
	I	N/A	N/A	伊尔 102	N/A	N/A
	K	19 401 (86.3)	12 124 (53.9)	米格 29K 舰载机	N/A	N/A
	‐3	22 054 (98.1)	N/A		N/A	N/A
	MK	19 401 (86.3)	N/A	米格 29K	N/A	2007 年
	H	N/A	N/A	第二和三代幻影 Ⅲ型、幻影 F1	N/A	N/A
RD‐93		N/A	N/A	轻型单发歼击机 FC‐1	N/A	N/A
RD‐133		20 500 (91.2)	12 344 (54.9)		N/A	N/A

注：海平面静止状态，国际标准大气条件，无功率提取。

2.7.4 D-30KP

索洛维耶夫设计局开发的 D-30 中等涵道比双转子涡扇发动机是苏联时期为图波列夫设计局研制的图 134 中短程客机研制的动力系统,技术指标与普惠公司 JT8D 相似。

20 世纪 70 年代,苏联启动了用以替代米格 25 的高速截击机研制计划,即之后的米格 31 截击攻击机。在保持高空高速性能的同时,需要更加突出中低空的良好机动性,因此急需用以替代原米格 25 配装的图曼斯基 R-15 涡喷发动机的新型小涵道比涡扇发动机,即 D-30F-6。配装两台此型涡扇发动机的新战机保有了马赫数 2.5 的高空高速性能,最大起飞重量可达 45.8 t,同时在1 500 m 以下的低空仍可实现超声速飞行。

之后,通过增大涵道比进一步发展了类似于普惠 JT8D-200(见 1.3.17 节)的推力更大的 D-30K 系列发动机,主要用于民用客机和军用运输机等。例如,D-30KP/P-2 主要配装伊尔 76/78 运输机、别 42 和 A40 水上飞机及 A50 预警机等;D-30KU/KU-2 主要用于伊尔 62M 中长程客机;D-30KU-154 则用于图 154M 中程客机。另外,我国运 20 新一代大型军用运输机和轰 6K 中型轰炸机也部分配装了 D-30KP-2 型发动机,如图 2.7.4 所示。图中的 D-30KP-3 为该系列的最新改进型。

2005 年之后,D-30 系列发动机由俄罗斯国家技术集团航空发动机联合公司的彼尔姆和土星公司进一步研发,即目前的 PS-30 系列。

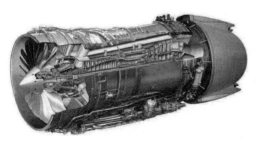

图 2.7.4 D-30KP-3 发动机结构纵剖图及配装 D-30KP-2 的运 20 运输机

左图引自：http://www.espacial.org/images/jpg/d_30_burlak.jpg
右图引自：https://baike.baidu.com/item/%E8%BF%90-20

D-30KP 系列中等涵道比双转子涡扇发动机的基本构型如下：

(1) 3 级低压压气机(风扇),11 级高压压气机。

(2) 环管型火焰筒,12 个火焰筒。

(3) 2 级高压涡轮。

（4）4 级低压涡轮。

该发动机的技术参数、推力设置、应用机型及关键节点日期如表 2.7.7 和表 2.7.8 所示。

表 2.7.7　D - 30KP 发动机的技术参数

发 动 机 型 号	D - 30 Series I	D - 30 Series II	D - 30 Series III	D - 30F - 6	D - 30KP - 1	D - 30KP - 2
最大直径						1 560
风扇进口直径/mm	1 050	1 050	1 050	1 020	1 455	1 455
涡轮前温度/K	1 300			1 387	1 424	1 356
涵道比	1			0.52	2.36	2.24
总压比	17.65			21.2		
质量流量/(kg/s)	126.8			150	279	269
加力状态耗油率/[kg/(kgf · h)]	N/A	N/A	N/A	1.9	N/A	N/A
起飞状态耗油率/[kg/(kgf · h)]					0.51	0.49
巡航状态耗油率/[kg/(kgf · h)]	0.79	0.775	0.77	0.72	0.71	0.705
基础发动机干质量/kg	1 550	1 765	1 810	2 416	2 668	2 650
推重比	4.4	3.9	3.8	6.4	4.5	4.5
长度/mm	3 984	4 734	4 836	7 040		5 448

表 2.7.8　D - 30KP 发动机的推力设置、应用机型及关键节点日期

型　号		最大加力推力/lbf(kN)	最大推力（无加力）/lbf(kN)	巡航推力/lbf(kN)	应 用 机 型	首次试车日期	服役日期
D - 30	Series I	N/A	14 991 (66.7)	2 866 (12.7)	Tu - 134		1967 年
	Series II	N/A	14 991 (66.7)	3 197 (14.2)	Tu - 134A		1970 年
	Series III	N/A	14 991 (66.7)	2 866 (12.7)	Tu - 134A - 3, Tu - 134B - 3		1982 年
D - 30F	6	34 194 (152.1)	20 944 (93.2)		MiG - 31		1979 年
	11				Su - 47 金雕前掠翼推力矢量验证机		

（续表）

型　号		最大加力推力/lbf (kN)	最大推力(无加力)/lbf(kN)	巡航推力/lbf(kN)	应 用 机 型	首次试车日期	服役日期
D-30K	P-1	N/A	26 455(117.7)	6 063(27.0)	IL-76/78，A40/50，Be-42，Tu-154		1975 年
	P-2	N/A	26 455(117.7)	6 063(27.0)	IL-76/78，运 20，轰 6K		
	P-3	N/A	28 660(127.5)		IL-76MF/78MK		

注：海平面静止状态，国际标准大气条件，无功率提取。

2.8　乌克兰军用涡扇发动机

2.8.1　D-18T

D-18T 大推力高涵道比三转子涡扇发动机是苏联第一款推力超过 20 t[44 062 lbf(196 kN)]的重型发动机，于 1980 年 9 月成功进行了首次试车，并于 1985 年 12 月通过官方测试，主要用于配装重型运输机。例如，著名的安东诺夫 An-124 鲁斯兰运输机配有四台该型发动机；专门为运输暴风雪号航天飞机而研制的 An-225 梦幻重型运输机则在翼下挂载了 6 台，如图 2.8.1 所示。

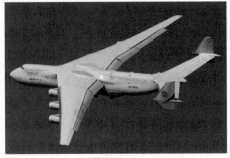

图 2.8.1　D-18T 三转子涡扇发动机及其典型应用机型 An-225 梦幻重型运输机
左图引自：http://ivchenko-progress.com/? portfolio=d18t&lang=en♯prettyPhoto
右图引自：https://en. wikipedia. org/wiki/Antonov_An-225_Mriya

D-18T 系列在原 D-36 三转子涡扇发动机的基础上，通过等比例放大而来，由乌克兰伊夫琴科-进步设计局研发并由马达西奇公司生产。该发动机在量产初期单台造价约为 500 万美元，此后进行了多次改进，其额定起飞推力增加至近 26 t[57 320 lbf(255 kN)],使用寿命逐步延长至 5 000 小时;图 2.8.1 为该系列最新改进型 Series 3M 发动机结构外观图。此型发动机配装 An-124 运输机的噪声指标可满足 ICAO Annex. 16 Vol.1(Chap.4)的适航标准要求,同时氮氧化物排放指标较 2008 年实施的 CAEP-6 标准裕度可达 20%。

D-18T 系列发动机基本构型如下:

(1) 1 级带减振凸肩的高展弦比风扇,7 级中压压气机,7 级高压压气机。

(2) 环形燃烧室。

(3) 1 级高压涡轮,1 级中压涡轮,4 级低压涡轮。

该发动机的技术参数、推力设置、应用机型及关键节点日期如表 2.8.1 和表 2.8.2 所示。

表 2.8.1　D-18T 发动机的技术参数

风扇直径/mm	2 330	发动机干质量/kg	4 100～4 300
涵道比	5.7	长度/mm	5 400
总压比(起飞/巡航)	25/27.5	宽度/mm	2 937
质量流量(起飞)/(kg/s)	900～1 100(估计)	高度/mm	2 792
耗油率(起飞/巡航)/[kg/(kgf·h)]	0.345/0.546		

表 2.8.2　D-18T 发动机的推力设置、应用机型及关键节点日期

型　号		起飞推力/lbf(kN)	平直推力设置/℃	应用机型	首次试车日期	取证日期	服役日期
D-	18T	51 654 (229.8)	N/A	An-124, An-225	1980 年 9 月	N/A	1985 年
	18TM	55 116 (245.2)	N/A	An-218			
	18T Series 3/3M	51 654 (229.8)	ISA+15	An-124-100, An-225			
	18T Series 4	56 879 (253.0)	N/A	An-124-100M			

注:海平面静止状态,国际标准大气条件,无功率提取。

2.8.2　AI-222

AI-222 系列是乌克兰伊夫琴科-进步设计局于 20 世纪 90 年代末开始研制的双转子小涵道比军用涡扇发动机,具备较高的性能和较好的可靠性;发动机总寿命约为 3 000 h,翻修间隔期约为 500～1 000 h。其中非加力型 AI-222-25 发动机最大推力约为 2.5 t[5 507.8 lbf(24.5 kN)],推重比为 5.68∶1,主要配装

俄罗斯雅克 130 教练机。加力型 AI-222-25F 发动机最大加力推力为 4.2 t [9 262.1 lbf(41.2 kN)]，推重比为 7.5∶1，可为我国 L15 猎鹰等歼击教练机提供动力，如图 2.8.2 所示。

图 2.8.2　AI-222-25F 发动机及其应用机型 L15 猎鹰教练机

左图引自：www.ivchenko-progress.com
右图引自：https：//baike.baidu.com/item/L-15％E6％95％99％E7％BB％83％E6％9C％BA/2840391? fr＝aladdin

AI-222-25F 发动机采用单元体设计，共由 13 个单元体组成，主要技术特点包括：两级超声速轴流式风扇采用钛合金整体叶盘结构，机匣外设有风扇叶片包容层；分流机匣为主承力结构，采用耐热镁合金铸造，并带有附件传动装置；亚声速轴流式高压压气机采用拉紧式盘轴结构，前两级导叶可调；短环形直流式燃烧室采用镍基高温合金火焰筒，气膜冷却，具有低发烟度特征；单级轴流式高压涡轮采用粉末冶金高压涡轮盘和单晶高温合金空心涡轮转子叶片，动叶和导叶均采用对流式气膜冷却；单级轴流式低压涡轮采用实心结构粉末高温合金大负荷涡轮盘，带冠实心转子叶片采用单晶高温合金铸造、无冷却、叶片表面通过耐热涂层防护，导向叶片采用高温合金铸造、对流式气膜冷却；加力燃烧室分三区供油，并由热射流点火；尾喷管全状态可调。

AI-222-25F 型发动机于 2007 年 9 月完成首次地面台架试验，2010 年实现首飞。其控制系统原由俄罗斯相关研制企业配套。后因多种因素，乌方自行开展了控制系统的研制配套工作，相应的乌克兰全国产化发动机型号为 AI-322(F)，主要由进步设计局研制，马达西奇公司生产，哈尔科夫 FED 等公司研制配套全权限数字电子控制系统和燃油泵调节器等成附件。另外，俄罗斯技术国家集团联合发动机制造企业集团礼炮航空发动机公司于 2015 年开始独立生产并改进研制该系列发动机。

AI-222-25F 加力型轴流式双转子小涵道比军用涡扇发动机的基本构型如下：

(1) 2 级低压压气机(风扇)，8 级高压压气机。

（2）短环形燃烧室。

（3）1级低压涡轮，1级高压涡轮。

（4）全权限数字电子发动机控制系统。

该发动机的技术参数、推力设置、应用机型及关键节点日期如表2.8.3和表2.8.4所示。

表 2.8.3　AI‑222‑25F 发动机的技术参数

型　　　号	AI‑ 222‑25	AI‑ 222‑28	AI‑ 222‑25F	AI‑ 222‑25KFK
风扇进口直径/mm			624	624
涡轮前温度/K	1 480	1 590	1 480	
涵道比	1.19	1.13	1.19	
总压比	15.9	16.9	15.43	
质量流量（起飞状态）/(kg/s)	50.2	50.6	50	
加力状态耗油率/[kg/(kgf·h)]	N/A	N/A	1.9	1.95
巡航状态耗油率/[kg/(kgf·h)]	0.64	0.67	0.64	0.65
基础发动机干质量/kg	440	520	440	
带加力燃烧室的总质量/kg			560	520
推重比	5.6		7.5	
长度/mm	2 238	2 100	3 150	2 512
最大高度/mm	1 093	1 084	1 150	1 084
最大宽度/mm	860	860	865	

表 2.8.4　AI‑222‑25F 发动机的推力设置、应用机型及关键节点日期

型　　号		最大加力推力 /kgf[kN](lbf)	中间状态推力 /kgf[kN](lbf)	应用机型	首次试车 日期	服役日期
AI‑ 222	‑25	N/A	2 500[24.5] (5 511.6)	Yak‑130，L159	2002 年	2004 年
	‑28	N/A	2 800[27.5] (6 172.9)	Yak‑130		
	‑25F	4 200[41.2] (9 259.4)	2 520[24.7] (5 555.6)	Yak‑130， AVIC L15	2007 年 9 月	
	‑25KFK	3 000[29.4] (6 613.9)	2 518[24.6] (5 551.2)	Yak‑133/135		
	F	4 200[41.2] (9 259.4)	2 520[24.7] (5 555.6)	AVIC L15		

注：海平面静止状态，国际标准大气条件，无功率提取。

2.9　中国军用涡扇发动机

根据目前国内媒体报道和公开的文献资料等,将目前国内主要先进军用涡扇发动机的基本情况总结如下。

2.9.1　WS - 10

太行发动机,代号涡扇 10(即 WS - 10),是我国成功研制的第一型大推力中小涵道比军用涡扇发动机。该发动机自 20 世纪 80 年代研制项目启动以来,经不懈努力、不断完善,2003 年配装歼 11 战机首飞成功;目前已逐步成熟,可装备我军歼 10、歼 11、歼 15 和歼 16 等多种主力战机,如图 2.9.1 所示。

图 2.9.1　涡扇 10A 发动机及其典型应用机型八一飞行表演队歼 10A 战机

左图引自:https://en.wikipedia.org/wiki/Shenyang_WS-10

右图引自:https://upload.wikimedia.org/wikipedia/commons/9/9f/China_airforce_J-10.jpg

涡扇 10A 发动机的基本构型与技术特点包括:

(1) 高压与低压转子对转。

(2) 三级轴流式风扇采用全三维先进气动叶型设计,第 1 级风扇叶片可拆换、第 2 和第 3 级风扇叶片与轮盘通过电子束焊接为整体叶盘结构,进口导流叶片可调,风扇总增压比约为 3.2∶1。

(3) 七级轴流式高压压气机总增压比为 8.5∶1~9.0∶1,第 1 和第 2 级叶片与轮盘采用高温钛合金通过电子束焊接成整体叶盘、第 3~第 5 级轮盘采用镍基高温合金通过电子束焊与叶片连接、第 6 和第 7 级采用粉末高温合金盘通过燕尾型榫槽安装叶片。

(4) 短环形燃烧室具有 22 个气动雾化喷嘴和 2 个点火器,火焰筒采用激光打孔的多孔结构进行冷却。

（5）单级高压涡轮转子无冠单晶叶片采用气膜加冲击方式冷却，叶片表面附有物理气相沉积隔热涂层，涡轮前温度为 1 750～1 800 K。

（6）双级低压涡轮转子采用空心气冷带冠叶片、可单独更换，导向器可分段更换。

（7）加力燃烧室采用 V 型中心火焰稳定器与 24 根径向稳定器结合，使用外涵道空气冷却，并配有全长度防振屏。

（8）收敛-扩张式尾喷管。

（9）双通道全权限数字电子控制系统，根据风扇转速和高压压气机压比调节发动机工作状态，并具备故障隔离功能。

该发动机的技术参数、推力设置、应用机型及关键节点日期如表 2.9.1 和表 2.9.2 所示。

表 2.9.1　WS‐10 发动机的技术参数

最大直径/mm	～1 200	加力状态耗油率/[kg/(kgf · h)]	1.9～2.0
涡轮前温度/K	1 750～1 800	中间状态耗油率/[kg/(kgf · h)]	0.7～0.8
涵道比	～0.57	基础发动机干质量/kg	～1 700
总压比	25～30	推重比	～8
质量流量(起飞状态)/(kg/s)	～120	长度/mm	～4 950

表 2.9.2　WS‐10 发动机的推力设置、应用机型及关键节点日期

型　号		最大加力推力/kN	中间状态推力/kN	应用机型	首次试车日期	服役日期
WS‐	10A/B/C/D	120～140	75～85	J‐10/11/15/16		2007 年
	10G	155	95～105	J‐20		

注：海平面静止状态，国际标准大气条件，无功率提取。

2.9.2　WS‐15

峨眉发动机，代号涡扇 15（WS‐15），是为我国第五代战机研制的小涵道比推力矢量涡扇发动机。2006 年 5 月首次台架试车运转成功，主要用于我国成功自主研制的双发重型隐身制空战斗机——歼 20。

涡扇 15 发动机的基本构型和特点包括：

（1）军用加力型小涵道比双转子涡扇发动机。

（2）涡轮前温度高于 1 850 K，推重比大于 10。

（3）3 级风扇，6 级高压压气机。

（4）短环形燃烧室。

（5）1 级高压涡轮,1 级低压涡轮。

（6）全权限数字电子发动机控制系统。

（7）配有推力矢量尾喷口。

该发动机的技术参数、推力设置、应用机型及关键节点日期如表 2.9.3 和表 2.9.4 所示。

表 2.9.3　WS‐15 发动机的技术参数

最大直径/mm	~1 020	加力状态耗油率/[kg/(kgf·h)]	~1.95
涡轮前温度/K	~1 850	中间状态耗油率/[kg/(kgf·h)]	~0.65
涵道比	0.25~0.3	基础发动机干质量/kg	~1 650
总压比	>30	推重比	>10
质量流量(起飞状态)/(kg/s)	~138	长度/mm	~5 050

表 2.9.4　WS‐15 发动机的推力设置、应用机型及关键节点日期

型　号	最大加力推力/kN	中间状态推力/kN	应用机型	首次试车日期	服役日期
WS‐15	160	108	歼 20	2006 年 5 月	N/A

注：海平面静止状态,国际标准大气条件,无功率提取。

第3章 民用超声速涡喷发动机

在民用航空进入喷气式客机时代近70年的发展历程中,超声速客机一直是人们梦寐以求的长途旅行交通工具。与多种不同型号的亚声速民用飞机相比,只有苏联研制的图144和英法联合研制的协和号喷气式超声速客机进入了民航运营服役。

图144是全球首架超声速客机,巡航速度高达声速的2.3倍;于1975年进入服役,主要用于货运;1984年因事故多、可靠性差而退出商业服役。协和号于1976年进入服役,2000年在巴黎机场发生空难后,于2003年全部退役。在近30年的服役周期中,16架协和号飞机共载客300多万人次。这两款超声速客机很相似,巡航飞行速度都略高于2倍声速,其推进系统都由4台涡喷发动机组成。图144的动力系统是单转子RD-36-51涡喷发动机,发动机最大起飞推力约为44000 lbf(195.7 kN);而协和号以最大起飞推力为38000 lbf(169.0 kN)的奥林匹斯593(Olympus 593)发动机为动力,该发动机是双转子带加力燃烧室的涡喷发动机。

导致协和号退出服役的主要原因之一是无法解决的噪声问题,所以该机仅被允许用于跨洋飞行,在伦敦-纽约和巴黎-纽约之间运营。另一个关键因素就是在超声速巡航飞行中,涡喷发动机效率低、油耗高,导致飞机运营成本过高。

自从协和号退役后,人们对新一代(即第二代)超声速客机发动机的探索并没有停止,关注的重点是经济性和环保性,特别是要求借鉴已经在高亚声速客机上不断成熟的先进涡扇发动机技术,其在低速时也有良好的经济性,在增大航程的同时,增加载客量。虽然近20年来超声速发动机在军用飞机领域不断取得进步,例如以进入服役的美国F22和F35为代表的第五代战斗机都具备了超声速巡航能力,但是第二代超声速客机及所需发动机的研制工作进展相对缓慢,自协和号飞机1976年进入服役后至今五十年来,不仅再没有新的超声速民航客机,也没有新的超声速公务机投入市场。虽然近年来,人们在推进系统的噪声抑制和提高超声速飞行效率等方面取得了一定的进步,但距离开发出市场所期待的新一代经济环保的超声速发动机还有较大差距。所以,奥林匹斯 593 和 RD-36-51 目前仍然是仅有的成功开发并用于服役的超声速客机发动机。

罗罗-斯奈克玛合资公司

3.1　Olympus 593

奥林匹斯 593 是一种带加力燃烧室的双转子涡轮喷气发动机,仅供配装协和飞机,如图 3.1.1 所示。奥林匹斯 593 型最早于 20 世纪 60 年代由英国的布里斯托-西德利发动机有限公司(Bristol Siddeley Engines Ltd.)和法国的斯奈克玛公司联合研制,随着罗罗公司于 1966 年收购了布里斯托-西德利公司,奥林匹斯 593 型发动机也成为罗罗公司旗下的产品之一。

图 3.1.1　奥林匹斯 593 发动机结构总剖图及其应用机型协和号超声速客机

左图引自:http://www.curbsideclassic.com/wp-content/uploads/2016/05/concorde28.jpg
右图引自:https://flyawaysimulation.com/media/images1/images/ba-concorde.jpg

奥林匹斯 593 型发动机是在用于英国上一代超声速轰炸机火神(Vulcan)的奥林匹斯 301 发动机和用于 BAC TSR2 轰炸机的奥林匹斯 320 发动机的基础上,而专门为协和飞机进行长航时超声速巡航而开发的衍生产品。它曾是当时世界上推力最大的涡喷发动机,单台推力可达 18 t[39 683 lbf(176.5 kN)],同时也是西方国家唯一一种带有加力燃烧室的民用涡喷发动机,其加力燃烧室可增推 20%左右。实际使用过程证明奥林匹斯 593 发动机的设计是成功的,能够满足协和飞机持续数小时以 2 马赫速度巡航的需要。尽管这种发动机耗油量巨大,但在 2 马赫速度进行超声速巡航的环境下,奥林匹斯 593 型实际上是当时世界上效率最高的涡轮喷气发动机,其巡航状态热效率可达 43%。

奥林匹斯 593 轴流式双转子加力型涡喷发动机的基本构型如图 3.1.2 所

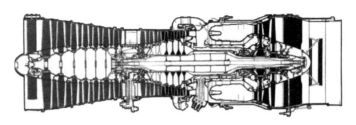

图 3.1.2　奥林匹斯双转子涡喷发动机结构图

上图引自：https://www.bea.aero/docspa/2000/f-sc000725/htm/images/figure66.gif

示,包括:

(1) 可调几何形状进气道,由计算机进行数字化控制。

(2) 7 级低压压气机,其轮盘和叶片全部为钛合金材料;7 级高压压气机,其前 3 级轮盘和叶片全为钛合金材料,后 4 级为镍基合金材料。

(3) 低压转子由三个轴承支撑,高压转子由两个轴承支撑。

(4) 镍基材料单排环形燃烧室,具有 16 个火焰筒,每个火焰筒有 2 个出口。

(5) 单级气冷低压涡轮,单级气冷高压涡轮。

(6) 可调几何形状直喷型收敛喷管,以满足起飞/巡航/反推需求。

(7) 世界上首次引入计算机控制数字-模拟组合发动机控制系统,包括对进气系统的控制。

该发动机的技术参数、推力设置、应用机型及关键节点日期如表 3.1.1 和表 3.1.2 所示。

奥林匹斯 593 型发动机由英国罗罗公司和法国斯奈克玛公司联合研制和生产,英国方面主要负责发动机整体结构、进气道、附件系统及安装,法国方面主要负责排气系统、反推装置、加力燃烧室及降噪装置。该型发动机总共向航空公司用户交付了 67 台。

表 3.1.1　奥林匹斯 593 发动机的技术参数

总压比*	82	巡航耗油率/[kg/(kgf·h)]	1.195
进气道增压比*	7.3	起飞耗油率/[kg/(kgf·h)]	1.39
高低压压气机增压比*	11.3	推重比	5.4
涡轮前温度/K	N/A	基础发动机干重/kg	3 175
巡航状态空气质量流量/(kg/s)	186	长度/mm	4 039
最大加力推力/kN	169.2	直径/mm	1 212
中间状态推力/kN	139.4	燃料	Jet-A1

　* 巡航状态,高度为 15 550 m,2.0 马赫数。

表 3.1.2　奥林匹斯 593 发动机的推力设置、应用机型及关键节点日期

型　号	起飞推力（非加力）/lbf(kN)	起飞推力（加力）/lbf(kN)	应用机型	首次试车日期	取证日期	服役日期
593B-22R（小推力型）	20 000 (88.964 4)	30 610 (136.161)	衍生产品初期验证机	1964 年 7 月		
奥林匹斯　593-610（生产型）	32 000 (142.343)	37 180 (165.385)	全部协和号超声速客机	1966 年 6 月	1969 年 3 月	1976 年 1 月
593B（增推型）	34 650 (154.131)	38 075 (169.366)	型号研制和适航认证	1965 年 11 月		

注：海平面静止状态，国际标准大气条件，无功率提取。

俄罗斯土星公司

3.2　RD-36-51A

在苏联超声速运输机图 144 的研制初期，将库茨涅佐夫设计局的 NK-144 涡扇发动机选作动力系统。但因该动力系统油耗高且发动机短舱系统阻力大等，早期的图 144 航程仅为 3 000 公里，而且不开加力无法实现以 2 倍声速巡航的设计目标。为了解决航程和巡航速度的短板，进而能够与英法联合研制的协和超声速客机竞争，在图 144 的后期开发中，引入了科列索夫设计局开发的单转子无加力 RD-36-51A 型涡喷发动机，并以此作为改进型和最终系列化生产的图 144D 超声速客机的动力系统，如图 3.2.1 所示。此发动机使得图 144D 基本实现了预期设计目标，可以 2 倍声速巡航，并且达到了 7 000 公里航程。另外，

图 3.2.1　科列索夫 RD-36-51A 单转子涡喷发动机及其应用机型图 144 超声速客机

左图引自：http://www.tu144sst.com/techspecs/powerplant.html

右图引自：https://www.britannica.com/technology/Tupolev-Tu-144

图 144 飞机的短舱系统中没有安装反推装置,着陆时必须使用 2 个减速伞。

　　RD‑36‑51 是轴流式单转子涡喷发动机,无加力燃烧室,专供配装苏联图 144D 超声速客机。该发动机由苏联科列索夫设计局(后并入俄罗斯土星联合体公司)于 1960 年开始研制。RD‑36‑51 的原型机 RD‑36‑35 当时是为苏联计划研制的雅克 38 等短距/垂直起降战斗机配备的升力发动机;RD‑36‑35 的首次试车于 1964 年完成。RD‑36‑51 是在此基础上衍生开发的,于 1973 年完成首飞,1978 年进入系列化生产。苏联共生产了 91 台 RD‑36‑51A 型发动机,其结构形式如图 3.2.2 所示。

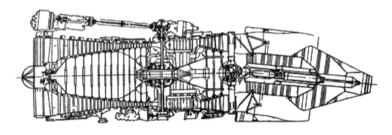

图 3.2.2　科列索夫 RD‑36‑51A 单转子涡喷发动机结构图

上图引自: http://www.tu144sst.com/techspecs/powerplant.html

RD‑36‑51A 轴流式单转子非加力涡喷发动机的基本构型如下:

(1) 可调流量进气道。

(2) 14 级压气机。

(3) 环管形燃烧室,配有 16 个火焰筒和喷嘴。

(4) 3 级涡轮,采用空气冷却叶片。

(5) 超声速收敛‑扩张尾喷管。

　　该发动机的技术参数、推力设置、应用机型及关键节点日期如表 3.2.1 和表 3.2.2 所示。

表 3.2.1　RD‑36‑51A 发动机的技术参数

发 动 机 型 号	RD‑36‑51A
涡轮前温度/K	1 355
巡航状态空气质量流量/(kg/s)	N/A
超声速巡航耗油率*/[kg/(kgf·h)]	1.26
推重比	4.84
基础发动机干重/kg	4 125

（续表）

发 动 机 型 号	RD‐36‐51A
长度/mm	5 228
直径/mm	1 415

* 超声速巡航状态，高度为 18 000 m，速度为 2 350 km/h。

表 3.2.2　RD‐36‐51A 发动机的推力设置、应用机型及关键节点日期

型　号		最大起飞 推力/kgf [lbf](kN)	超声速巡航 推力/kgf [lbf](kN)	亚声速巡航 推力/kgf [lbf](kN)	应用机型	首次试车 日期	取证 日期	服役 日期
RD‐ 36	‐51A	20 000 [44 092] (196.1)	5 100 [11 244] (50.0)*	3 000 [6 614] (29.4)**	图 144D 超声 速客机	1972 年		1976 年
	‐51B	N/A	N/A	7 000 [15 432] (68.6)***	M17/M55 "平流层" 高空侦察机			1973 年

注：海平面静止状态，国际标准大气条件，无功率提取。

* 超声速巡航状态，高度为 18 000 m，速度为 2 350 km/h；

** 亚声速巡航状态，高度为 11 000 m，速度为 1 000 km/h；

*** 亚声速巡航状态，高度为 26 000 m，$Ma = 0.6$。

第4章　军用变循环涡轮
喷气式发动机

　　变循环发动机主要是通过改变其基本构型中的某些关键部件的几何形状、尺寸或位置等方式来切换不同做功热力循环的发动机,且在低超声速($Ma<3$)飞行范围内采用基于燃气涡轮发动机的基本工作模式。通过改变热力循环模式,变循环发动机在多种工况条件下都具有良好的性能。

　　利用涡喷和涡扇组合模式,变循环发动机主要通过改变涵道比实现性能切换,在飞行包线内的不同速度、高度点达到性能最优。例如,在爬升、加速和超声速飞行状态,发动机降低涵道比以近涡喷模式工作,获得良好的高空高速性能;在起飞和亚声速飞行状态,涵道比增大,发动机以涡扇模式工作,从而降低油耗提高推进效率,并降低噪声。其中,GE 公司用于竞标美国空军第五代隐身战斗机动力系统的 YF120 发动机是世界上第一款已经飞行验证的此类型变循环发动机。此验证机方案及相应的变循环技术为美国未来第六代战斗机和新一代超声速运输类飞行器所需的自适应循环动力系统奠定了坚实的基础。

　　随飞行速度的提高($Ma>3$),发动机进气道来流速度和滞止温度显著升高,此时可通过进气道减速增压后直接燃烧并通过尾喷管膨胀做功,即冲压工作模式。冲压发动机结构相对简单,无转动部件、机械损耗小,且高速条件下迎风面积小,但它在较低马赫数下无法起动工作,通常需要其他发动机完成起飞和加速过程。这就形成了涡轮冲压组合发动机,可实现低、高速状态下的高效正常工作。美国洛克希德-马丁公司曾在 20 世纪 60 年代研制出飞行速度可达 3.2 倍声速的高空高速侦察机 SR71,其所配装的动力系统为两台普惠公司研制的 J58 发动机,被业界普遍认为是世界上首款进入服役的涡轮冲压组合发动机。

普惠美国公司

4.1　J58

普惠公司 JT11D‑20(美军代号 J58)单转子加力型涡轮喷气式发动机具有独特的第 4 级压气机后连续放气旁路,可将进入发动机进气道的部分冷气流直接注入加力燃烧室,显著提高在高空高速巡航状态下(近 30 000 m,$Ma>3$)的使用性能,以满足此时典型涡喷循环模式难以适应的任务需求。这时通过进气道、发动机放气旁路进入加力燃烧室的工作气流以近似于冲压发动机的循环模式工作;这也使得 J58 成为目前世界上唯一一型已投入过服役的变循环发动机,主要用于洛克希德公司 A12/YF12A,即 SR71 串联双座高空高速侦察机,如图 4.1.1 所示。

图 4.1.1　普惠 J58(JT11D‑20)发动机及其应用机型 SR71 黑鸟高空高速侦察机
左图引自:http://roadrunnersinternationale.com/pratt_whitney.html
右图引自:https://en.wikipedia.org/wiki/Lockheed_SR-71_Blackbird

该发动机的研制工作于 1956 年末正式启动,其所采用的当时的先进技术基础包括普惠公司 J57‑F100/F102、J75‑F105/F106 和 JT9‑B70 发动机等。JT11 由 JT9 型发动机经 3/4 缩比而来,空气流量由 180 kg/s 缩减到 140 kg/s。最初,该型发动机(J58‑P2)主要是为美国海军以及空军的作战飞机研制的动力装置。后出于多种原因,被选为 SR‑71 黑鸟侦察机的动力系统。1963 年初,J58‑P4 型在进行了前述高速巡航状态连续旁路放气循环模式改进之后,取代 A12 上的 J75 发动机进行飞行试验;1966 年 1 月正式交付。

SR71 的动力系统主要包括锥形轴对称超声速变截面混合压缩进气道、J58 发动机本体和加力燃烧室、进气旁路、变截面拉瓦尔尾喷口以及控制系统和发动机成附件等五大部分。在地面起飞阶段,J58发动机以常规加力式涡喷发动机模式工作,并将飞机加速到马赫数等于2左右。此时,动力系统产生的总推力中,发动机本体推力占73%,进气道压差作用产生的净前向推力占13%,收缩扩张尾喷口提供剩余的14%。此后超声速进气道吸入的部分冷空气通过进气旁路直接进入加力燃烧室以类似于冲压发动机的模式工作,继续加速。因此在高空高速巡航状态,飞行速度约为3 200 km/h,动力系统以涡喷-冲压的组合模式工作。在达到马赫数3以上时,进气旁路的空气流量可达总流量的20%,此时超声速进气锥轴向前后两侧压差形成的净轴向力贡献可达总推力的54%,而发动机和尾喷口产生的推力则只有17%和29%,如图4.1.2所示。由于在高速巡航状态,发动机工作环境温度较高,因此J58发动机采用了闪点较高的JP7液体火箭发动机燃料,并采用特殊的三乙基硼点火器。

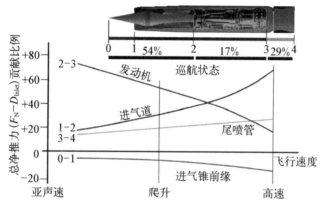

图 4.1.2 SR71 动力系统推力构成

上图引自:"SR71 Propulsion System, P&W J58 Engine (JT11D-20)", Peter Law

简化的J58发动机结构示意图如图4.1.3所示,用于简要说明涡轮冲压组合发动机的工作原理。在起飞、着陆和爬升等低速状态下,该发动机以涡喷模式工作。此时发动机工作状态见图中上半部分低马赫数模式,涡喷发动机的进口导流片打开,气流全部进入压气机增压后,经燃烧室的高温燃气推动涡轮旋转做功,并可通过加力燃烧室再次燃烧后,由尾喷管排出。在高速飞行状态下,涡喷发动机的进口导流片关闭,气流通过外涵道直接进入加力燃烧室燃烧,推进系统进入冲压工作模式。此时,涡喷发动机关闭,仅进入风车自转状态,不产生推力,其转动可持续为发动机附件系统传输动力。必须注意的是,尽管基本原理相似,但J58发动机的实际结构和状态控制比此示意图要复杂得多,工作状态的转换是一个渐进的过程。

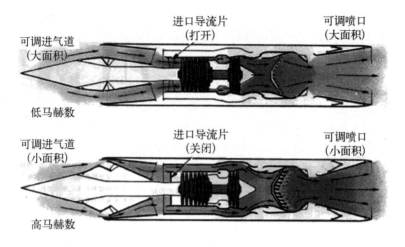

图 4.1.3　J58 发动机结构示意图

据公开资料显示,J58 发动机工作模式转换的最佳临界速度是马赫数 $Ma=$ 2.0 左右。在此之前的起飞和加速过程中,设在第四级压气机后的旁路引气阀门基本关闭,通过压气机的空气经过燃烧室和涡轮后,进入加力燃烧室与燃油再次混合燃烧,最后从尾喷管排出。在更高的马赫数下,旁路引气阀门随飞行速度的增加,将逐渐打开一部分,使部分进入旁路通道的空气直接与涡轮后的热气流混合后进入加力燃烧室;另有一小部分旁路通道的空气流过加力燃烧室外部和尾喷管,起冷却作用。旁路引气通道还有一个重要作用,就是调节进入涡喷发动机本体的空气流量,以避免压气机在非设计点进气不足或出现喘振。在起飞和着陆等较低速度下,旁路引气通道上的阀门部分打开,短舱上的后进气阀门开启,使部分空气通过放气旁路进入加力燃烧室;达到声速时,以上阀门全部关闭。在马赫数 $Ma=2.0$ 以下,J58 发动机基本上是以带有旁路放气系统的加力涡喷发动机模式工作。

当飞行速度达到和超过马赫数 $Ma=2.0$ 时,旁路引气阀门完全打开,随飞行速度的继续增加,燃烧室的供油逐渐减少,压气机转速降低。此时,通过压气机的气流与经过旁路通道的气流分别进入燃烧室和加力燃烧室;后者作为冲压发动机的燃烧室同时工作。在此状态下,推进系统以涡喷和冲压两种模式同时工作。当飞行速度达到最高的马赫数 $Ma=3.2$ 时,压气机处于慢车或风车状态,继续驱动辅助系统工作;但绝大部分空气通过旁路通道直接进入加力燃烧室,同燃料混合后燃烧膨胀做功,小部分来自旁路通道的空气用于加力燃烧室和尾喷管的冷却,此时发动机主要以冲压模式工作。J58 发动机经特殊设计的进气系统中部和涡喷发动机本体进口前也设有旁路阀门,称为前旁路阀门和后旁路阀门;前者用于调节进气道的激波,后者仅在高马赫数飞行状态下开启,从发动机外部引气直至尾喷口,用于冷却发动机外部。

J58 推进系统在亚声速状态下,总推力主要来自涡喷模式的动量推力;在高马赫数飞行状态下,总推力主要依靠压差推力产生,动量推力部分较少。从亚声速爬升、加速至最高马赫数巡航状态的过程中,进气系统提供的推力从约 20% 增加至 70%,涡喷发动机本体产生的推力从大于 80% 降低至约 17%,尾喷管提供的推力从约 18% 增加至 28%;在此过程中,进气锥的迎风阻力由 3% 上升至 16%。

J58 进气系统前部设有一个复杂的可移动进气锥,用于控制气流;该进气锥随飞行速度的变化,可前后移动,控制进气流量、速度和激波系。在马赫数 $Ma = 3.2$ 时,进气锥可向后移动达 66 cm。另外,进气锥上设置有抑制激波与附面层干涉作用的抽吸孔。同时,J58 推进系统还具有可调截面拉瓦尔尾喷管,在高马赫数状态可完全打开。如前所述,配有此推进系统的 SR-71 飞机在亚声速状态下,涡喷发动机产生约 82% 的净推力。但是,在 3.2 倍声速的飞行状态下,进气道压比高达 39:1,进气系统前后的压差提供 54% 的净推力,排气系统提供另外的 28%,而涡喷发动机本体仅产生 17% 的净推力。这正是以冲压发动机为动力的飞行器的独特之处,即在高马赫数飞行时,进气道和尾喷管系统通过提高压差,以冲压模式获得大部分推力。

综上所述,以冲压发动机为动力的飞行器设计,不仅要考虑发动机本体的特性,还必须全面考虑包括进气道和尾喷系统在内的整体推进系统,才能实现高马赫数飞行状态时推进系统的性能。与涡轮发动机完全不同,在静止状态下,冲压发动机无法产生推力。

J58 单转子加力式涡喷发动机本体的基本构型及技术特点如下:

(1) 9 级轴流式压气机,第 4 级后设有放气旁路。

(2) 环管式燃烧室,8 个火焰筒,双油路喷嘴。

(3) 2 级轴流式涡轮,空心气冷导向叶片,第 1 级动叶空心气冷,第 2 级动叶无冷却。

(4) 短扩式加力燃烧室,带气冷外罩,配有 4 个环形火焰稳定器。

(5) 全状态可调收缩扩张尾喷管,包括主喷管和气动引射喷管。

(6) 机械液压式控制系统,由自动转速控制器控制起动、加速、减速和稳态工作状态。

该发动机的技术参数、推力设置、应用机型及关键节点日期如表 4.1.1 和表 4.1.2 所示。

表 4.1.1　J58 发动机的技术参数

最大直径/mm	1 407.16	耗油率(中间状态)/[kg/(kgf·h)]	0.8
旁路比(Ma<2)/%	0	地面慢车转速/(r/min)	4 000
旁路比(Ma>3)/%	20	最大状态转速/(r/min)	7 400
总压比	8.8	基础发动机干质量/kg	2 872
质量流量(起飞状态)/(kg/s)	140	推重比(中间状态)	5.45
耗油率(最大加力状态)/[kg/(kgf·h)]	1.9	长度/mm	5 377.18

表 4.1.2　J58 发动机的推力设置、应用机型及关键节点日期

型号	最大加力推力 /kgf[kN](lbf)	中间状态推力 /kgf[kN](lbf)	应 用 机 型	首次试车 日期	服役日期
J58	15 663[153.6] (34 531)	11 340[111.2] (25 000)	洛克希德 A12/YF12A, SR71 黑鸟	N/A	1968 年

注：海平面静止状态，国际标准大气条件，无功率提取。

通用电气公司

4.2　YF120

YF120 技术验证机是美国通用电气公司研制的先进变循环燃气涡轮发动机。1981 年随美国空军先进战术作战飞机(ATF)项目实施(参见 2.2.2 节)，通用电气公司开始着手研制相应的发动机；为满足超声速巡航性能的巨大非加力推力要求，相较于普惠公司 YF119 发动机的常规小涵道比涡扇构型，通用电气公司 YF120 选择了先进的变循环发动机(variable cycle engine, VCE)设计方案。

YF120 发动机压缩系统采用 2 级风扇和 5 级高压压气机；其中高压第一级叶片高度介于风扇第二级和高压第二级之间，配有流向外涵的排气环，形成核心机驱动风扇(core driven fan stage, CDFS)结构，此主外涵排气环在不同工况下始终保持开启。同时，第二级风扇后的外涵排气环截面积可调。在高空高速条件下，大推力工况时，此可调排气环关闭，发动机以近似于涡喷模式的较小涵道比工作，提高单位推力；在低工况时，此排气环打开，发动机以小涵道比涡扇模式工作,降低耗油率。不同工况下内外涵的压力匹配通过置于加力燃烧室前的可变截面积涵道引流器调节,根据外涵气流所需来流压力和流量关联关系调整其截面积,再将其引入加力燃烧室。其中,部分外涵气流用于冷却加力燃烧室隔热屏,之后在尾喷管喉部前注入主排气流增加推力。

此变循环核心技术源自美国政府与企业间的两个先进技术研究计划:先进技术发动机燃气发生器项目(advanced technology engine gas generator, ATEGG)和联合技术验证发动机项目(joint technology demonstration engine, JTDE),即在飞行包线的不同区域,通过调整发动机的涵道比,可实现涡喷和小涵道比涡扇工作模式的性能切换。相较于传统构型涡扇发动机,变循环技术使得 YF120 发动机在高空高速大推力条件下具有较高的效率,但也造成了系统过于复杂且重量明显增加的问题。另外,与 YF119 发动机类似,YF120 也配备了二维矢量喷口,提升战机的超机动性,如图 4.2.1 所示。

图 4.2.1　YF120 变循环发动机及其应用机型诺斯罗普-格鲁门
YF23 先进战术作战飞机

左图和右图引自:https://virtualpilot3d.net/tag/yf-23-engine/

1992 年 11 月 3 日,配有两台 YF120 发动机的 YF22 验证机创造了 1.58 马赫的超声速巡航飞行记录。在验证科目中,该飞行平台展示出 152 km/h 的低速飞行条件下攻角可达 70°的卓越可控性。但该发动机最终未获量产。然而,用于联合战斗攻击机的 JSF-F120 发动机自 1996 年开始进行了大量技术验证,即此后的 F136 发动机,见 2.3.1 节。

尽管 YF120 发动机最终未被选为 F22 战机的动力系统,其先进技术仍被视为更具前瞻性的未来推进技术基础,如用于未来高超声速飞行的 X43B 技术验证机使用的涡轮基组合循环发动机(turbine based combined cycle, TBCC)和革命性涡轮加速器(revolutionary turbine accelerator, RTA)。通过对加力燃烧室、外涵道和控制系统的重新设计,YF120 发动机使用的可变循环技术不仅可以将小涵道比涡扇发动机转变成以涡喷发动机模式工作,也可以转变成冲压发动机模式,如美国通用电气公司的 GE57 涡轮冲压组合发动机验证机。在高空高速状态,进气道来流将全部通过外涵道绕过核心机直接进入加力燃烧室以冲压发动机的方式燃烧并产生推力。此类涡轮冲压组合循环发动机的设计目标是可在 20 km 以上高空用 10 分钟时间将飞行器从亚声速状态加速到高超声速状态。

图 4.2.2 为典型双外涵道变循环发动机基本结构示意图;YF120 发动机的基本结构和工作原理与此类似,但仅有 2 级低压风扇和包括核心机驱动风扇在内的 5 级高压压气机。下面通过此示意图简要说明典型双外涵道变循环发动机的基本工作原理。

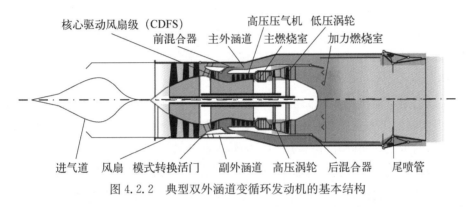

图 4.2.2 典型双外涵道变循环发动机的基本结构

双外涵道变循环发动机与传统双转子涡扇发动机的主要区别在于引入了核心驱动风扇级(CDFS),它是由高压涡轮驱动的风扇,相当于传统涡扇发动机高压压气机的第一级。引入 CDFS 是变循环发动机设计的精华和独特之处,可使高压转子系统随工况变化输出相匹配的功率,也使发动机体积更为紧凑。同时,变循环发动机的低压涡轮,在涡扇模式下将更多的喷流燃气动能转化为驱动风扇的机械能;而在涡喷模式下则尽量降低动能提取以维持较高的尾喷燃气排气速度,此时仅输出足够维持风扇或低压压气机运转的机械能。为满足这两种截然不同的工况条件,低压涡轮的设计十分困难,但如果高压涡轮能分担部分风扇载荷,则可为低压涡轮卸载,有利于简化设计。此外,通过 CDFS 引出气流增加外涵道压力和流量,有利于提高涵道比。

为此,在低压风扇后、CDFS 前设有模式转换活门,用以控制气流进入核心机和副外涵道的分配比例。同时,在 CDFS 外环后面、低压涡轮后和加力燃烧室前,各设有一个称为可变截面旁路引射器(variable area bypass injector,VABI,又称前、后混合器,见图 4.2.2)的流量控制阀门,以调节进入外涵道和加力燃烧室的空气流量。此外,在高、低压涡轮间,配有可变距涡轮导向叶片,用于调节低压涡轮在不同模式下的工况条件和工作载荷。在 CDFS 之前也可通过可变距导向叶片控制不同状态下的流量匹配。

当发动机在亚声速的低功率状态工作时,风扇后模式转换活门打开,使得更多的空气进入副外涵道。同时,打开前、后混合器,增大涵道比。后混合器打开后,更多的外涵道空气被引入加力燃烧室,与通过核心机的主排气流混合,增加推力。此时发动机以典型的涡扇发动机模式工作。

当发动机在超声速巡航、加速、爬升等高功率状态工作时,风扇后模式转换活门关闭,同时前、后混合器阀门收缩,使得绝大部分空气进入核心机,并产生高速排气。此时的高推力主要来自动量推力,发动机以近似涡喷模式工作。但仍需少量冷空气进入外涵道,用于为核心机、加力燃烧室、尾喷管等冷却。另外,风扇后模式转换活门和前混合器阀门不能完全关闭,以避免压气机喘振等匹配问题。

以上是对经典的双外涵道变循环发动机的基本结构和工作原理的简要介绍,但实际的工作状态和控制规律要复杂得多。混合器的调节阀门、CDFS、低压涡轮前的可调导向叶片、高低压转子的转速和压比等控制参数都需要一体化设计和调控,才能保证变循环发动机在不同状态之间的顺利转换和正常工作。

下面简要讨论一下 YF120 发动机的技术特点。此发动机是通用电气公司为了与普惠公司常规小涵道比涡扇发动机 F119 竞争美国空军 F22 战机动力系统而开发的。为了降低全寿命周期成本,提高可靠性和可维护性,通用电气公司在经典变循环发动机方案的基础上,进一步简化结构并减少零件数量,开发出了YF120 动力系统。此型发动机与上述经典变循环方案的主要区别包括:① 仅采用 2 级低压风扇和包括 CDFS 在内的 5 级高压压气机;② 将低压风扇后模式转换活门和 CDFS 后流量调节阀门都改为了被动作动旁路系统,可根据外涵道的压差自动调节;③ 取消了低压涡轮前的可变距导向叶片,整机结构进一步简化。如前所述,此可变距导向叶片的主要作用是调节低压涡轮的工作负荷,以便使发动机在涡扇和涡喷模式下均可顺利工作。据报道,YF120 在涡扇模式下工作的最大涵道比约为 0.33:1;在这个比较有限的涵道比变化范围内,由于引入了 CDFS,YF120 发动机不再需要导向叶片来保障低压涡轮在不同模式下有效工作。

另一方面,YF120 在高压压气机前、CDFS 后并没有安装混合器或可调外涵道活门;流过 CDFS 的部分气流可根据内外涵道的压差自动调节流入外涵道的空气流量,因此 CDFS 后的涵道比可能在不同状态下变化不大。此外,绝对的涡喷工况也不存在,在任何状态下都应有空气通过 CDFS 进入主外涵道。在这种构型方案下,当低压风扇后的模式切换活门完全开放时,发动机以典型的涡扇状态工作;当它完全关闭时,外涵道气流仅来自 CDFS,可称为发动机以漏气的涡喷状态工作。

　　YF120 军用加力型双转子小涵道比涡轮风扇发动机的基本构型和特点如下:

　　(1) 采用双外涵道变循环技术,涵道比可调。

　　(2) 2 级风扇,5 级高压压气机(第 1 级为 CDFS)。

　　(3) 短环形燃烧室。

　　(4) 高、低压涡轮对转,均为单级,且两级涡轮动叶之间无静子导向叶片。

　　(5) 收缩/扩张喷管,二维矢量喷口。

　　该发动机的技术参数、推力设置、应用机型及关键节点日期如表 4.2.1 和表 4.2.2 所示。

表 4.2.1　YF120 发动机的技术参数

最大直径/mm	1 067	基础发动机干质量/kg	1 860
风扇进口直径/mm	N/A	推重比(非加力状态)	N/A
涵道比	0～0.3	推重比(加力状态)	＞9
总压比	N/A	长度/mm	4 242
质量流量(起飞状态)/(kg/s)	N/A		

表 4.2.2　YF120 发动机的推力设置、应用机型及关键节点日期

型　号	最大加力推力/kN	最大无加力推力/kN	应用机型	首次试车日期	服役日期
YF120	156	N/A	YF22, YF23	N/A	此项目最终被取消

注:海平面静止状态,国际标准大气条件,无功率提取。

第5章 开式转子发动机

　　因燃油经济性和绿色环保要求日益苛刻,目前国际主要航空发动机制造商均在已有产品体系框架下尝试推出新构型发动机,以满足未来市场需求。民用涡扇发动机自 20 世纪 50 年代末问世以来,经不断的技术革新,整机设计、材料工艺、制造装配等环节日趋完善,这使得整机总效率逐年提高。但传统涡扇构型的喷气推进和热工循环效率已趋于工程极限,这限制了进一步提高总效率和降低油耗的努力。

　　根据燃气涡轮航空发动机原理,提高整机总效率或改善燃油经济性的主要途径包括提高推进效率和热工循环效率两种。前者可通过采用更高的涵道比、降低风扇排气速度等措施实现,但迎风面积的增大也会伴随阻力升高和效率损失。后者则需要发动机核心机具备更高的增压比和燃气温度,但通常伴随内涵道排气速度的增加,造成动能损失和推进效率的降低。目前,传统涡扇发动机主要采用双转子或三转子构型,尽可能地使发动机的各个高、低压部件以其最优转速运行。其中,美国普惠公司和通用电气公司选择了双转子作为其涡扇系列发动机的基本构型方案,而英国罗罗公司则为其大型涡扇发动机开发了独特的三转子构型方案。

　　采用双转子构型,高、低压转子可分别在各自的控制规律下运行。通过附件齿轮传动系统连接至高压转子的空气驱动涡轮起动机可实现发动机的迅速起动;通过转速调节、可调静子叶片和放气活门等技术措施可确保压气机的喘振裕度,并通过机械限制和电子限制等功能保障低压和高压转子不会因为燃油供给过多而发生超转。在转子轴承支撑布置上,双转子发动机也已形成标准三腔布局、碳封严和刷式封严交替使用的设计模式。此外,为了提高涡扇发动机的推进效率,必须增大涵道比,这导致了风扇直径的不断增加;但为了保证风扇工作的气动稳定性并降低噪声,风扇叶尖线速度必须限制在声速附近。因此,只能降低低压转子的转速,这导致了低压压气机效率下降。这是双转子大涵道比涡扇发动机的一个主要瓶颈。

　　为了能够进一步改善整机性能，罗罗公司开发了独特的三转子方案，在前述双转子构型中增加了中压转子，使得风扇转速与压气机完全独立，风扇、中压和高压压气机均可在各自的最佳设计点上运行。同时，可有效减少发动机总叶片数并缩短发动机长度，使得部件间匹配更紧凑。但由此产生的代价便是发动机结构复杂、中压转子中介支点润滑困难、发动机油气系统及电子控制系统等更为复杂，可能导致相应的外场检修与维护成本偏高。

　　传统构型涡扇发动机无论采用双转子还是三转子方案，为提高热工循环效率都必须增加核心机压比，但压气机设计受到材料特性和结构强度等方面的限制，类似地提高涡轮前温度对燃烧室和涡轮等热端部件的冷却技术提出了更高的要求。鉴于上述传统双转子和三转子方案的诸多限制因素，目前业界主要采用的突破传统构型涵道比瓶颈的总体方案包括齿轮传动风扇和开式转子两种技术途径。两者的基本技术方案相似，即在现有高效核心机基础上，以增大涵道比为目标采用新的构型。前者在 1.3 节中已有详细介绍，而后者的涵道比更大，可提高发动机的推进效率，以实现更高的总效率和更低的油耗。

　　根据罗罗公司展示的图 5.1.1，在马赫数约 0.8 的巡航速度下，考虑材料耐热极限和氮氧化物排放限制的前提下，传统构型高涵道比涡扇发动机总效率的极限约为 46%～48%。事实上，目前最新一代大型涡扇发动机 GE9X 和遄达 XWB 的整机效率都已经超过了 40%。继续通过技术革新提高部件效率，实现

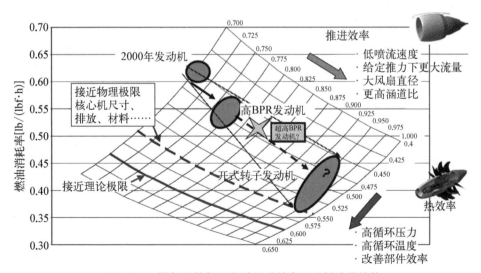

图 5.1.1　燃气涡轮航空发动机总效率及油耗改善趋势

更高整机效率的潜力不大。但是,在传统构型基础上,通过改变局部结构实现的新构型方案可进一步提高总效率、降低油耗。例如,涵道比高达30的开式转子发动机,其推进效率可达95%,总效率最高可达55%。鉴于未来民用航空领域的节能减排要求,新构型发动机必然成为下一代民用航空动力的首选。

开式转子发动机也称为桨扇发动机,是满足下一代民用飞行动力需求的潜在方案之一。区别于传统涡扇发动机,此类型发动机的风扇(桨扇叶片)未被短舱完全包裹,而是延伸至短舱外部的气流之中。尽管此类发动机的最佳巡航速度低于涡扇发动机,但其推进效率更高,在改善燃油经济性和降低污染物排放等方面具备较大潜力。传统构型涡扇发动机通过不断增大风扇直径和涵道比来提升效率降低油耗,这同时也会造成发动机重量和迎风阻力同步增加。开式转子发动机则通过延伸至短舱外侧的桨扇叶片获得涵道比的理论极值,彻底摆脱涡扇构型的限制,其燃油消耗率可降低近30%。

根据桨扇叶片的布置方式,开式转子发动机可分为推进式和拉进式两类。前者桨扇叶片安装在发动机后部,后者则相反。在相同推力等级条件下,推进式发动机更易于采用直径或转速更小的桨扇设计形式;桨扇直径减小有利于飞机-发动机系统集成,而转速降低则有利于噪声抑制。同时,开式转子发动机通常在第一排叶片之后设有第二排反转叶片,进一步增大推力、提高推进效率。桨扇的驱动方式通常有两种途径:一是高速低压动力涡轮通过减速齿轮箱驱动,二是低速低压涡轮直接驱动。前者的缺点是齿轮箱结构复杂,增加维护成本的同时可能因散热等问题带来耐久性风险。后者则无法达到低压涡轮的最佳工作转速,导致其效率低下而损失整机效率。

事实上,开式转子发动机的概念由来已久。早在1939年,涡桨发动机就已投入服役,由动力(自由)涡轮通过齿轮减速器驱动螺旋桨牵引飞机。目前,涡桨发动机仍是低速通航飞机的首选动力装置。20世纪80年代,当燃油价格急剧攀升时,融合涡桨与涡扇优势的桨扇发动机应运而生,可通过提高自身推进效率而显著节省油耗,这引起了航空业的极大关注。通用电气公司、普惠公司和艾利逊公司都曾大量投入研制此类发动机,并取得了较大的技术进步,例如,GE36无涵道风扇(UDF)发动机(见5.3节)和普惠-艾利逊Model 578-DX发动机(见5.2节)都采用了推进式开式转子构型,但并未量产。后者进一步衍生出罗罗RB3011开式转子系列(见5.4节)。另一方面,乌克兰伊夫琴科-进步设计局于20世纪90年代推出了具有三转子构型的D27桨扇发动机(见5.1节),采用拉进式对转桨扇,成为世界上首台进入服役的开式转子动力系统,主要用于安东诺夫 An-70 中型运输机。因采用开式构型,此类发动机也面临诸多技术挑战。例如,无短舱包裹的叶片存在断裂后的安全隐患,同时失去短舱消声设计特征后,噪声排放问题更加突出。其次,桨扇叶片变距机构的设计较为复杂。再次,桨扇构型在高亚声速($Ma>0.8$)飞行条件下效率明显下降。因此,目前此类发动机还难以用于中远程高亚声速客机,也未获得广泛的商业推广。

但是,随着航空发动机设计技术的不断进步,诸多新技术和制造工艺在新一代开式转子发动机上得到了有效应用,这使得此类发动机与传统涡桨发动机产生了本质区别。尽管目前还无法确定未来开式转子发动机的技术路径和所需的新技术,但一些为其开发的子系统和基本技术已在验证中,主要包括:

(1) 大功率齿轮变速系统,用于驱动大尺寸对转桨扇。

(2) 高速低压涡轮系统。

(3) 新一代复合材料桨扇叶片。

(4) 桨扇叶片变距系统。

(5) 一体化无反推短舱系统。

(6) 可变截面尾喷管。

(7) 先进的主动控制系统。

(8) 飞发一体化设计及桨扇降噪技术。

总体而言,开式转子发动机的核心机应用技术与传统涡扇发动机基本一致。随着后者的核心机设计技术的发展,开式转子发动机的核心机设计水平也同步提高。如图 5.1.2 所示,得益于独特的桨扇构型和变距特征,此新构型发动机具备了无可比拟的燃油经济性优势。

另一方面,目前开式转子发动机的发展仍面临诸多技术挑战。首先,由于开式转子发动机的桨扇叶片无短舱包裹,无法采用类似于涡扇发动机短舱声衬的降噪措施,其噪声等级比等同技术水平的涡扇发动机略高,即下一代涡扇发动机将比同时期的桨扇发动机更安静。但通过更先进的桨扇叶片气动噪声一体化设计,新的开式转子发动机将比现役涡扇发动机噪声低。其次,涡扇发动机在适航取证过程中,必须通过风扇叶片断裂后的机匣包容性试验;但对于开式转子发动机而言,由于桨扇叶片外侧无短舱保护,如果依据涡扇发动机的叶片包容性要求,桨扇设计者必须设法证明桨扇叶片断裂的可能性极其微小,即发生概率低于 1×10^{-8}/飞行小时。显然,如果适航条例不做针对性的调整,这对于以目前技术储备为基础的桨扇设计显然太困难。再次,桨扇叶片的直径可达到 $3\sim4$ m,如何将其与飞机机体高效集成仍是一大难题。通常,大型客机采用的涡扇发动机

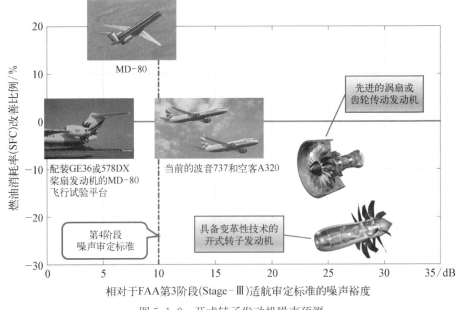

图 5.1.2　开式转子发动机噪声预测

均为翼吊方式,这便于在翼检测和维护;但尾吊方式对开式转子发动机更为切实,这给发动机维修保障带来了困难。最后,采用开式转子动力系统的飞机,其飞行速度受到桨扇推进效率的限制。在飞行马赫数 $Ma=0.75$ 时,桨扇叶片推进效率最高,此时燃油经济性最佳;也可在 $Ma=0.8$ 左右有效运行。但是,当 $Ma>0.82$ 后,桨扇叶片推进效率陡降,整机效率明显降低,甚至不再适用。因此,未来开式转子发动机最可能应用于短程支线或航程较短的单通道干线客机。在可见的未来,此飞行速度受限的瓶颈问题可能仍无法根治。

　　如前所述,噪声抑制是开式转子发动机面临的另一个主要技术挑战。目前,英国罗罗公司、法国赛峰集团航空发动机公司和美国通用电气公司都在开展相关领域的研发工作。例如,罗罗公司已在荷兰 DNW 高速风洞完成了此类构型发动机的噪声测试试验,斯奈克玛公司主导研制的直接传动式开式转子发动机也已进入试验验证阶段,如图 5.1.3 所示。

　　在欧洲清洁天空(Clean Sky)研究计划中,专门设有可持续绿色发动机研究项目,共对六个全新构型发动机进行设计验证,以期进一步降低油耗、污染物排放和噪声等级。其中,作为该计划重点研究对象之一的开式转子发动机已在2018 年完成全部验证试验,并达到技术成熟度 6(TRL - 6)。

　　据罗罗公司预测,在 2025 年前后,应用未来先进设计与制造技术的开式转

图 5.1.3　开式转子对转叶片风洞试验，罗罗 Rig - 145(左)和斯奈克玛试验台(右)

子发动机将具有 50 以上的涵道比，并且更高效、更安静，完全可满足单通道飞机第五阶段噪声适航审定标准的要求。同时，采用此类发动机的中等规模单通道机队可每年节省约 300 万美元的运营成本，并减少 10 000 t 二氧化碳排放。这对于航空运输业无疑是一大积极举措。

此外，美国国家航空航天局也在积极推进工业界与科研院所在开式转子发动机应用方面的技术合作，并在其格林研究中心开展了大量风洞试验研究，如图 5.1.4。该系列研究成果表明，开式转子发动机在燃油经济性方面有望满足下一代民机设计要求，但对于 N+2 代飞机设计所提出的噪声要求，仍有许多关键技术有待突破。

图 5.1.4　美国国家航空航天局格林研究中心开式转子发动机声学风洞试验，
无吊挂构型(左)，带吊挂构型(右)

左图引自：https://bioage. typepad. com/. a/6a00d8341c4fbe53ef0115700b4a19970c-600wi
右图引自：https://www1. grc. nasa. gov/wp-content/uploads/C2009_04565_M. jpg

迄今为止，研究工作表明开式转子发动机是降低燃油消耗、减少污染物排放的最佳选择。但未来应用还须解决安装方式、桨扇叶片包容性、噪声抑制以及影响飞机经济性的增重等关键问题。另外,即使完全解决了这些技术问题,未来石油价格走势和环保标准要求仍是未来开式转子发动机能否广泛进入商业应用的决定性因素。

伊夫琴科-进步

5.1 D-27

D-27 是由乌克兰伊夫琴科-进步设计局研制并由马达西奇公司生产的三转子拉力式桨扇发动机,主要用于载重为 50 吨级的运输机或客运飞机,如 Yak-46 高效客运飞机(项目后被取消)等。目前,D-27 主要配装安东诺夫 An-70 中型运输机,并已于 2014 年量产,成为全球至今唯一进入服役的桨扇发动机。

该发动机研制项目于 1985 年正式启动,其核心机主要是基于原 D-36 发动机的技术基础和研制经验进一步改型研制的。此前,进步设计局和 SPE Aerosila 联合开发了 D-236T 涡扇发动机核心机,并配用 SV-36 桨扇叶片。此型桨扇原型机通过了大量地面试车和飞行试验,相关的参研单位包括俄罗斯茹科夫斯基中央空气流体动力研究院、俄罗斯中央航空发动机研究院、全俄航空材料研究院等。

D-27 发动机采用的前置 SV-27 对转桨扇叶片由 SPE Aerosila 研制,由四级动力涡轮前输出轴通过行星式减速齿轮驱动。其中,第一级采用 8 个桨扇叶片,吸收大部分涡轮输入功率,产生主要推力;第二级仅有 6 片桨扇叶片。该发动机原型机搭载格罗莫夫飞行研究所 IL-76 飞行试验平台首飞。

采用三转子和共轴对转桨扇构型,在兼顾结构和重量的约束条件下,D-27 发动机可满足 An-70 运输机的动力需求,实现短距起降,并在高速巡航条件下具有很低的燃油消耗率。该发动机整机热力循环效率可达 37%。为满足 2006 年实施的 FAA Stage-IV 民用航空器噪声指标要求,该发动机于 2007 年进行了现代化改进,并通过增加两级桨扇的轴向间距进一步降低了噪声污染。

目前,进步设计局在 D-27 发动机的基础上提出了 14 500 hp(10 800 kW) 的 AI-127 涡轴发动机设计方案,可用于 Mi-26 重型直升机换发;以及起飞推力 9~11 t[19 850.6~24 256.9 lbf(88.3~107.9 kN)]的超高涵道比 AI-727 齿轮传动涡扇发动机设计方案,可用于未来先进公务机、支线或窄体干线客机。

D-27 三转子桨扇发动机的基本构型和技术特点如下:

图 5.1.5　D‐27 桨扇发动机(左)及其应用机型 An‐70 运输机(右)

左图和右图引自：http：//ivchenko-progress.com/？portfolio＝d-27&lang＝en

(1) 两级拉力式共轴对转桨扇，第一级 8 片桨叶，第二级 6 片桨叶(沿轴线从后向前看，第一级桨叶逆时针旋转，第二级顺时针旋转)。

(2) 差动式行星减速齿轮箱，提供两组反向旋转的动力输出。

(3) 5 级轴流式低压压气机，进口导向叶片和前两级静子叶片可调，压比为 5.5。

(4) 2 级轴流式和 1 级离心式组合高压压气机，压比为 5.5。

(5) 环形斜流式燃烧室。

(6) 单级高压涡轮、气膜冷却单晶叶片，膨胀比为 2.68。

(7) 单级低压涡轮、气膜冷却单晶叶片。

(8) 4 级动力涡轮，通过贯穿式前输出轴驱动上述前置驱动齿轮箱。

(9) 单管下反式尾喷口。

(10) 双通道全权限数字电子发动机控制系统。

该发动机的技术参数、推力设置、应用机型及关键节点日期如表 5.1.1 和表 5.1.2 所示。

表 5.1.1　D‐27 桨扇发动机的技术参数

桨扇直径/mm	4 500	巡航耗油率/[kg/(kW·h)]	0.188
总压比	30.25	功重比/(kW/kg)	6.33
涡轮前温度/K	1 665	基础发动机干重/kg	1 650
质量流量/(kg/s)	N/A	长度/mm	4 200
起飞耗油率/[kg/(kW·h)]	0.241	最大半径/mm	1 250

表 5.1.2　D－27 桨扇发动机的推力设置、应用机型及关键节点日期

型　号	起飞功率范围 /hp(kW)	平直推力设置 /℃	应 用 机 型	首次试车 日期	取证日期	服役日期
D－27	13 880～16 250 (10 350～12 120)	N/A	An－70, 别里耶夫 A42PE	1992		

注：海平面静止状态,国际标准大气条件,无功率提取。

普惠-联信

5.2　Model 578－DX

　　Model 578－DX 桨扇发动机是普惠公司联合艾利逊-燃气涡轮(亦称联信)及汉密尔顿-标准等公司研制的技术验证机,结合了传统涡扇和涡桨发动机的性能优势,可在类似于涡扇发动机使用的较高巡航马赫数条件下以类似于涡桨发动机的较低耗油率工作。不同于通用电气公司的 GE36 UDF 发动机采用的对转自由涡轮动力输出方式,Model 578－DX 采用了较为常规的构型,即低压涡轮向后输出轴通过减速器与桨扇转子连接。该发动机采用了艾利逊 Model 571 核心机、重新设计了低压压气机、减速系统、短舱和桨扇单元体,其先进的对转高速桨扇叶片由汉密尔顿-标准公司提供,并使用了全权限数字电子控制系统。该技术验证机于 1986 年首次运转,并于 1989 年在一架 MD－80 改装的测试平台上成功完成了飞行试验;因其在较高巡航速度下的低耗油率的突出特点,NASA 为此技术验证项目提供了资金支持,一直到项目结束。

图 5.2.1　Model 578－DX 桨扇发动机及其 MD－80 飞行测试平台

左图引自：https://en. wikipedia. org/wiki/Pratt_%26_Whitney/Allison_578-DX
右图引自：https://airandspace. si. edu/collection-objects/mcdonnell-douglas-md-91x-md-80-uhb-refit-proposal-engines-allison-model-578-dx-0

通用电气公司

5.3　GE36

GE36 发动机是美国通用电气公司于 20 世纪 80 年代开发的桨扇/无短舱风扇(unducted fan,UDF)发动机技术验证机,于 1986 年首次运转,后在 MD - 80 改装的测试平台上进行了飞行试验。该发动机在 GE 公司 F404 发动机的基础上改型研制,将内外涵道的混合排气通过下游的自由涡轮输出功率驱动尾部的两级对转桨扇叶片(两级叶片数量分别为 10 和 8)。动力输出的自由涡轮共由七级对转涡轮组成,每一级涡轮包含两排对向旋转的动叶(无静子);因对转涡轮工作转速只需要常规涡轮构型的一半,因此不需要齿轮减速器即可驱动桨扇;这与普惠-艾利逊公司的 Model 578 - DX 桨扇验证机不同。正如其他桨扇发动机,GE36 发动机具有在类似于涡扇发动机的较高巡航马赫数条件下以类似于涡桨发动机较低耗油率工作的性能优势。尽管此型发动机最终未获得定型与批量生产,但是其碳纤维复合材料叶片技术得到了持续发展,并随 GE90、GEnx 等发动机广泛应用于波音 747/777/787 等机型。

图 5.3.1　GE36 UDF 桨扇发动机及其 MD - 80 飞行测试平台

左图引自:https://pt.wikipedia.org/wiki/General_Electric_GE36
右图引自:https://www.wikiwand.com/en/General_Electric_GE36

罗罗公司

5.4　RB3011

RB3011(前期代号为 2011)是罗罗公司开发的开式转子(open rotor engine,桨扇)发动机技术验证机,计划未来为类似于波音 737 和 A320 等 180 - 250 座级窄体客机提供动力。罗罗公司于 1995 年收购了艾利逊燃气涡轮发动机公司,并深入研究了前述 5.2 节的 Model 578-DX 桨扇发动机。RB3011 发动机在短舱外侧安装了两级对转的开式转子/桨扇叶片,并具有后推式和前拉式两种构型,由罗罗公司远景 15-50 计划开发,旨在将燃油消耗率较目前在役的等同级别涡扇发动机进一步降低 15%~20%。该型发动机在英国位于贝德福德(Bedford)市的飞机研究中心进行了测试,其开式转子桨叶的气动特性在荷兰 DNW 进行了风洞测试。

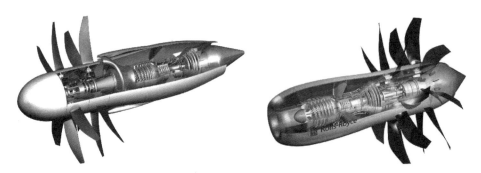

图 5.4.1　RB3011(2011)开式转子发动机,拉力型(左)和推力型(右)

左图和右图引自:www.rolls-royce.com

5.5　UltraFan

经过近百年的发展,目前航空工业发展正面临着前所未有的技术革新、效率瓶颈、运营成本等诸多方面的挑战,改善环保特性的要求也不断攀高。这些相应的先进技术特征将是未来民用航空发动机发展的主流方向,同时伴随的市场竞争也将更加严苛。

航空工业面对的挑战

目前欧洲航空研究咨询委员会(ACARE)为其民用航空业提出了技术目标 2050 的未来发展预期要求。相较于 2000 年的技术标准,针对未来环保要求,此航线 2050 清洁飞行技术远景计划主要包括以下 4 个部分:二氧化碳排放量降低 75%;氮氧化物排放量降低 90%;噪声污染缩减 65%;显著增加飞行器及其动力系统的维修保障间隔时长,以有效提高航线运营或待命时间。如实现上述所有目标,则需革新飞行器及其推进系统,必须引入飞发一体化设计,同时优化航线运营和空中管制。作为 ACARE 的核心成员之一,罗罗公司针对航线 2050 远景目标规划了相应的下一代航空发动机发展路线,如图 5.5.1 所示。

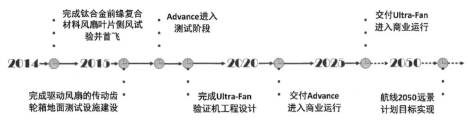

图 5.5.1　罗罗公司航线 2050 远景计划技术路线图

为实现二氧化碳排放量（每人次乘客每公里航程）降低 3/4 的目标，罗罗公司预期需要将发动机油耗降低 30％以上，这相当于每名乘客飞行 100 公里航程后节省 1 升燃油。同时，由于氮氧化物的环境效应恶劣，尤其是在起飞和降落过程中的氮氧化物排放对机场附近的空气质量影响严重，氮氧化物排放量的限制要求日趋严格。随全球经济一体化进程的不断发展，洲际以及区域性民用航空市场将逐步扩展并更加繁忙。相关数据显示，2015 年全球航空公司共托运了 36 亿件行李，而这一数字预期至 2030 年将增加到 60 亿。这一超过 60％的增长量预示着近 24 亿的新增航空旅客流量。这意味着每天从机场起降的航班将更多，并且返航间隔更短。将噪声污染降低 65％的目标意味着飞机在起飞或降落过程中，其近场任意三点的噪声级需平均降低 15 dB。而这一技术要求实际上相当于要将一架大中型双发客机的噪声污染等级降低到一架利尔喷气 45 公务机的量级。后者的重量只有前者的 1/25，而所需推力也只有 1/20。其难度可见一斑。为此，罗罗公司正在持续推进并将更加关注先进低排放技术的发展。

面向未来的技术革新

自 20 多年前首台遄达发动机交付至今，此业界领先的航空发动机家族已演进至第七代。为满足相应的市场运营需求，每一台遄达发动机都是其同时期的工程技术精确实践的结晶。目前，遄达 XWB 是该家族中最高效的航空发动机。由此进一步演进的 Advance 和 UltraFan 超扇系列将在业界重新定义喷气式推进技术。

突破性工程解决方案

如前所述，通过技术革新和工程再设计，Advance 和 UltraFan 发动机的推力、效率等性能指标将可满足未来民用航空远景目标的要求。基于遄达家族发动机上亿小时的运行数据和服役经验，并依据未来航空运营商的需求和发展趋势，罗罗公司将下一代民用航空发动机的发展规划为两个并行推进的分支，即

Advance–2/3 和 UltraFan,预计将分别于 2020 年和 2025 年前后进入商业运行,并持续改进。

基于罗罗公司成熟的双转子和三转子发动机构型及已经验证的革新技术,Advance–2/3 系列发动机所集成的高效核心机将保障整机实现历史上最高的总增压比,这将极大地提高整机效率并显著降低油耗和二氧化碳排放。预计 Advance–2 双转子发动机的总增压比将高达 50∶1、涵道比约为 6.5∶1,而 Advance–3 三转子发动机的总增压比将超过 60∶1、涵道比将大于 11∶1。

同时,UltraFan 将在 Advance–2/3 构型基础上再次演进,通过齿轮传动风扇技术,将涵道比提高到 15∶1 以上,同时总增压比将高于 70∶1。齿轮传动风扇技术的引入将极大地提高低压涡轮的工作转速,使得各个气动部件可在其自身最优的转速条件下运行,进一步提高整机效率、改善燃油消耗率,并显著降低二氧化碳排放。齿轮传动风扇技术的引入还将明显减少各个气动部件的级数,显著降低发动机重量,间接降低油耗。另外,因风扇转速显著降低,排气速度相对较低的超高涵道比涡扇发动机噪声排放将得到遏制。

其次,采用新的贫油燃烧室设计将根除大推力状态运行时火焰筒内的高温富油区域,这将有效抑制氮氧化物的生成并有效降低例如烟气等污染物的排放。同时,先进复合材料的应用将使得发动机重量更轻,能效更高。例如,钛合金前缘复材风扇叶片和复合材料风扇机匣的应用在提高结构强度的同时显著减轻了重量。又如,新一代陶瓷基耐高温复合材料的应用将延长发动机热端部件的使用寿命,这将提高发动机的在翼时长,为运营商争取更多的运行或待命时间。

另外,UltraFan 齿轮传动风扇发动机将具备良好的缩放特征,推力范围为 25 000～110 000 lbf(111.2～489.3 kN),可满足宽体客机动力需求也可涵盖单通道客机动力市场,如图 5.5.2 所示。

图 5.5.2 罗罗公司 UltraFan 新一代民用航空推进系统

图片引自: https://www.rolls-royce.com/media/our-stories/innovation/2016/advance-and-ultrafan.aspx

超扇采用的革新技术

超扇发动机将在 Advance 技术基础上采用的创新性技术应用主要包括以下五个方面:

(1) 陶瓷基复合材料增材制造零部件。

陶瓷基复合材料在高温下工作寿命更长,且所需的冷却空气流量更少,同时还将显著降低发动机重量。而 3D 打印/增材制造技术不仅可以帮助工程师完成传统制造工艺无法实现的零部件设计,而且可以更快地完成性能优化和设计迭代。Advance-2/3 技术验证机将通过这两者的结合探索未来先进民用航空推进技术的发展路径。截至目前,Advance-2/3 共集成有约 20 000 个零部件的技术验证机已累积了超过 100 小时整机测试。初步测试结果显示,罗罗公司通过增材制造的方式制作的陶瓷基复合材料零部件(见图 5.5.3)具备优异的使用性能。

图 5.5.3　罗罗公司增材制造的陶瓷基
复合材料零部件

图片引自：https://www.rolls-royce.com/media/our-stories/innovation/2016/advance-and-ultrafan.aspx

图 5.5.4　罗罗公司下一代先进
低排放贫油燃烧系统

图片引自：https://www.rolls-royce.com/media/our-stories/innovation/2016/advance-and-ultrafan.aspx

(2) 先进低排放贫油燃烧系统(ALECSys)。

2018 年 3 月 23 日,罗罗公司先进低排放贫油燃烧系统验证机在加拿大曼尼托巴省零下 20℃的低温条件下成功起动。在此一个月前,该验证机首次车台运转测试成功。该系统的先驱性技术及其数字化智能性特征将应用于 Advance-2/3 和 UltraFan 发动机。通过持续的监控运行环境特性数据,并比对飞行员的推力需求,ALECSys 系统可智能地调节位于火焰筒不同部位注入的预混燃油的油气比,实现对温度场和富油区分布的精确控制,进而有效降低燃烧过程中氮氧化物和烟气的产生。初步试验结果显示,在巡航状态下,该系统目前可降低 50%氮氧化物排放,如图 5.5.4 所示。

(3) 先进高效核心机。

超扇发动机将采用新一代先进高效核心机,使燃油效率最大化,并显著降低污染物排放。此先进高效核心机将首先通过 Advance-2/3 技术验证机进行测试,这也将是通往未来先进民用推进系统成功之路上的重要里程碑之一。在欧盟 Clean Sky 2 项目、英国 Innovate UK 项目以及英国航宇技术研究院(ATI)的合作支持下,罗罗公司布里斯托团队已于 2017 年底完成该技术验证机的研制,目前正在罗罗公司德比基地进行先期试验测试,以确认核心机运行数据是否符合设计指标要求。通过这一系列试验收集超过 2 800 个核心机运行参数为下一阶段的测试科目提供依据,同时还将验证前述陶瓷基复合材料增材制造零部件、先进低排放贫油燃烧系统、通过新加工工艺制造的高压涡轮以及其他一些 3D 打印零部件的设计性能。

(4) 大功率风扇传动齿轮箱。

超扇发动机拟采用的大功率风扇传动齿轮箱是下一代民用推进系统的另一关键技术,由罗罗德国公司与利勃海尔公司合作研制,并在德国达勒维茨新建了测试设施。该齿轮传动系统采用行星式构型,低压涡轮功率由位于中心的太阳轮输入,通过 5 个行星轮减速后,由外环输出,如图 5.5.5 所示。每个行星轮可承受的最大载荷相当于一台遄达 XWB 发动机最大状态的功率。在进入地面测试阶段的一个月后,2017 年 9 月 4 日,该齿轮传动系统首次实现了 70 000 hp(52.2 MW)的功率传输。而该齿轮传动系统的最大设计功率可达 100 000 hp(74.6 MW),这将比在每一对啮合齿系上绑定相应数量的 F1 赛车所传输的总功率还大。另外,该系统还在 2016 年进行了高空台测试。

图 5.5.5　罗罗公司 UltraFan 齿轮传动系统

图片引自：https://www.rolls-royce.com/media/our-stories/innovation/2016/advance-and-ultrafan.aspx

(5) 先进碳钛风扇叶片和复合材料风扇机匣。

相较于罗罗公司传统的钛合金超塑成形扩散连接风扇叶片,碳钛(CTi)复合材料风扇叶片技术可在保有气动性能的同时显著降低叶片重量。再配装复合材料风扇机匣后,每台发动机可减重约 350 kg。对于双发客机,这相当于免费增加 7 个乘客的舱位。由于涵道比显著提高,超扇发动机的风扇直径将超过 3.5 m(遄达 XWB 的风扇直径为 3 m,GE9X 的风扇直径为 3.4 m),还需采用风扇叶片变桨距技术替代常规的反推力装置。

罗罗公司用于 Advance‑2/3 和 UltraFan 发动机的先进碳钛复合材料风扇

（风扇叶片采用钛合金前缘和碳纤维复合材料叶身）于2014年10月15日搭载罗罗北美公司波音747-SP飞行试验平台首飞,如图5.5.6所示。该风扇装配在左一发的遄达1000发动机前端。此前,该风扇在美国国家航空航天局位于密西西比的斯坦尼斯航天中心(NASA John C. Stennis Space Center)完成了侧风试验。

图5.5.6　罗罗公司CTi复合材料风扇及其波音747飞行试验平台

图片引自: https://www.rolls-royce.com/media/our-stories/innovation/2016/advance-and-ultrafan.aspx

超扇基本构型与性能指标

超扇系列下一代高效低排放民用航空推进系统将采用超高涵道比双转子齿轮传动风扇的基本构型,风扇直径预计为3.5 m,其风扇和高压压气机分别由独立的涡轮驱动。因风扇直径较大,还将采用可调桨距的方式,调整风扇在不同工况下的推力方向,以替代常规的反推力装置。

超扇发动机预计的基本构型如下:

(1) 1级齿轮传动风扇,3级增压压气机,9级高压压气机。

(2) 行星式减速齿轮传动系统。

(3) 短环形先进低排放贫油燃烧系统(ALECSys)。

(4) 2级高压涡轮,4级低压涡轮。

(5) 新一代双冗余全权限数字式电子控制系统。

该发动机的技术参数、推力设置、应用机型及关键节点日期如表5.5.1和表5.5.2所示。

表5.5.1　超扇发动机的技术参数

风扇直径/mm	3 500	总压比	>70
涵道比	>15	涡轮前温度/K	>2 000

质量流量/(kg/s)	1 500~1 800(估计)	基础发动机干重/kg	7 500(估计)
巡航耗油率/[kg/(kgf·h)]	~0.38(估计)	长度/mm	4 700(估计)
传动齿轮最大功率/hp(MW)	100 000(74.57)	最大半径/mm	2 200(估计)
传动齿轮减速比	~4(估计)		

表 5.5.2　超扇发动机的推力设置、应用机型及关键节点日期

型　号	起飞推力范围 /lbf(kN)	平直推力设置 /℃	应用机型	首次试车 日期	取证 日期	服役 日期
UltraFan	70 000~ 110 000 (311.3~489.3)	ISA+15	波音 A350neo 等新一代 宽体客机	2020 年	预计 2025 年	预计 2025 年

注：海平面静止状态，国际标准大气条件，无功率提取。

附录 书中涉及的航空发动机、飞机、制造商、专业词汇及缩写英文和中文名称翻译对照表

（以英文名称字母顺序索引）

发动机名称（喷气式发动机）

Adour	阿杜尔（赛峰公司，法国）
Atar	阿塔尔（罗罗公司，英国）
Avon	埃汶（罗罗公司，英国）
Conway	康威（罗罗公司，英国）
Gem	格姆（罗罗公司，英国）
Ghost	幽灵（罗罗公司，英国）
Gnome	诺姆（罗罗公司，英国）
Larzac	拉扎克（赛峰公司，法国）
Lotarev	洛塔列夫（进步设计局/ZVL，乌克兰/捷克）
Olympus	奥林普斯（罗罗/斯奈克马公司，英国/法国）
Passport	帕斯波特（GE公司，美国）
Pearl	珍珠（罗罗德国公司，德国）
Pegasus	飞马（罗罗公司，英国）
Silver Crest	银冠（赛峰公司，法国）
Spey	斯贝（罗罗公司，英国）
Tay	泰（罗罗公司，英国）
Trent	遄达（罗罗公司，英国）
Tyne	苔茵（罗罗公司，英国）

| Ultra Fan | 超扇(罗罗公司,英国) |
| Viper | 威派尔(罗罗公司,英国) |

飞机名称(喷气式飞机)

Albatro	信天翁-教练机(沃多乔迪航空公司,捷克)
Avenger	复仇者-攻击机(通用动力/麦道公司,美国)
Beechjet	比奇喷气机-公务机(比奇飞机公司,美国)
Berkut	金雕-战斗机(苏霍伊设计局,俄罗斯)
Blackbird	黑鸟-侦察机(洛克希德-马丁公司,美国)
Canberra	堪培拉-轰炸机(洛克希德-马丁公司,美国)
Caravelle	快帆-客机(南方飞机公司,法国)
Cessna	塞斯纳-通用飞机(达索公司,法国)
Challenger	挑战者-公务机(庞巴迪公司,加拿大)
Citation	奖状-公务机(达索公司,法国)
Comet	彗星-客机(德哈维兰公司,英国)
Concorde	协和号-客机(英宇航/法宇航,英国/法国)
Corsair	海盗-攻击机(沃特公司,美国)
Corvette	克尔维特-公务机(塞斯纳公司,美国)
CRJ(Canada Regional Jet)	庞巴迪支线客机(庞巴迪公司,加拿大)
Dreamliner	梦幻-客机(波音公司,美国)
Eagle	鹰-战斗机(波音公司,美国)
Eclipse	日蚀-公务机(日蚀飞机公司,美国)
Encore	恩考尔-公务机(塞斯纳公司,美国)
Erieye	爱立眼-预警机(安博威公司,巴西)
ERJ(Embraer Regional Jet)	安博威支线客机(安博威公司,巴西)
Falcon	猎鹰-公务机(达索公司,法国)
Fighting Falcon	战隼-战斗机(通用动力/洛克希德公司,美国)
Fokker	福克-支线客机(福克公司,荷兰)
Foxjet	福克斯喷气机-公务机(福克斯喷气机公司,美国)
Galaxy	银河-公务机(湾流宇航公司,美国)
Galeb	海鸥-攻击机(索科公司,南斯拉夫)

Global Express	环球快车-公务机(庞巴迪公司,加拿大)
Global Hawk	全球鹰-无人机(诺斯洛普-格鲁门公司,美国)
Globemaster	环球霸王-运输机(麦道公司,美国)
Golden Eagle	金鹰-战斗机(韩国航太工业集团,韩国)
Goshawk	苍鹰-教练机(波音公司,美国)
Gripen	鹰狮-战斗机(萨博公司,瑞典)
Growler	咆哮者-电子战机(波音公司,美国)
Gulfstream	湾流-公务机(湾流宇航公司,美国)
Harrier	鹞式-垂直起降战斗机(英宇航公司,英国)
Hawker	豪客-公务机(豪客比奇飞机公司,美国)
Hawk	鹰-战斗机(英宇航公司,英国)
Hemisphere	半球-公务机(塞斯纳飞机公司,美国)
Honda Jet	本田-公务机(本田公司,日本)
Hornet	大黄蜂-战斗机(麦道公司,美国)
Jindivik	金迪维克-靶机(阿姆斯特朗-西德利公司,英国)
King Air	空中国王-公务机(比奇飞机公司,美国)
Krestrel	红隼-战斗机(霍克-西德利公司,英国)
Lancer	枪骑兵-轰炸机(波音公司,美国)
LCA Tejas	光辉-战斗机(印度斯坦航空公司,印度)
LearJet	利尔-公务机(塞斯纳飞机公司,美国)
Legacy	莱格赛-商务飞机(安博威公司,巴西)
Longitude	经度-公务机(塞斯纳飞机公司,美国)
MAKO	马可-教练机(欧洲航宇防务公司,欧洲合作)
Mercure	水星-客机(达索公司,法国)
Mirage	幻影-战斗机(达索公司,法国)
Mriya	梦幻-运输机(安东诺夫公司,乌克兰)
MRJ (Mitsubishi Regional Jet)	三菱支线客机(三菱重工,日本)
Mustang	野马-公务机(塞斯纳飞机公司,美国)
nEUROn	神经元-无人机(达索公司等,西欧多国)
Nextant	莱斯顿-公务机(莱斯顿航空宇航公司,美国)

Nighthawk	夜莺-战斗机（洛克希德-马丁公司,美国）
Nimrod	猎迷-反潜机（英宇航公司,英国）
Pampa	潘帕-战斗机（阿根廷飞机制造厂,阿根廷）
Phantom	鬼怪-战斗机（麦道公司,美国）
Phenom	飞鸿-公务机（安博维公司,巴西）
Pilatus	皮拉图斯-公务机（皮拉图斯飞机公司,瑞士）
Premier	首相-公务机（塞斯纳飞机公司,美国）
Rafale	阵风-战斗机（达索公司,法国）
Ruslan	鲁斯兰-运输机（安东诺夫公司,乌克兰）
Sea Harrier	海鹞-垂直起降战斗机（英宇航公司,英国）
SEPECAT Jaguar	美洲豹-战斗机（英宇航/布雷盖公司,英国/法国）
Sino-Swearing	华扬史威灵-商务飞机（华扬史威灵公司,美国）
Sovereig	奖状君主-公务机（塞斯纳飞机公司,美国）
Spirit	幽灵-轰炸机（诺斯洛普-格鲁曼公司,美国）
Strike Master	打击能手-教练机（英宇航公司,英国）
Super Etendard	超级军旗-攻击机（达索公司,法国）
Super Jet	超级喷气-支线机（苏霍伊设计局,俄罗斯）
Super Mystere	超神秘-战斗机（达索公司,法国）
Super Skyhawk	超级天鹰-攻击机（洛克希德-马丁公司,美国）
Taranis	雷神-无人机（英宇航公司,英国）
Thunderbolt	雷电-攻击机（仙童公司,美国）
Tiger	虎式-战斗机（诺斯洛普-格鲁曼公司,美国）
Tomcat	雄猫-战斗机（诺斯洛普-格鲁曼公司,美国）
Tornado	狂风-战斗机（德宇航/英宇航公司,德国/英国）
Trident	三叉戟-客机（英宇航公司,英国）
TriStar	三星-客机（洛克希德-马丁公司,美国）
Triton	海神-无人机（诺斯洛普-格鲁门公司,美国）
Triumph	凯旋-公务机（比奇飞机公司,美国）
Typhoon(Eurofighter)	台风-欧洲战斗机（欧洲联合研制,英/德/意/西）
Vantage	优势-公务机（视觉喷气机公司,美国）

Vautour	秃鹰-战斗机(达索公司,法国)
Vikers	维克斯-客机(维克斯-威尔斯利公司,英国)
Viking	维京海盗-反潜机(洛克希德-马丁公司,美国)
Vulcan	火神-轰炸机(霍克-西德利公司,英国)

公司与机构名称

Aerospace Industrial Development Corporation (AIDC)	汉翔航空工业公司(中国台湾)
Aerospace Technology Institute(ATI)	航空技术研究院(英国)
Airbus SE	空客集团(德/法/西)
Alenia Aermacchi	马基飞机公司(意大利)
Allison Engine Company	艾利逊发动机公司(美国)
All Russia Institute of Aviation Materials(VIAM)	俄罗斯航空材料研究院(俄罗斯)
Antonov Company	安东诺夫飞机公司(乌克兰)
Augusta Westland	阿古斯塔-韦斯特兰公司(意大利)
Aviadvigatel OJSC	彼尔姆发动机公司(俄罗斯)
Avio Aero	艾维欧航空技术集团公司(GE,意大利)
A. V. Roe and Company (Avro)	阿芙罗飞机公司(英国)
Beriev Aircraft Company	别里耶夫飞机公司(俄罗斯)
Boeing Company	波音公司(美国)
Bombardier Aerospace	庞巴迪宇航公司(加拿大)
Bristol Siddeley Engines	布里斯托-西德利发动机公司(英国)
British Aerospace Systems (BAE)	英宇航公司(英国)
Carlton Forge Works	卡尔顿锻造公司(美国)
Central AeroHydrodynamic Institute(TsAGI)	茹科夫斯基中央空气流体动力学研究院(俄罗斯)

Central Institute of Aviation Motors(CIAM)	中央航空发动机研究院(俄罗斯)
Cessna Aircraft Company	塞斯纳飞机公司(美国)
CFM International(CFM)	CFM 国际公司(美国/法国)
Chernyshev Mechanical Engineering Enterprise	切尔内舍夫机器制造厂(俄罗斯)
China-Russia Commercial Aircraft International Co. (CRAIC)	中俄国际商用飞机公司(中国/俄罗斯)
Dassault Aviation	达索公司(法国)
De Havilland Aircraft Ltd	德哈维兰飞机公司(英国)
Douglas Aircraft Company	道格拉斯公司(美国)
Eldim BV	艾尔迪姆公司(法国)
Embraer SA	巴西航空工业公司(安博威,巴西)
Engine Alliance	发动机联盟公司(GE/PW 合作,美国)
Eurojet Turbo GmbH	欧洲喷气涡轮发动机公司(德国/英国/西班牙/意大利)
European Aeronautic Defence and Space(EADS)	欧洲宇航防务集团(德国/法国/西班牙)
Fabrica Argentina de Aviones (FadeA)	阿根廷飞机制造厂(阿根廷)
Fairchild Dornier	仙童道尼尔公司(德国)
Fiat Avion	菲亚特-艾维欧公司(意大利)
Fokker Elmo	福克-埃尔莫公司(荷兰)
General Electric Aircraft Engines(GEAE)	通用电气航空发动机集团(美国)
General Electric Company (GE)	通用电气公司(美国)
GKN Aerospace	吉凯恩航宇公司(英国)
Goodrich Aerospace	古德里奇航宇公司(联合技术公司,美国)
Gulfstream Aerospace Corporation(Gulfstream)	湾流宇航公司(美国)

Hamilton Sundstrand Company	汉胜公司(美国)
Hawker Siddeley	豪客-西德利公司(英国)
Honeywell Inc	霍尼韦尔公司(美国)
Hurel-Hispano	宇雷尔-伊斯帕诺公司(赛峰集团,法国)
Ilyushin Aviation Complex (Ilyushin)	伊留申航空集团(俄罗斯)
Industria de Turbo Propulsores SA(ITP)	涡轮发动机工业公司(西班牙)
International Aero Engines AG(IAE)	国际航空发动机公司(PW/RR/MTU/ITP 等合作)
Irkut Corporation(Irkut)	伊尔库特公司(俄罗斯)
Ishikawajima Harima Heavy Industries(IHI)	石川岛播磨重工业公司(日本)
Ivchenko-Progress Design Bureau(Ivchenko-Progress)	伊夫琴科-进步设计局(乌克兰)
Japanese Aero Engines Corporation(JAEC)	日本航空发动机公司(日本)
Kawasaki Heavy Industries (KHI)	川崎重工公司(日本)
Klimov Design Bureau(Klimov)	克里莫夫发动机设计局(俄罗斯)
Klimov PJSC	克里莫夫联合股份公司(俄罗斯)
Kuznetsov Scientific and Technical Complex	库茨涅佐夫科技联合体(俄罗斯)
Lockheed Corporation	洛克希德公司(美国)
Lockheed Martin Corporation	洛克希德-马丁公司(美国)
Marubeni Corporation	丸红株式会社(日本)
McDonnell Douglas(MD)	麦克唐纳-道格拉斯公司(美国)
Mikoyan Design Bureau	米高扬设计局
Mitsubishi Aircraft Corporation	三菱飞机制造公司(日本)

Mitsubishi Heavy Industries (MHI)　　三菱重工业公司（日本）

Motor Sich JSC　　马达西奇发动机公司（乌克兰）

MTU Aero Engines GmbH (MTU)　　摩天宇航空发动机公司（德国）

NASA John C. Stennis Space Center　　美国国家航空宇航局斯坦尼斯航天中心（美国）

Norsk Jet Motors　　挪威喷气发动机公司（挪威）

Northrop-Grumman Corporation　　诺斯罗普-格鲁曼集团（美国）

NPO Saturn JSC(Saturn)　　土星科研生产联合体股份公司（俄罗斯）

Omsk Engine Design Bureau (OEDB)　　鄂木斯克发动机设计局（俄罗斯）

Orenda Aerospace Co　　奥伦达航宇公司（美国）

Perm Design Bureau　　彼尔姆发动机设计局（现为彼尔姆发动机公司，俄罗斯）

PowerJet　　喷气动力公司（斯奈克玛与土星合资公司，法国/俄罗斯）

Pratt & Whitney Canada Corporation(PWC)　　普拉特·惠特尼加拿大公司（加普惠，加拿大）

Pratt & Whitney Group(PW)　　普拉特·惠特尼发动机公司（普惠，美国）

Raytheon Company　　雷神公司（美国）

Rolls Royce Deutschland Ltd. & Co. KG(RRD)　　罗尔斯·罗伊斯德国公司（德国）

Rolls Royce North America Inc(RRN)　　罗尔斯·罗伊斯美国公司（美国）

Rolls Royce PLC(RR)　　罗尔斯·罗伊斯公司（罗罗，英国）

Rostec State Corporation　　俄罗斯技术国家集团（俄罗斯）

Salyut Machine Building Association(Salyut)　　礼炮航空发动机联合体（俄罗斯）

Samsung Aerospace Industries Ltd　　三星航宇工业公司（韩国）

Singapore Technologies 　　　　新加坡宇航技术公司（新加坡）
Aerospace Ltd

Societe Nationale d'Etude et 　斯奈克玛公司（赛峰集团，法国）
de Construction de Moteurs
d'Aviation(Snecma)

Societe Nationale Industrielle 　法宇航公司（法国）
Aerospatiale(Aerospatiale)

Societe Turbomeca 　　　　　　透博梅卡公司（赛峰集团，法国）

SPE Aerosila JSC 　　　　　　　空气动力联合股份公司（俄罗斯）

Sukhoi Aviation Holding 　　　　苏霍伊航空集团（俄罗斯）
Company

Sukhoi Design Bureau 　　　　　苏霍伊飞机设计局（俄罗斯）

TAP Air Portugal 　　　　　　　葡萄牙航空公司（葡萄牙）

Techjet Aerofoils Ltd 　　　　　泰捷航空叶片公司（以色列）
(TechJet)

Techspace Aero 　　　　　　　技术空间航空技术公司（赛峰集团，比利时）

Teledyne-Ryan 　　　　　　　　特里达因-瑞安公司（诺斯罗普-格鲁曼，美国）

Textron Lycoming 　　　　　　　德事隆·莱康明公司（美国）

Tupelev Experimental Design 　图波列夫飞机设计局（俄罗斯）
Bureau

Tupelev PJSC 　　　　　　　　　图波列夫联合股份公司（俄罗斯）

Turbomeca Africa Pty 　　　　　透博梅卡直升机发动机非洲公司（非洲）

Ufa Engine Industrial 　　　　　乌法发动机工业联合体股份公司（俄罗斯）
Association/UMPO JSC(Ufa)

United Aircraft Corporation 　　联合航空制造集团（俄罗斯）
(UAC)

United Engine Corporation 　　联合发动机制造集团（俄罗斯）
(UEC)

United Technologies Corporation 　联合技术公司（美国）
(UTC)

Vikers Armstrongs Aircraft 　　维克斯-阿姆斯特朗飞机公司（英国）
Ltd

Vikers Wellesely	维克斯-威尔斯利公司（英国）
Visi onAire Jet	视觉喷气机公司（美国）
Volvo Aero Corporation	沃尔沃航空工业公司（瑞典）
Williams International	威廉姆斯国际公司（美国）
Wright-Petterson Airforce Base	莱特-帕特森空军基地（美国）
Yakovlev Design Bureau(Yak)	雅克飞机设计局（俄罗斯）

专有和缩写词汇

ACARE(Advisory Council for Aeronautic Research in Europe)	欧洲航空研究咨询委员会
ACX（Advanced Combat Experimental）	先进战斗技术验证机（达索）
ADP(Advanced Demonstrator Program)	技术验证项目
Advance	先进核心机项目（罗罗）
Advance – 2	双转子发动机核心机项目（罗罗德国）
Advance – 3	三转子发动机核心机项目（罗罗）
AETP（Adaptive Engine Transition Program）	自适应发动机过渡计划（美国）
ALCA（Advanced Light Combat Aircraft）	先进轻型攻击机（捷克）
ALECSys（Advanced Low Emissions Combustion Systems）	先进低排放贫油燃烧系统项目（罗罗）
ASD（Aeronautical Systems Division）	航空系统部
ATCC（Active Tip-Clearance Control）	主动叶尖间隙控制
ATEGG（Advanced Technology Engine Gas Generator）	先进技术发动机燃气发生器项目（美国）
ATF（Advanced Tactical Fighter）	先进战术战斗机（美国）

ATFI（Advanced Technology Fan Integration） 先进技术风扇集成计划

Brayton Cycle 布雷顿循环

CAEP（Committee on Aviation Environmental Protection） 民用航空环保委员会

CAEP - 8 国际民航组织环保委员会第 8 级标准

CDFS（Core-Driven Fan Stage） 核心机驱动风扇级

Chevron 锯齿形喷口

Clean Sky 清洁天空研究计划（欧盟）

CMC（Ceramic Matrix Composite） 陶瓷基复合材料

Cruise SFC 巡航耗油率

CTOL（Conventional Take-Off and Landing） 常规起降

CV（Carrier Version） 舰载型

dB（decibel） 分贝

DNW（Duits-Niederlande Windtunnels） 德荷风洞中心

EASA（European-Union Aviation Safety Agency） 欧洲航空安全局

ECore 通用核心机计划（GE）

EDE（Enhanced Durability Engine） 耐久性增强型发动机

EEP（Engine Enhanced Package） 技术升级型发动机

EGT（Entry Gas Temperature） 涡轮燃气温度

EMU（Engine Monitoring Unit） 发动机检测系统

EPE（Enhanced Performance Engine） 性能增强型发动机

FAA（Federal Aviation Agency） 美国联邦航空管理局

FADEC（Full Authority Digital Engine Control） 全权限数字电子控制器

GTF（Geared Turbofan） 齿轮传动涡扇发动机

IAC(Interstate Aviation Commision)　　独联体国家航空委员会

ICAO（International Civil Aviation Organisation)　　国际民航组织

IDF(Indigenous Defence Fighter)　　自制防御战斗机(中国台湾)

IEDP(Inertial Engine Development Program)　　初始发动机研发项目

IHPTET（Integrated High Performance Turbine Engine Technology)　　高性能涡轮发动机综合技术项目(GE)

ISA（International Standard Atmosphere)　　国际标准大气(海平面,零摄氏度)

JSF(Joint Strike Fighter)　　联合攻击机(美国)

JTDE(Joint Technology Demonstration Engine)　　联合技术验证发动机项目(美国)

Kevlar　　凯芙拉(芳纶纤维)

Laval nozzle　　拉瓦尔喷口

LEAP(Leading Edge Aviation Propulsion)　　领先民用航空推进系统(CFM)

Max. Dry SFC　　中间状态耗油率

MFI(Multifunctional Frontline Fighter)　　多用途前线战斗机计划(俄罗斯)

NASA（National Aeronautics and Space Administration)　　美国国家航空宇航局

NEO(New Engine Option)　　换发选项

NETMA（NATO Eurofighter & Tornado Management Agency)　　北约欧洲战机和狂风战机管理局

NPRM（Notice of Proposed Rulemaking)　　建议制定规则

NPRM – Stage 5　　建议第五阶段标准

NSA(New Small Aircraft)　　新型支线机项目(波音)

Open Rotor Engine　　开式转子发动机

Package B	发动机升级包 B(罗罗)
Package C	发动机升级包 C(罗罗)
Pure Power	洁净动力(普惠)
RTA(Revolutionary Turbine Accelerator)	革命性涡轮加速器项目(美国)
RTC(Reduced Temperature Configuration)	降温构型叶片
RTM(Resin Transfer Moulding)	树脂传递模塑(液态成型)
SFC(Specific Fuel Consumption)	耗油率
SLEP(Service Life Extension Program)	延长服役寿命计划
Stage - V	第五阶段标准
STOVL(Short Take-Off and Vertical Landing)	短距起飞垂直着陆
Super Fan	超扇发动机
TALON(Technology for Advanced Low NOx)	泰伦低排放燃烧室(普惠)
TAPS Ⅲ	第三代双环预混低排放燃烧室(GE)
TAPS(Twin-Annular Permixing-Swirler)	双环腔油气预混涡旋燃烧室(GE)
TBCC(Turbine Based Combined Cycle)	涡轮基组合循环发动机
TEN(Thrust、Efficiency、New Technology)	推力、效率、新技术(罗罗)
TRL(Technical Readiness Level)	技术成熟度
UCAV(Unmanned Combat Air Vehicle)	无人战斗机
UDF(Unducted Fan)	无短舱风扇发动机
Ultra High BPS	超高涵道比
USAF(US Air Force)	美国空军

VABI(Variable Area Bypass Injector)　可变截面涵道引射器

VCE(Variable Circle Engine)　变循环发动机

Vision　远景技术规划(罗罗)

V/STOL(Vertical/Short Take-Off and Landing)　垂直/短距起降

XWB(Extra Wide Body)　超宽机身

参 考 文 献

[1] Rolls-Royce. Aero data[M]. Issue 3. Company internal publication. Derby: Rolls-Royce, 2006.

[2] European Aviation Safety Agency. Rolls-Royce plc Trent XWB Series Engines. Type Certificate Data Sheet E. 111. EASA[EB/OL]. [2013 - 02 - 07]. https://www. easa. europe. eu/system/files/dfu/EASA-TCDS- E. 111_Rolls-Royce_plc_Trent_XWB_Series_engines-01-07022013. pdf.

[3] Trimble S. Boeing selects GE9X to exclusively power the 777X. Air Transport Intelligence News[EB/OL]. [2013 - 03 - 15]. https:// www. flightglobal. com/news/articles/boeing-selects-ge9x-to-exclusively- power-the-777x-383517/.

[4] Wuff J. Rolls-Royce Future Civil Aircraft Engine Concepts and Technologies[EB/OL]. [2014 - 09 - 29]. https://www. imeche. org/ events/L6119.

[5] 杨彬,王光秋. 产品持续改进,动力驱动未来——罗罗公司民用发动机技术的持续发展简介[J]. 国际航空,2013(2): 74 - 76.

[6] 陈光. 用于波音 787 的 GEnx 发动机设计特点[J]. 航空发动机,2010(1): 1 - 6.

[7] Ebrahimi H B. Overview of Gas Turbine Augmentor Design, Operation and Combustion Oscillation [C]. ILASS Americas, 19th Annual Conference on Liquid Atomization and Spray Systems, Toronto, Canada, May 2006.

[8] Clarke J P, Cerven K, March J, et al. Conceptual Design of a Supersonic Air-launch System [C]. 43rd AIAA/ASME/SAE/ASEE Joint Propulsion Conference and Exhibit, July 2007, Cincinnati,

AIAA - 2007 - 5841.

[9]   Drew J. P&W delivers last C - 17-powering F117 to US air force. Flight Global[EB/OL]. [2016 - 01 - 12]. https://www.flightglobal.com/news/articles/pw-delivers-last-c-17-powering-f117-to-us-air-force-420762/.

[10]   Norris G. GE discloses F412 configuration details [J]. Flight International, 1991, 17: 22 - 22.

[11]   Groves P. Troubleshooting — PW 530A/535A engines. Aviation Pros [EB/OL]. [2002 - 11 - 01]. https://www.aviationpros.com/home/article/10387441/troubleshooting-pw-530a535a-engines.

[12]   Dow A. Pegasus — The Heart of the Harrier, Pen & Sword Aviation [M]. UK: Pen & Sward Books Ltd, 2009.

[13]   Corde J C. SNECMA M88 Engine Development Status[C]. ASME Gas Turbine and Aeroengine Congress and Exposition, Belgium, 1990. ASME 90 - GT - 118.

[14]   Sarsfield K. Williams gains approvals for latest FJ44 engine variant. Flight Global[EB/OL]. [2017 - 08 - 08]. https://www.flightglobal.com/business-aviation/williams-gains-approvals-for-latest-fj44-engine-variant/125032.article.

[15]   梁春华,沈迪刚. F110 和 F404 发动机的衍生发展之路[J]. 国际航空, 2003(1): 52 - 54.

[16]   梁春华. 第 3 代战斗机发动机的改进改型[J]. 航空发动机,2004(4): 53 - 58.

[17]   梁春华. 增大战斗机发动机推力的途径[J]. 国际航空,2006(11): 76 - 78.

[18]   Kowalski S. Adaptive Jet Engines Work Analysis and Control[J]. Journal of KONES Powertrain and Transport, 2011, 18(2): 225 - 234.

[19]   Thomas S R. TBCC Technical Challenge Overview[C]. NASA 2012 Conference presentation. Cleveland: NASA,2012.

[20]   Lee J, Winslow R, Buehrle R. J. The GE-NASA RTA Hyperburner Design and Development, NASA Report No. TM - 2005 - 213803[R]. Cleveland: NASA, 2005.

［21］ Abernethy R B. Recover Bleed Air Turbojet：US Patent No. 3344606［P］. 1967 - 10 - 03.

［22］ Steelant J. LAPCAT：High-Speed Propulsion Technology. NATO RTO-EN-AVT-150［R］. Brussels：NATO，2008.

［23］ 王光秋，陈黎. 民机前沿技术［M］.北京：航空工业出版社,2017.

［24］ 胡晓煜. 国外自适应发动机技术研究进展［J］. 国际航空,2012(10)：41 - 43.

［25］ 李斌,赵成伟. 变循环与自适应循环发动机技术发展［J］.航空制造技术,2014(20)：76 - 79.

［26］ 梁春华. 通用的经济可承受的先进涡轮发动机研究计划的主要特点［J］.航空发动机,2011(5)：58 - 62.

［27］ 刘赵云. 国外 TBCC 组合循环发动机方案及发展浅析［J］.飞航导弹,2013(7)：94 - 98.

网 站 链 接

https：//www. easa. europa. eu/document-library/type-certificates

https：//rgl. faa. gov/Regulatory_and_Guidance_Library/rgMakeModel. nsf/
MainFrame? OpenFrameSet

https：//www. rolls-royce. com/produts-and-services

https：//www. geaviation. com

http：//www. ge. com/aviation

https：//www. pw. utc. com/producst-and-service/products

https：//www. pwc. ca/en/producst-and-service/products

https：//aerospace. honeywell. com/en/learn/products/engines

https：//www. safran-aircraft-engines. com

https：//www. safran-group. com

https：//www. cfmaeroengines. com

https：//www. enginealliance. com

https：//www. mtu. de

https：//www. gehonda. com/engine

https：//www. williams-int. com/products

https：//ivchenko-progress. com

http：//www. motorsich. com

https：//www. pmz. ru/eng/products

https：//www. avid. ru

https：//www. uccus. com/eng/products

https：//www. tu144sst. com

https：//www. wikipedia. org

http：//www. leteckemotory. cz/motory/al-41

http://www.globalsecurity.org

http://www.armscom.net/products

http://www.deagel.com/Propulsion-Systems

http://www.npo-saturn.ru

http://www.defenceaviation.com

http://www.fi-powerweb.com/Engine

http://www.flightglobal.com

http://www.forecastinternational.com

http://howlingpixel.com